农业技术研究与畜牧业发展

罗树礼　杨春森　肖树辉　主编

汕頭大學出版社

图书在版编目（CIP）数据

农业技术研究与畜牧业发展 / 罗树礼，杨春森，肖
树辉主编. -- 汕头 ：汕头大学出版社，2024. 11.

ISBN 978-7-5658-5449-1

Ⅰ. S；F326.3

中国国家版本馆 CIP 数据核字第 2024KX0782 号

农业技术研究与畜牧业发展
NONGYE JISHU YANJIU YU XUMUYE FAZHAN

主　　编：罗树礼　杨春森　肖树辉

责任编辑：郑舜钦

责任技编：黄东生

封面设计：周书意

出版发行：汕头大学出版社

　　　　　广东省汕头市大学路 243 号汕头大学校园内　邮政编码：515063

电　　话：0754-82904613

印　　刷：廊坊市海涛印刷有限公司

开　　本：710mm×1000mm　1/16

印　　张：17.75

字　　数：300 千字

版　　次：2024 年 11 月第 1 版

印　　次：2025 年 1 月第 1 次印刷

定　　价：52.00 元

ISBN 978-7-5658-5449-1

编委会

前　言
PREFACE

　　农业技术的研究与畜牧业的发展已经成为推动我国农业现代化的重要力量。农业技术是现代农业发展的关键，它涵盖了作物育种、栽培技术、土壤管理、病虫害防治等多个方面。通过农业技术的不断创新和应用，我们可以提高农作物的产量和质量，降低生产成本，提高农民的收益。同时，农业技术的进步还能改善农村生态环境，推动农业可持续发展。

　　畜牧业是农业的重要组成部分，它包括家畜、家禽的饲养和繁育。畜牧业的发展不仅可以为消费者提供丰富的肉、蛋、奶等食品，满足人们日益增长的美好生活需求，还能带动相关产业的发展，如饲料生产、兽药疫苗、皮革制造等。此外，畜牧业的发展还能促进农村剩余劳动力的转移，提高农民的收入水平。

　　农业技术与畜牧业发展是相互促进、相辅相成的。一方面，农业技术的发展为畜牧业提供了更优质的饲料、更适宜的环境和更科学的饲养方法，推动了畜牧业的发展；另一方面，畜牧业的发展又为农业提供了更多的市场需求，提高了经济效益，促进了农业技术的研发和应用。

　　农业技术研究与畜牧业发展是相互关联、相互促进的。通过技术创新，我们可以提高农业生产效率，促进畜牧业的发展，满足人们对农牧产品日益增长的需求。我们应该加强对农业技术的研究，推动畜牧业可持续发展，为国民经济的发展和人民生活水平的提高作出贡献。

　　鉴于此，本书围绕"农业技术与畜牧业发展"这一主题，由浅入深地阐述了农业技术的重要性、现代农业技术的主要特点与趋势，系统地论述了现代农业技术与农业机械技术的应用，诠释了畜牧业健康发展的策略，深入探究了农业技术与畜牧业的协同发展等内容，以期为读者理解与践行农业技术与畜牧业发展提供有价值的参考和借鉴。本书内容翔实、条理清晰、逻辑合理，在写作的过程中注重理论性与实践性的有机结合，适用于农业技术研究者以及从事农业、畜牧业等相关工作的专业人员。

目 录
CONTENTS

第一章　农业技术及其发展趋势 ………………………………… 1

　　第一节　农业技术的重要性 …………………………………… 1

　　第二节　现代农业技术的主要特点与趋势 ………………… 16

第二章　现代农业技术 …………………………………………… 22

　　第一节　种子技术与工程育种 ……………………………… 22

　　第二节　土壤与肥料技术 …………………………………… 30

　　第三节　节水灌溉与水资源管理技术 ……………………… 42

　　第四节　农业生物技术与病虫害防治 ……………………… 50

　　第五节　农业信息化与电子商务技术 ……………………… 59

第三章　农业机械技术 …………………………………………… 63

　　第一节　农业机械技术的重要性与意义 …………………… 63

　　第二节　农业机械技术的基本概念与分类 ………………… 67

　　第三节　现代农业机械的主要技术特点 …………………… 74

　　第四节　农业机械技术在农业生产中的应用 ……………… 80

　　第五节　农业机械技术的创新与发展趋势 ………………… 98

　　第六节　农业机械技术面临的挑战与对策 ………………… 99

第四章　现代科学技术在农业发展中的应用 ………………… 101

　　第一节　5G 网络技术在农业智能化管理中的应用 ……… 101

　　第二节　图像识别技术在农业中的应用 ………………… 103

　　第三节　数字化设计技术在农业机械设计中的应用 …… 106

第五章　农业技术推广的模式与措施 ································· 113

　　第一节　农业技术推广在农业发展中的作用 ················· 113

　　第二节　农业技术推广多元主体模式研究 ··················· 116

　　第三节　农业技术推广的强化措施 ························· 136

第六章　现代农业推广的管理与服务研究 ························· 141

　　第一节　农业推广人员的管理 ····························· 141

　　第二节　农业推广经营服务 ····························· 148

第七章　畜牧业发展的现状与未来趋势 ························· 160

　　第一节　我国畜牧业的发展现状 ··························· 160

　　第二节　国外生态畜牧业现状与发展经验借鉴 ··············· 164

　　第三节　畜牧业发展方式及其未来发展趋势 ················· 169

第八章　绿色畜牧生态养殖理论研究 ························· 173

　　第一节　绿色生态养殖的基本概念 ······················· 173

　　第二节　绿色生态养殖的模式分析 ······················· 178

　　第三节　乡村绿色生态养殖项目的分析与选择 ··············· 184

第九章　畜牧业发展中的动物疫病防控技术 ····················· 190

　　第一节　流行病学采样技术 ····························· 190

　　第二节　免疫接种实用技术 ····························· 194

　　第三节　兽医消毒实用技术 ····························· 201

　　第四节　动物疫病诊断实用技术 ··························· 207

第十章　促进畜牧业健康发展的策略 ························· 214

　　第一节　加强牧区水利建设 ····························· 214

　　第二节　完善草原承包制度 ····························· 221

　　第三节　完善草原生态保护补偿机制 ····················· 227

第四节　完善牧区发展政策，转变畜牧业发展方式 …………………… 232

第十一章　畜牧业发展下养殖技术的推广 ……………………………… 238

第一节　科学高效开展畜牧养殖技术推广工作的建议 ………… 238

第二节　生态养殖技术在畜牧业的推广应用探讨 ……………… 242

第三节　绿色畜牧养殖技术的推广分析 ………………………… 245

第十二章　农业技术与畜牧业的协同发展 ……………………………… 251

第一节　农业技术与畜牧业发展的内在联系 …………………… 251

第二节　农业技术与畜牧业发展的协同策略 …………………… 254

结束语 ………………………………………………………………………… 268

参考文献 ……………………………………………………………………… 269

第一章　农业技术及其发展趋势

第一节　农业技术的重要性

一、农业技术的定义

农业技术是劳动主体在农业科学实验、农业科技管理以及农业生产实践中，根据对象性活动的目的所使用的智能、技能与物能的总和。农业技术泛指人类在农业科学实验和生产活动过程中认识和改造自然所积累起来的知识、经验和技能的总和。这里应包含三个层次：一是根据自然科学原理和农业生产实践经验发展而成的各种农艺流程、加工方法、劳动技能和诀窍等；二是将这些流程、方法、技能和诀窍等付诸实现的相应的生产工具和其他物质装备；三是适应现代农业劳动分工和生产规模等要求的对农业生产系统中所有资源（包括人、财、物）进行有效组织与管理的知识经验与方法。第一、三层次属于软技术，本身具有在学习与传授下的转移流动性，第二层次属于物化的硬技术，本身不具有直接分离的流动性，但具有可复制性。

二、农业技术的内涵

农业技术作为人类文明的瑰宝，承载着丰富的历史底蕴与无限的发展潜力。它不仅是人类为了实现特定农业生产目的而创造和运用的知识、规则和物质手段的总和，更是连接农业科学与生产的重要桥梁，为人类的生存与发展提供了坚实的物质保障。

简而言之，农业技术是农业生产中的一系列知识、规则和物质手段的总和。这些技术包括但不限于种子改良、耕作方式、灌溉系统、农药使用、农业机械的运用等。它们都是人类在长期的农业生产实践中，为了更好地适应自然、提高生产效率而逐渐形成的。农业技术作为人类农业生产经营活动的一个重要领域，其发展水平直接关系到农业生产的效率和效益，是农业生产不可或缺的重要支撑。

农业技术不仅是一个相对独立的活动领域，更是广泛渗透到一切农业活动中并日益发挥着重大作用的因素。在现代农业生产中，无论是作物种植、畜禽养殖还是渔业捕捞，都离不开农业技术的支撑。同时，随着农业技术的不断进步，农业生产方式也在发生着深刻的变化。比如，现代农业技术的应用使得农业生产更加精准、高效、环保，大大提高了农业生产的整体效益。

农业技术不仅是各种手段的静态总和，更是综合运用各种工具、规则和程序去实现特定目标的动态过程。这个过程涵盖了从农业生产计划的制订到实施、从农作物的种植到收获、从畜禽的饲养到屠宰等各个环节。在这个过程中，农业技术发挥着至关重要的作用。它不仅指引着农业生产的全过程，还通过不断优化和改进技术手段，推动着农业生产向更高水平发展。

三、农业技术的特点

（一）实用性

1.农业技术的实用本质

农业技术作为一种应用性的知识体系，其直接目标是将农业科学研究的成果转化为实际的生产力。与农业科学研究相比，农业技术更加注重的是"怎么做"而非"为什么"。它关心的是如何将理论知识、科学原理转化为田间地头的具体操作方法，以提高农作物的产量、改善农产品的品质、降低生产成本，从而增加农民的收入。

2.农业技术的实用性表现

（1）直接服务于农业生产

农业技术的实用性首先体现在它直接服务于农业生产。无论是种子的选择、播种的时间，还是灌溉的方式、施肥的比例，农业技术都为农民提供了具体的指导。这些技术不仅简单易行，而且效果显著，能够直接提升农业生产效率。

（2）强调操作性和可行性

农业技术与农业科学研究相比更加强调操作性和可行性。它不仅要考虑技术的科学原理，还要考虑当地的自然环境、气候条件、经济条件等因素，确保技术能够在当地得到广泛的应用和推广。这种强调实用性的理念使得农业技术更具生命力。

（3）紧密结合市场需求

随着市场经济的发展，农业技术的实用性还体现在它能够紧密结合市场需求。通过了解市场的供求关系、价格变化等信息，农业技术可以指导农民调整种植结构、优化产品品种、提高产品质量，从而满足市场的需求，增加农民的收入。

（二）成果的信息形式

在探讨农业技术的特点时，我们首先要明确其与农业生产活动之间的本质区别。农业生产活动涉及的是直接的土地耕作、作物种植、畜牧养殖等实体操作，而农业技术则更多地聚焦于这些活动背后的科技支撑与信息管理。其中，农业技术成果的信息形式是其最为显著的特点之一。

1. 农业技术成果的信息性

农业技术成果的信息性是其与农业生产活动最为明显的区别。农业生产活动直接产生的是物质产品，如粮食、果蔬、畜禽等，而农业技术则主要产生的是以信息形式存在的成果。这些信息成果包括新的种植技术、养殖方法、农业机械设备的设计原理、农药化肥的配比方案、农业数据分析模型等。这些技术成果通常以文字、图表、数据、软件等形式存在，是农业生产活动背后不可或缺的支持。

2. 农业技术信息的广泛性与多样性

农业技术信息的广泛性与多样性体现在其涉及的领域和表现形式上。从所涉及的领域来看，农业技术涵盖了作物育种、土壤管理、农业机械化、农业生物技术、农业信息技术等多个方面。从表现形式来看，农业技术信息既可以是传统的文字资料、图纸，也可以是现代的电子数据、软件程序、网络应用等。这种广泛性与多样性使得农业技术能够全方位地支持农业生产活动，提高农业生产效率。

3. 农业技术信息的可复制性与共享性

与农业生产活动产生的物质产品不同，农业技术成果的信息形式具有可复制性和共享性。这意味着一旦某种农业技术被开发出来，就可以通过复制、传播、学习等方式迅速在农业生产中得到应用。这种特性使得农业技术能够迅速扩散到更广泛的地区，帮助更多的农民提高农业生产水平。

4. 农业技术信息的创新性与发展性

农业技术信息的创新性与发展性是推动农业持续进步的动力。随着科技的不断发展，新的农业技术不断涌现，这些新技术往往具有更高的效率、更低的成本、更好的环保性能等优势。同时，农业技术信息也在不断地更新和完善，以适应农业生产活动的不断变化。这种创新性与发展性使得农业技术能够始终保持其先进性和实用性。

（三）聚焦生物性的农业技术对象

农业技术作为人类赖以生存的基础性科学技术，自古以来便与生物性息息相关。在漫长的发展历程中，农业技术的革新与进步，始终围绕着一个核心要素——生物性。这一特性不仅决定了农业技术的独特性和复杂性，也赋予了它无尽的活力和挑战。

1. 生物性的核心地位

农业技术的对象主要是生物，包括作物、畜禽、水产等。这些生物体具有复杂的生命过程和生态关系，其生长、发育、繁殖和遗传都受到自然环境和人为因素的影响。农业技术的核心在于如何科学地认识和管理这些生物体，以实现高产、优质、高效、生态、安全的农业生产目标。

2. 生物多样性与农业技术的多样性

生物多样性是自然界的宝贵财富，也是农业技术发展的重要基础。不同的生物体具有不同的生长习性和生态需求，需要采用不同的农业技术进行管理和利用。例如，对于水稻、小麦等粮食作物，需要研究其生长规律和产量形成机制，以提高单位面积的产量和品质；对于畜禽养殖，需要研究其饲养管理、疫病防控和繁殖技术，以提高生产效率和经济效益。这种生物多样性和农业技术的多样性，使得农业技术具有广泛的适用性和灵活性。

3. 生物性与农业技术的可持续性

生物性还决定了农业技术的可持续性。农业生产的本质是通过利用和改造自然资源来为人类提供食物和其他生物产品。然而，过度开发和不合理利用自然资源会导致生态破坏和环境污染，进而威胁到农业生产的可持续性。农业技术的研发与应用需要注重生态平衡和环境保护，采用生态友好型技术和方法。

4.生物性与农业技术的创新性

生物性的复杂性和多样性为农业技术创新提供了广阔的空间。随着生物技术的快速发展，基因编辑、生物育种、生物农药等新技术不断涌现，为农业生产带来了革命性的变革。这些新技术不仅提高了农作物的产量和品质，还增强了其抗逆性和适应性，使得农业生产更加高效和稳定。同时，这些新技术也为农业技术的创新提供了新的思路和方法，推动了农业技术的不断进步和发展。

（四）农业技术的综合性特点

在科技日新月异的今天，农业技术作为推动农业生产力进步的重要力量，其综合性特点越发凸显。农业技术的综合性不仅体现了技术本身的多元化和交叉性，更在于其对于农业生产全过程的深度参与和全面优化。

1.技术体系的多元化

农业技术的综合性首先体现在其技术体系的多元化上。从传统的耕作、播种、灌溉、施肥到现代的生物技术、信息技术、智能装备技术等，农业技术涵盖了从田间地头到餐桌上的每一个环节。这些技术不仅各自独立发展，而且相互融合，形成了一个复杂而庞大的技术网络。

例如，生物技术在培育抗病、高产、优质的农作物品种方面发挥着重要作用；而信息技术则通过物联网、大数据等技术手段，实现了对农业生产全过程的实时监控和精准管理；智能装备技术则通过自动化、智能化的农业机械，大大提高了农业生产的效率和精度。

2.学科交叉的普遍性

农业技术的综合性还体现在其学科交叉的普遍性上。农业生产涉及生物学、化学、物理学、工程学、管理学等多个学科的知识和技术。在农业生产实践中，这些学科的知识和技术往往被综合运用，共同服务于农业生产的需要。

例如，在作物病虫害防治方面，需要运用生物学知识了解病虫害的发生规律和传播途径，同时结合化学知识选择合适的农药进行防治；在农田灌溉方面，则需要运用物理学原理设计合理的灌溉系统，并结合工程学知识实现灌溉系统的自动化和智能化。

3. 对农业生产全过程的深度参与

农业技术的综合性还表现在其对农业生产全过程的深度参与上。从土地的准备、作物的种植到田间的管理、收获以及后续的加工、销售等环节，农业技术都发挥着不可或缺的作用。

在土地准备阶段，通过先进的耕作技术可以提高土地的肥力和通透性；在作物种植阶段，通过现代化的播种技术可以实现种子的精准投放和高效利用；在田间管理阶段，通过智能化的监测和控制技术可以实现对作物生长环境的精确调控；在收获和加工阶段，通过机械化和自动化的技术可以大大提高生产效率和产品质量。

4. 对农业生态系统的全面优化

农业技术的综合性还体现在其对农业生态系统的全面优化上。随着人们对环境保护和可持续发展的认识不断加深，农业技术也在向着更加环保、高效、可持续的方向发展。

通过生态农业技术、循环农业技术等手段，可以实现农业生态系统的良性循环和可持续发展。例如，通过生态农业技术可以构建合理的作物轮作和间作制度，提高土地的利用效率和生态系统的稳定性；通过循环农业技术可以实现农业废弃物的资源化利用和减量化排放，减少对环境的污染和破坏。

(五) 农业技术进步的滞后性与长周期性

技术进步在科技日新月异的今天是推动社会向前发展的重要力量。然而，与工业技术的飞速发展相比，农业技术的进步显得较为滞后，且呈现出明显的长周期性。这一现象背后隐藏着诸多因素，值得我们深入探讨。

1. 农业技术进步的滞后性

农业技术进步的滞后性主要表现在以下几个方面：

（1）传统观念束缚。农业作为最古老的产业之一，其生产方式和技术手段深受传统观念的影响。许多农民习惯于世代相传的耕作方法，对于新的农业技术持怀疑态度，导致新技术的推广和应用受阻。

（2）资源限制。农业技术的推广需要投入大量的人力、物力和财力。然而，在一些地区，由于资源有限，政府难以承担起技术推广的全部成本，导致新技术难以普及。

（3）生态环境影响。农业技术的进步往往伴随着对生态环境的影响。一些新技术可能会破坏生态平衡，导致土壤污染、水源枯竭等问题。在推广新技术时，需要权衡利弊，谨慎选择。

（4）市场需求变化。随着消费者需求的不断变化，农产品市场也在不断变化。然而，由于信息传递不畅，农民往往难以准确把握市场需求，导致农产品供需失衡，影响农业技术的发展。

2. 农业技术进步的长周期性

农业技术进步的长周期性主要表现在以下几个方面：

（1）研发周期长。农业技术的研发需要经历长时间的实验、验证和修改。这不仅要求科研人员具备扎实的专业知识，还需要投入大量的时间和精力。

（2）推广周期长。与工业技术相比，农业技术的推广需要更长的时间。这主要是因为农业技术的推广涉及农民的培训、设备的购置、土地的调整等多个环节，需要耗费大量的时间和资源。

（3）适应周期长。农业技术的进步需要适应不同地区、不同气候和不同土壤条件。在推广新技术时需要进行大量的适应性试验和调整。这一过程往往需要耗费数年时间，导致农业技术进步的适应周期较长。

（4）经济效益显现慢。农业技术的推广和应用往往需要一定的时间才能产生显著的经济效益。这主要是因为新技术需要逐渐渗透到农业生产中，才能提高产量和质量。同时，由于农产品市场的波动性较大，新技术的经济效益也需要一定时间才能显现。

四、农业技术的功能

农业技术的功能，就是农业技术系统对环境的作用与影响能力。这种作用与影响，对人类来说具有两面性，既有正面的积极作用，又有反面的消极影响。农业的发展，就是在努力发挥其正面积极作用，不断克服其消极影响的过程中前进。农业技术的功能具体表现为桥梁功能、经济功能和保护功能。

(一) 桥梁功能

在当今快速发展的世界中，科学技术已成为推动社会进步的重要动力。在这一过程中，农业技术作为连接科学与农业生产的桥梁，发挥着不可或缺的作用。它不仅是科学转化为直接生产力的中介，更是推动农业现代化、提高农业生产效率、保障粮食安全的关键。

1.科学转化的媒介

农业技术是将农业科学研究成果应用于农业生产实践的过程。它涵盖了从作物育种、种植管理、病虫害防治到农产品加工等多个方面。这些技术的应用，不仅使得农业生产更加科学、高效，还大大提高了农产品的产量和质量。

科学研究的成果，只有通过农业技术的转化，才能真正地服务于农业生产。例如，通过基因工程技术培育出的高产、抗病、抗虫的作物新品种，只有通过种植技术的推广和应用，才能在实际生产中发挥作用。同样，先进的农业机械设备、智能化的农业管理系统等，也只有通过技术的普及和应用，才能提高农业生产的效率和质量。

2.直接生产力的提升者

农业技术的应用，直接提升了农业生产的效率和质量。一方面，它使得农业生产更加科学化、标准化，减少了因人为因素造成的误差和损失；另一方面，它提高了农业生产的自动化、智能化水平，降低了劳动强度。

例如，应用现代化的农业机械设备可以实现大规模的机械化作业，大大提高耕种、收割等农事活动的效率。同时，智能化的农业管理系统可以通过对土壤、气候等环境因素的实时监测和数据分析，为农业生产提供科学的决策支持。这些技术的应用不仅提高了农业生产的效率和质量，还使得农业生产更加环保、可持续。

3.农业现代化的推动者

农业技术的发展和应用，是推动农业现代化的重要力量。它改变了传统的农业生产方式，推动了农业生产向集约化、规模化、智能化方向发展。同时，农业技术的应用也促进了农业产业链的延伸和拓展，推动了农业产业的升级和转型。

随着农业技术的不断发展和应用，未来的农业生产将更加高效、环保、可持续。同时，农业技术也将为农村经济的发展和农民收入的增加提供有力的支撑和保障。

(二) 经济功能

在当今快速发展的社会中，农业技术作为推动社会经济效益增长的重要力量，其影响力日益凸显。农业技术的创新和应用，不仅提高了农业劳动生产率，还提升了土地生产率和科技在农业生产总值增长中的贡献率，为社会的持续健康发展提供了有力支撑。

1. 提高农业劳动生产率

农业技术的不断创新和应用，显著提高了农业劳动生产率。随着机械化、信息化、智能化的深度融合，传统的农业生产方式正在发生深刻变革。智能农机、无人机、物联网等技术的应用，使农业生产实现了自动化、精准化和智能化，大大减轻了农民的劳动强度。同时，农业技术的推广和应用，还促进了农业产业结构的优化升级，推动了农业向高效、绿色、可持续方向发展。

2. 提高土地生产率

土地是农业生产的基础，提高土地生产率是农业技术发展的重要目标。通过采用先进的农业技术，如节水灌溉、土壤改良、精准施肥等，可以充分利用土地资源，提高土地的产出能力。这些技术的应用不仅提高了农作物的产量和品质，还减少了资源的浪费和环境的污染，实现了农业生产的可持续发展。

3. 提高科技在农业生产总值增长中的贡献率

农业科技进步贡献率是衡量科技在农业生产中作用大小的重要指标。随着农业技术的不断创新和应用，科技在农业生产总值增长中的贡献率逐步提高。一方面，科技创新为农业生产提供了更多高效的手段和方法，使农业生产过程更加科学化、精细化；另一方面，科技创新还推动了农业产业的转型升级，促进了农业与二、三产业的融合发展，为农业生产的持续增长提供了强大的动力。

展望未来，随着科技的不断进步和创新，农业技术将在提高社会经济效益方面发挥更加重要的作用。我们应继续加强农业技术的研发和应用，推动农业现代化和可持续发展，为构建人类命运共同体贡献更多力量。

（三）保护功能

随着全球人口的不断增长和经济的快速发展，农业作为人类社会的基础产业，其发展与生态环境之间的关系越发紧密。为了实现农业可持续发展，必须注重农业技术的创新与应用，特别是在提高太阳光能转化率、用地养地以及水资源的合理利用与保护等方面，这些农业技术不仅有助于提升农业生产效率，还能有效保护生态环境。

1.注重提高太阳光能的转化率

太阳光能是地球上最清洁、最可持续的能源之一。提高太阳光能的转化率意味着能够更好地利用这一能源，进而减少对其他不可再生能源的依赖，降低农业生产对环境的压力。

现代农业技术通过优化作物种植结构、选用高效光合作用品种、推广温室大棚等设施农业，以及利用生物技术和信息技术等手段，提高作物的光能利用效率。这些技术不仅增加了农作物的产量，还提高了农产品的质量，同时减少了农业生产过程中的能耗和排放，有利于保护生态环境。

2.注意用地养地，提高土壤的生物学肥力

土壤是农业生产的基础，其肥力状况直接关系到农作物的生长和产量。在农业生产中不合理的耕作方式和化肥、农药的过量使用，往往会导致土壤退化、肥力下降，进而影响到农业生产的可持续发展。

因此，必须注重用地养地，通过合理的耕作制度、轮作制度、绿肥种植等措施，改善土壤结构，提高土壤的生物学肥力。同时，推广使用生物有机肥、微生物肥料等新型肥料，减少化肥、农药的使用量，降低对土壤和环境的污染。这些措施不仅有利于提高土壤质量，还能增加土壤的生物多样性，提高土壤生态系统的稳定性。

3.注意水资源的合理利用与保护

水是农业生产的重要资源，对其合理利用与保护对于维护生态平衡、保障农业生产的可持续发展具有重要意义。

在农业生产中应采取节水灌溉技术，如滴灌、喷灌等，减少水资源的浪费。同时，加强农田水利设施建设。此外，推广使用节水型农业机械设备和节水型种植技术，也是合理利用水资源的重要措施。

在保护水资源方面，应加强对水资源的监测和管理，及时发现和处理水资源污染问题。同时，推广使用生态农业技术，如生物防治、物理防治等，减少对水资源的污染。此外，加强宣传和教育，提高农民的水资源保护意识，也是保护水资源的重要手段之一。

（1）提高森林覆盖率，防止水土流失

农业技术中的植树造林和退耕还林技术，有效提高了森林覆盖率。通过科学的种植技术，不仅促进了树木的生长，还增强了森林生态系统的稳定性。同时，森林作为"地球的肺"，能够吸收大量的二氧化碳，释放氧气，对缓解全球气候变暖起到了积极作用。此外，茂密的森林还能有效防止水土流失，保持水利和土地资源的可持续利用。

（2）发挥节能技术功能

现代农业技术中，节能技术的应用日益广泛。例如，节水灌溉技术通过精确控制灌溉量，减少了水资源的浪费，提高了水资源的利用效率。同时，节能型农机具的推广使用，降低了能源消耗，减少了农业生产过程中的碳排放。这些节能技术的应用，不仅降低了农业生产成本，还有助于保护生态环境。

（3）对病虫害发挥生物防治与综合防治的功能

传统的农业病虫害防治往往依赖于化学农药，这不仅增加了农业生产成本，还对生态环境造成了严重污染。现代农业技术中的生物防治和综合防治技术，则通过利用天敌昆虫、微生物等生物资源，对病虫害进行防治。这种防治方式不仅能够有效控制病虫害的发生，还能减少对化学农药的依赖。

（4）提高生态农业系统的整体功能

生态农业是一种将传统农业技术与现代科学技术相结合的新型农业模式。通过优化农业生态系统结构，提高农业生态系统的稳定性。生态农业系统注重资源的循环利用和生态环境保护，通过科学的种植技术、养殖技术和管理技术，实现农业生态系统的良性循环。这种农业模式不仅提高了农业生产效率，还保护了生态环境，实现了经济效益和生态效益的双赢。

五、农业技术的结构

(一) 农业技术要素结构

在农业生产的广阔天地里，技术要素结构扮演着至关重要的角色。这些要素不仅关乎农作物的产量和质量，更关系到农业生产的效率与可持续性。下面我们将深入探讨农业技术要素结构中的三个核心要素：智能、技能和物能。

1. 智能——农业生产的精神内核

智能是农业技术要素结构中的精神智慧能力，它贯穿于农业生产、农业科研和农业管理的全过程。智能的运用体现在对农业生产过程的深入理解、对农业发展趋势的敏锐洞察以及对农业新技术的创新应用上。智能不仅提升了农业生产的科技含量，还使得农业生产更加精细化、高效化。

智能在农业生产中的应用，表现为对土壤、气候、病虫害等信息的精准感知和分析，以及基于这些信息的科学决策。通过运用物联网、大数据、人工智能等技术，农业生产者可以实现对农作物的精准管理，包括精准施肥、精准灌溉、精准防治病虫害等。

在农业科研方面，智能的运用推动了农业科技创新的加速。科研人员通过运用智能技术，可以更加深入地研究农作物的生长规律、病虫害的发生机制等，为农业生产提供更加科学、有效的技术支持。

在农业管理方面，智能的运用使得农业管理更加智能化、精细化。通过运用智能技术，农业管理者可以实现对农业生产全过程的实时监控和数据分析，及时发现和解决农业生产中的问题，提高农业生产的效率和管理水平。

2. 技能——农业生产操作的基石

技能是农业技术要素结构中的操作方法技巧能力，它是农业生产过程中必不可少的要素。技能的高低直接影响着农业生产的效率和质量。在现代农业中技能的提升需要不断学习和实践，以适应农业生产的新要求和新挑战。

技能的运用体现在对农具的使用、对农作物的种植和管理等方面。一个熟练的农业生产者，不仅能够熟练掌握各种农具的使用技巧，还能够根据农作物的生长情况和土壤条件等因素，灵活运用各种农业技术和管理方法。

在农业技能的提升方面，可以通过加强农业技术培训、推广先进的农业技术和管理方法等方式来实现。同时，农业生产者也需要不断学习和实践，不断提高自己的技能水平，以适应现代农业的发展需求。

3. 物能——农业生产的物质支撑

物能是农业技术要素结构中的物质手段能力，它是农业生产过程中的物质基础。物能包括农业机械、农业设施、农药化肥等生产资料以及土地、水等自然资源。物能的优化和升级对于提高农业生产的效率和质量具有重要意义。

在农业机械方面，现代化的农业机械可以大大提高农业生产的效率和质量。例如，现代化的播种机、收割机等可以大幅提高农作物的播种和收割效率；智能化的灌溉系统可以根据农作物的生长情况自动调整灌溉量和水质等参数，提高灌溉的精准度和效率。

在农业设施方面，现代化的农业设施可以为农作物提供更加适宜的生长环境。例如，温室大棚可以控制温度、湿度等环境因素，为农作物提供更加稳定的生长环境；现代化的养殖设施可以提高养殖的效率和品质等。

在农药化肥等生产资料方面，科学合理地使用农药化肥可以有效防治病虫害、提高农作物的产量和品质。然而，过量使用农药化肥也会对土壤和环境造成污染和破坏。在使用农药化肥时需要严格控制使用量和使用方法，避免对环境和人体健康造成危害。

总之，智能、技能和物能是农业技术要素结构中的三个核心要素。它们相互依存、相互促进，共同推动着现代农业的发展。我们需要不断加强对这三个要素的研究和应用，以提高农业生产的效率和质量。

(二) 农业技术经济形态结构

农业技术随着科技的飞速发展迎来了前所未有的变革。从传统的耕作方式到现代化的机械技术和生物技术，农业的生产方式、经济形态结构都发生了深刻的变化。下面笔者将从机械技术型、生物技术＋机械技术型和生物技术型三个方面，探讨农业技术的经济形态结构。

1.机械技术型

机械技术型农业是指以机械化为主要生产方式的农业形态。这种经济形态结构主要依赖农业机械进行大规模、高效率的农业生产。机械技术的应用，极大地提高了农业生产效率，降低了生产成本，同时也使得农业生产更加标准化、规模化。

在机械技术型农业中，大型农业机械如拖拉机、收割机、播种机等被广泛使用，实现了耕、种、收等农业生产环节的机械化。这种生产方式在平原、大面积耕地地区尤为适用，可以大幅提高土地利用率和劳动生产率。然而，机械技术型农业对设备的依赖度高，投资大成本高，同时也存在对土地和环境的潜在破坏风险。

2.生物技术＋机械技术型

生物技术＋机械技术型农业是现代农业技术的重要发展方向。这种经济形态结构将生物技术与机械技术相结合，通过生物技术提高作物的抗逆性、产量和品质，同时利用机械技术实现高效、精准的农业生产。

在生物技术方面，通过基因工程、细胞工程等技术手段，培育出具有优良性状的作物品种，如抗病、抗虫、高产等。这些品种在农业生产中具有更高的适应性和竞争力。在机械技术方面，智能农机、农业无人机等现代化农业装备被广泛应用，实现了农业生产的自动化、智能化和精准化。

生物技术＋机械技术型农业具有更高的生产效率、更低的资源消耗和更小的环境压力。它不仅能够满足人类对农产品的需求，还能够促进农业可持续发展。然而，这种生产方式对技术的要求较高，需要投入大量的人力、物力和财力进行研发和推广。

3.生物技术型

生物技术型农业是以生物技术为核心的农业生产方式。这种经济形态结构主要依赖生物技术进行作物育种、病虫害防治和农产品加工等方面的创新。

在生物技术型农业中，转基因技术、杂交育种技术、组织培养技术等被广泛应用。通过这些技术，可以培育出具有优良性状的作物品种。同时，生物技术还可以用于病虫害的生物防治，减少化学农药的使用量，降低对环境的污染。

生物技术型农业具有更高的生态效益和社会效益。它不仅能够提高农产品的产量和品质，还能够保护生态环境和生物多样性。然而，生物技术型农业也存在一些争议和挑战，如转基因食品的安全性等问题需要进一步研究和探讨。

农业技术的经济形态结构正朝着更加多元、高效和可持续的方向发展。我们应该根据不同地区的自然条件和资源禀赋，选择适合的农业生产方式和技术手段，推动农业的高质量发展。

六、农业技术的重要性分析

(一)提高农业生产效率

农业技术的进步极大地提高了农业生产效率。传统的农业生产方式往往依赖于大量的劳动力投入和广袤的土地资源，而现代农业技术通过引入机械化、自动化和智能化设备，极大地减少了劳动力需求，提高了单位面积的产量。例如，精准农业技术可以通过卫星遥感、地理信息系统等技术手段，对农田进行精细化管理，实现水肥一体化和病虫害防治的精准化。

(二)保障粮食安全

农业技术的发展对于保障粮食安全具有重要意义。随着人口的增长和城市化进程的加速，粮食需求不断增加，而农业技术可以通过提高农作物的产量和品质，满足人们对粮食的需求。同时，农业技术还可以促进粮食的多样化生产，满足人们对农产品多样化的消费需求。此外，农业技术还可以通过提高农产品的附加值，增加农民的收入，提高农民的生活水平。

(三)促进生态环境的可持续发展

农业技术的发展对于促进生态环境的可持续发展也具有重要作用。传统的农业生产方式往往会对生态环境造成破坏，如土地退化、水资源污染等。现代农业技术则可以通过推广节水灌溉、秸秆还田等技术，减少农业生产对环境的负面影响。同时，农业技术还可以促进生态农业和循环农业的发展，实现农业与生态环境的和谐共生。

（四）推动农业现代化进程

农业技术的发展是推动农业现代化进程的关键因素。农业现代化是指通过运用现代科技手段和管理方法，提高农业生产的科技含量和经济效益，实现农业生产的规模化、集约化和标准化。农业技术的发展为农业现代化提供了强有力的支撑，推动了农业生产的转型升级和提质增效。

（五）应对全球气候变化挑战

全球气候变化对农业生产带来了巨大挑战。干旱、洪涝等极端天气以及病虫害事件频发，对农作物的生长和产量造成了严重影响。农业技术可以通过引进耐旱、抗病虫害等优良品种，推广节水灌溉、土壤改良等技术措施，提高农作物的抗逆性和适应性，减轻气候变化对农业生产的影响。

总之，农业技术的重要性不言而喻。它不仅关系到国家的粮食安全和农民的福祉，也深刻影响着生态环境的平衡与可持续发展。我们应该高度重视农业技术的发展和应用，加大科技投入和人才培养力度，推动农业现代化进程不断向前发展。

第二节　现代农业技术的主要特点与趋势

现代农业技术是指多种现代高新技术集成的农业系统。现代农业技术是现代化工程技术、卫星遥感遥测技术、信息技术、计算机技术等多种高新技术的集成。在现代农业技术下，农业实现了机械化、电气化，农业技术步入了科学化，预测和调控大自然的能力有所增强，农业劳动生产率有较大的提高。

一、现代农业技术的主要特点

随着科技的快速发展，现代农业技术正经历着前所未有的变革。这一变革的核心体现在以下特点上。

（一）技术高度融合

现代农业技术的第一个显著特点是技术的高度融合。这种融合体现在多个方面，包括生物技术、信息技术、环境技术等与传统农业技术的融合。

（1）生物技术。通过基因编辑、转基因等技术，可以培育出具有更高产量、更强抗病性和更好口感的农作物。这些技术的应用使得农业生产更加精准和高效。

（2）信息技术。物联网、大数据、云计算等信息技术在农业领域的应用越来越广泛。这些技术能够实现对农作物的精准管理。

（3）环境技术。随着全球气候变化和环境问题的日益严重，环境技术在农业领域的应用也变得越来越重要。例如，通过对太阳能、风能等可再生能源的应用，减少农业生产过程中的能源消耗和环境污染；通过利用生态工程、水土保持等技术，改善农田生态环境，提高土壤肥力和水分利用效率。

（二）机械自动化

现代农业技术的第二个显著特点是机械自动化。随着机械制造技术和自动化控制技术的发展，农业机械越来越智能化和自动化，极大地提高了农业生产的效率。

（1）农业机械智能化。现代农业机械装备了先进的传感器、控制系统和人工智能算法，能够实现对农作物的精准作业。例如，智能播种机可以根据土壤条件和作物需求自动调整播种深度和密度；智能收割机可以根据作物成熟度和天气条件自动调整收割时间和速度。

（2）农业自动化。通过自动化控制技术和物联网技术的应用，可以实现农业生产全过程的自动化管理。例如，通过智能灌溉系统可以实现对农田的精准灌溉；通过智能温室可以实现对植物生长的精准控制；通过智能农机调度系统可以实现对农机资源的优化配置和高效利用。

（三）绿色环保

绿色环保是现代农业技术的重要特点之一。在农业生产过程中，传统的耕作方式往往会造成土地退化、水资源浪费和生态破坏等问题。现代农业技术则通过采用生物技术、信息技术等手段，实现了对农业生产的绿色改造。

（1）生物技术。现代农业技术广泛运用生物技术，如转基因技术、生物农药和生物肥料等。这些技术不仅可以提高农作物的产量和品质，还可以减少化学农药和化肥的使用。

（2）信息技术。信息技术在现代农业中的应用也日益广泛。通过精准农业技术的应用，农民可以实时了解土壤、气候和作物生长状况等信息，实现精准施肥、灌溉和病虫害防治，进一步减少对环境的负面影响。

（3）循环农业。循环农业是现代农业技术中的又一亮点。通过构建农业生态系统，实现农业废弃物的资源化利用，减少废弃物的排放，达到节约资源和保护环境的目的。

（四）实现科学管理

科学管理是现代农业技术的另一大特点。通过运用先进的管理理念和技术手段，现代农业实现了对农业生产过程的精细化和智能化管理。

（1）智能化管理。现代农业技术借助物联网、大数据和云计算等先进的信息技术手段，实现了对农业生产全过程的实时监控和数据分析。农民可以通过手机或电脑随时了解农田的实时状况，并根据数据分析结果进行科学决策，提高农业生产的精准性和效率。

（2）标准化生产。现代农业技术强调标准化生产。通过制定和执行严格的农业生产标准，确保农产品的质量和安全。同时，标准化生产还有助于提高农业生产的规模和效益，促进农业现代化进程。

（3）精准化管理。精准化管理是现代农业技术的重要体现。通过精准施肥、灌溉和病虫害防治等措施，实现对农作物生长过程的精细调控。这不仅可以提高农作物的产量和品质，还可以降低生产成本和减少环境污染。

二、现代农业技术的发展趋势

（一）精准、高效生产方式的智能化革命

现代农业技术正迎来一场前所未有的变革。人工智能（AI）、物联网

（IoT）、大数据等先进技术的应用，正在逐步改变传统的农业生产方式，推动农业向更加精准、高效的方向发展。

1. 精准农业：智能技术的引领

精准农业是现代农业技术发展的核心方向之一。通过应用 GPS 定位技术、遥感技术、传感器技术等，实现对农田环境的实时监测和数据收集，为农业生产提供精准的指导。AI 算法可以对这些数据进行处理和分析，为农民提供精确的播种、施肥、灌溉、病虫害防治等决策建议，从而实现资源的优化配置和高效利用。

2. 智能农机：提升生产效率

智能农机是现代农业技术的另一个重要应用领域。通过集成传感器、控制器、执行器等智能设备，智能农机可以实现自动化、智能化的作业。例如，智能播种机可以根据地块条件和作物需求，自动调整播种密度和深度；智能喷灌系统可以根据土壤湿度和作物生长状况，自动调整灌溉水量和灌溉时间。这些智能农机的应用，不仅提高了生产效率，还降低了劳动强度，使农业生产更加轻松高效。

3. 物联网技术：构建智慧农业生态系统

物联网技术通过将各种传感器、控制器、执行器等设备连接在一起，形成一个庞大的智慧农业生态系统。在这个系统中，各种设备可以相互通信、协同工作，实现对农田环境的全面监测和智能控制。通过物联网技术，农民可以实时了解农田环境的变化和作物生长状况，及时采取措施应对各种风险和挑战。同时，物联网技术通过提供实时监控、数据记录和追溯系统，可以实现农产品质量追溯和食品安全监管等功能，从而保障消费者的权益和健康。

4. 大数据应用：优化农业生产和决策

大数据技术可以对海量的农业数据进行分析和挖掘，为农业生产提供有力的支持。通过收集和分析历史数据、实时数据、环境数据等多维度数据，大数据可以帮助农民了解作物生长规律、预测产量和市场走势、优化种植结构和品种选择等。此外，大数据还可以帮助农民制订更加科学的生产计划和决策方案，提高农业生产的稳定性和可持续性。

5. 未来展望：智慧农业的广阔前景

随着人工智能、物联网、大数据等技术的不断发展和应用，智慧农业的前景将越来越广阔。未来，我们可以期待看到更多智能化、自动化的农业设备和系统涌现出来，为农业生产提供更加高效、精准、便捷的服务。同时，随着智慧农业生态系统的不断完善和优化，农业生产将变得更加智能化、绿色化和可持续化。这不仅将提高农业生产的效率和品质，还将促进农村经济的繁荣和发展。

总之，现代农业技术的发展趋势是向着更加精准、高效、智能化的方向前进。

（二）绿色生产引领环保与可持续发展

随着全球气候变化和生态环境问题的日益凸显，现代农业技术正经历一场深刻的变革。从传统的单一追求产量增长，到如今的注重环境保护和可持续发展，农业领域正通过推广生态农业、循环农业等绿色生产方式，逐步实现农业的转型升级。

1. 生态农业：与自然和谐共生的新模式

生态农业强调农业生产与生态环境的和谐共生，通过模拟自然生态系统的结构和功能，实现农业资源的高效利用和生态环境的保护。在生态农业模式下，农民采用生物防治、有机肥施用等绿色技术，减少化肥、农药的使用。同时，生态农业还注重农业生态系统的多样性，通过种植多品种作物、养殖多种动物等方式，提高生态系统的稳定性和抗风险能力。

2. 循环农业：构建资源循环利用体系

循环农业是生态农业的重要组成部分，它通过构建资源循环利用体系，实现农业废弃物的资源化利用和农业生产的节能减排。在循环农业模式下，农民将秸秆、畜禽粪便等农业废弃物转化为有机肥、沼气等资源，用于农业生产和生活能源供应。这种生产方式不仅减少了农业废弃物的排放，还提高了资源的利用效率，降低了生产成本。

3. 科技支撑：创新驱动农业发展

现代农业技术的发展离不开科技的支撑。随着生物技术、信息技术等高新技术在农业领域的广泛应用，农业生产正逐步实现智能化、精准化。例如，通过利用物联网技术，农民可以实时监测作物生长情况、土壤湿度等环境参数，并根据数据变化调整生产措施，实现精准施肥、灌溉和病虫害防治。这种生产方式不仅提高了农业生产效率，还降低了资源消耗和环境污染。

4.政策引导：促进绿色农业发展

政府在推动现代农业技术发展中发挥着重要作用。政府应加强政策引导和支持，通过制定相关政策、加大对绿色农业的投入力度等方式，积极引导农民采用绿色生产方式，推动农业产业的转型升级。例如，政府可以出台补贴政策，鼓励农民使用有机肥、生物农药等绿色生产资料；可以加强农业科研和技术推广力度，提高农民的科技素质和绿色生产技能；还可以加强农产品质量监管和品牌建设，提高绿色农产品的市场竞争力。

5.展望未来：绿色农业引领可持续发展

绿色农业将成为未来农业发展的主流趋势。通过推广生态农业、循环农业等绿色生产方式，我们将能够实现农业生产的绿色化、生态化和可持续化。这不仅有助于保护生态环境、维护人类健康，还将促进农业产业的转型升级和可持续发展。同时，我们也需要加强国际合作和交流，共同推动全球绿色农业的可持续发展。

第二章 现代农业技术

第一节 种子技术与工程育种

一、种子技术

(一) 种子技术的定义

种子技术，作为一项重要的农业生物技术，旨在通过科学的手段和方法，优化种子的品质。它涵盖了从种子培育、繁殖、储存到质量检测和评估等多个环节，是现代农业发展中不可或缺的一部分。

(二) 常规种子技术

1. 种子的培育、繁殖和储存

(1) 种子的培育与繁殖

种子培育与繁殖是种子技术的核心环节。第一，通过选择具有优良遗传特性的亲本进行杂交，培育出具有高产、优质、抗病等特性的新品种。第二，通过无性繁殖或有性繁殖的方式，扩大新品种的种植规模，以满足农业生产的需求。

在种子的培育过程中，还需要注意对种子进行适时的处理和保护。例如，在种子收获后，需要进行适当的干燥、清洁和消毒处理，以防止病虫害的侵害。同时，还需要对种子进行科学的储存管理，确保种子的质量和活力。

(2) 种子的储存

种子的储存是确保种子质量和活力的关键。种子储存时需要控制适当的温度、湿度和通风等因素，以减缓种子的代谢速率，延长种子的寿命。同时，还需要对储存的种子进行定期的检查和更新，确保种子的活力和品质。

2.种子质量的检测和评估

种子质量的检测和评估是种子技术中不可或缺的一环。通过对种子的外观、纯度、发芽率、含水量等指标进行检测和评估，可以全面了解种子的质量和活力状况，为农业生产提供有力的保障。

（1）外观检查

外观检查是种子质量检测的基础。通过观察种子的颜色、形状、大小、表面纹路等特征，可以初步判断种子的健康状况和品质。例如，颜色鲜艳、形状饱满、表面光滑的种子通常具有较高的活力和品质。

（2）纯度检测

纯度检测是评估种子质量的重要指标之一。通过检测种子样本中纯种种子的比例，可以了解种子中杂质和异种的比例，从而评估种子的纯度和品质。纯度越高，说明种子中杂质越少，品质越好。

（3）发芽率检测

发芽率检测是评估种子活力的关键指标。通过将种子放置在适宜的环境条件下进行发芽试验，可以了解种子的萌发潜力和生长力。发芽率越高，说明种子的活力越强，种植效果越好。

（4）含水量检测

含水量检测是评估种子储存品质的重要指标。通过测定种子中水分的含量，可以了解种子的储存状态和寿命。种子中过高或过低的含水量都会影响种子的质量和储存寿命。需要根据不同作物的特点和储存条件，控制适宜的含水量范围。

（三）种子遗传改良技术

在农业科技的飞速发展下，种子遗传改良技术已经成为提高农作物产量、增强抗病性和改良品质的关键手段。其中，基因编辑技术和分子标记辅助技术作为两大核心技术，正在引领着种子遗传改良的新潮流。

1.基因编辑技术：精确操控生命密码

基因编辑技术，特别是 CRISPR-Cas9 系统的出现，为种子遗传改良带来了革命性的变化。这项技术能够像"剪刀"一样精确地剪切和编辑生物体的 DNA，从而实现对特定基因的精准操控。在农作物育种中，基因编辑技术可以针对影响作物产量、抗病性和品质的基因进行精确修改，培育具有优良性状的作物新品种。

以水稻为例，研究人员通过基因编辑技术，成功编辑了与水稻产量和品质相关的基因，培育出了高产、优质的水稻新品种。这些新品种不仅提高了水稻的产量，还改善了稻米的口感和营养价值，受到了广大农民和消费者的欢迎。

2. 分子标记辅助技术：育种过程的精确导航

分子标记辅助技术则是利用分子标记与目标基因紧密连锁的特点，通过检测分子标记来快速准确地选择目标性状。在种子遗传改良中，分子标记辅助技术可以帮助育种家更加精确地筛选和鉴定具有优良性状的作物品种，从而缩短育种周期。

具体来说，分子标记辅助技术可以应用于多个育种环节。在亲本选择阶段，分子标记辅助技术可以帮助育种家快速鉴定出具有优良基因型的亲本；在杂交育种中，分子标记辅助技术可以辅助育种家对杂种后代进行精确筛选，选择出具有目标性状的个体；在品种纯度鉴定方面，分子标记辅助技术也可以提供准确可靠的鉴定结果。

以土豆为例，传统育种方法需要经过长时间的杂交和筛选过程，而且很容易将不良性状一起传递到后代中。通过分子标记辅助技术，育种时可以精确地选择出只具有晚疫病抗性基因而不带有不良性状的个体，大大加快了育种进程。

(四) 种子生物技术

随着生物技术的飞速发展，种子生物技术作为其中的重要分支，正在逐步改变着农业生产的面貌。其中，转基因技术和微生物技术作为两大核心技术，不仅为种子改良提供了新途径，也为农业可持续发展注入了新动力。

1. 转基因技术：赋予种子新特性

转基因技术，又称为基因工程技术，是通过人为的方式，将一个生物体的基因转移到另一个生物体中，从而改变其遗传特性的技术。转基因技术被广泛应用于改良作物品种，以提高作物的产量、抗病性和抗逆性等。

通过转基因技术，科学家们可以将具有优良性状的基因导入作物种子中，使其获得新的特性。例如，将抗虫基因导入棉花种子中，可以使棉花具有抗虫性，减少害虫对棉花的危害；将抗旱基因导入小麦种子中，可以提高小麦的抗旱能力，使其在干旱环境下也能正常生长。

然而，转基因技术也面临着一些争议和挑战。一方面，一些人担心转基因作物可能会对环境和人体健康造成潜在风险；另一方面，转基因技术的研发和应用需要投入大量的人力、物力和财力，成本较高。在推广转基因技术时，需要充分考虑其安全性和经济效益。

2. 微生物技术：助力种子改良与保护

微生物技术是指利用微生物的代谢功能和遗传特性，对种子进行改良和保护的技术。微生物技术主要应用于促进种子发芽、提高种子质量和保护种子免受病害等方面。

一方面，通过利用微生物的代谢功能，可以生产出各种生物肥料和生物农药，为种子提供充足的营养和保护。例如，利用固氮微生物可以将空气中的氮气转化为植物可利用的氮肥；利用抗病微生物可以产生具有抗菌活性物质的特性，用于防治作物病害。

另一方面，通过利用微生物的遗传特性，可以对种子进行基因改良，提高其抗逆性和适应性。例如，利用基因工程技术将具有抗逆性的基因导入种子中，可以使作物在恶劣环境下也能正常生长；利用基因编辑技术可以对种子基因进行精准修饰，进一步提高其优良性状的表达效率。

（五）种子处理技术

随着全球人口的不断增长和粮食需求的日益提高，农业生产面临着巨大的挑战。在这一背景下，种子处理技术凭借其在提高作物产量、防治病虫害以及延长种子储存期限等方面的显著优势，成为农业现代化的重要基石。下面将探讨种子处理技术的种类、优势以及未来的发展趋势。

1. 种子处理技术的种类

种子处理技术主要包括热力处理法、干拌种法、浸种法、湿拌种法、包衣法和闷种法等。其中，热力处理法通过利用有效杀菌的温度与种子可能受伤害的温度之间的差距来选择性杀菌；干拌种法则是将药粉与种子定量混合，使药剂均匀黏附在种子表面；浸种法则是用兑水稀释的农药药液浸渍种子；湿拌种法则是种子先用少量水湿润或浸种，然后与药剂定量混合；包衣法则是使用种子包衣专用药剂（种衣剂）处理种子，使其表面形成一层保护膜；闷种法则是在播种前将一定量的药液均匀喷洒在种子上，待种子吸收药液后堆在一起并加盖覆盖物，堆闷一段时间。

2. 种子处理技术的优势

种子处理技术具有诸多优势。其一，通过去除病原菌和其他有害微生物，减少病害发生的可能性，提高种子的质量。其二，改善种子的营养供给和生长环境，提高种子的发芽率和生长速度。此外，种子处理技术还可以延长种子的储存期限，保持种子的活力和生长潜力。最重要的是，种子处理技术可以增强植株的抗逆能力，提高产量和品质，对于保障全球粮食安全具有重要意义。

3. 种子处理技术的未来发展趋势

随着科技的不断进步和农业生产的不断发展，种子处理技术也在不断创新和完善。未来，种子处理技术将更加注重环保、安全和高效。一方面，将更多地采用生物技术和物理方法来替代传统的化学处理方法，减少对环境和人体的危害；另一方面，将不断开发新型种子处理剂，提高种子处理的效果和效率。此外，随着全球气候变化的影响日益加剧，种子处理技术也将更加注重提高作物的抗逆性，以应对极端天气和自然灾害的挑战。

（六）种子技术的重要性

种子作为生命的起点，承载着生物繁衍与进化的奥秘。在现代科技的推动下，种子技术得到了快速发展，其在农业生产、环境保护以及全球粮食安全和减贫中发挥着举足轻重的作用。下面将从这三个方面探讨种子技术的重要性。

1. 种子技术在农业生产中的作用

农业生产是种子技术最直接、最广泛的应用领域。种子技术通过基因编辑、杂交、突变等方法，创造出适应不同地区环境和需要的作物品种，极大地丰富了作物的多样性。这些新品种不仅具有更强的抗病、抗逆能力，而且能够在不同的气候和土壤条件下生长，提高了农作物的产量和品质。

此外，种子技术还能够降低农业生产成本。通过选择合适的品种进行种植，农民可以减少无效投资；同时，耐旱、耐寒等特性的作物品种可以减少对机械灌溉等辅助手段的依赖，进一步降低农业生产成本，不仅增加了农民的收入，也提高了农业生产的效益。

2. 种子技术在环境保护中的作用

种子技术在环境保护中同样扮演着重要角色。首先，种子技术有助于增加生物多样性。不同植物的种子具有不同的适应能力，它们能够在各种环境条件下发芽生长。通过引入各类植物的种子，我们可以增加植物物种的多样性，保护生态系统的平衡。

其次，种子的保存也是环境保护的一项重要措施。许多植物物种正面临着灭绝的危险，而种子库的建立可以帮助我们保存这些濒危植物的种子。在适当的条件下，种子可以保存数年甚至数百年，保留了这些植物物种的遗传资源，为后代提供了研究和保护的基础。

最后，种子技术还可以减少对环境的负面影响。通过选择和培育适应环境的优良品种并进行繁殖，我们可以提高农作物的产量和品质，减少对化学合成肥料以及农药的依赖，从而降低对环境的负面影响。

3. 种子技术在全球粮食安全和减贫中的作用

在全球粮食安全和减贫方面，种子技术同样发挥着重要作用。首先，种子的多样性对于确保全球粮食安全具有重要意义。多样性的种子资源可以使农民选择适应当地土壤条件和气候变化的品种。这对于解决全球粮食短缺问题、确保人们的基本生活需求具有重要意义。

其次，种子保护是确保全球粮食安全的重要环节。通过保存不同品种的种子并保留它们的遗传多样性，我们可以为未来的粮食生产提供更为丰富和稳定的资源基础。这有助于我们应对气候变化等不利因素对粮食生产的影响，确保全球粮食供应的稳定性和可持续性。

最后，种子技术创新也是促进全球粮食安全和减贫的关键因素。随着科技的发展，新型种子技术创新可以提高作物的产量和抗性，帮助农民应对不断变化的环境挑战。这种创新不仅可以提高农业生产效率和效益，还可以为农民带来更多的经济收益和就业机会，有助于减少贫困现象的发生。

二、工程育种

在农业领域，育种技术一直被视为提高作物产量、改良品质和增强抗病性的重要手段。工程育种作为现代农业育种的新方向，正在逐渐展现出其独特的魅力和潜力。下面将针对工程育种的概念、方法、应用及未来发展进行深入探讨。

(一) 工程育种的概念

工程育种，是指利用现代生物技术和基因工程技术，对作物进行定向改良和选育，以达到提高作物产量、品质和抗逆性的目的。这种育种方法打破了传统育种的局限性，使得育种过程更加精准、高效和可控。工程育种是现代农业发展的重要支撑，也是实现农业可持续发展的关键。

(二) 工程育种的方法

1. 基因工程育种

基因工程育种是工程育种的核心方法，它利用基因重组、基因转移和基因编辑等技术，对作物进行基因层面的改良。通过引入外源基因或改造作物自身基因，可以培育出具有优良性状的新品种。例如，通过基因工程育种，可以培育出抗病、抗虫、抗旱、耐盐碱等抗逆性强的作物品种，提高作物的适应性和生存能力。

2. 杂交育种

杂交育种也是一种重要的工程育种方法。通过选择具有优良性状的亲本进行杂交，可以培育出具有双亲优良性状的后代。杂交育种具有简单易行、效果显著等优点，已经在农业生产中得到了广泛应用。

3. 诱变育种

诱变育种是利用物理、化学或生物因素诱导作物发生基因突变，从而产生新的性状变异。通过筛选和鉴定突变体，可以选育出具有优良性状的新品种。诱变育种具有突变频率高、变异范围广等特点，是培育新品种的重要手段之一。

(三) 工程育种的作用

工程育种已经在多个领域得到了广泛应用，取得了显著成效。

1. 提高作物产量

通过工程育种，可以培育出具有高产潜力的作物品种，提高单位面积的产量。例如，通过基因工程育种可以改良作物的光合作用、提高养分利用效率等，从而增加作物产量。

2. 改良作物品质

工程育种可以改良作物的品质特性，如口感、色泽、营养成分等。通过引入外源基因或改造作物自身基因，可以培育出具有优良品质的作物品种。

3. 增强作物抗逆性

工程育种可以培育出具有抗逆性强的作物品种，提高作物对病虫害、干旱、盐碱等不良环境的适应能力。这不仅可以减少农药和化肥的使用量，降低农业生产成本，还可以保护生态环境和食品安全。

(四) 工程育种的未来发展

未来，工程育种将更加注重以下几个方面的发展：

1. 精准育种

利用现代生物技术和大数据技术，实现作物育种的精准化和智能化。精准育种可以更加准确地预测和控制作物的生长发育过程，提高育种效率和成功率。

2. 多基因育种

多基因育种是未来的重要发展方向之一。同时引入多个优良基因或改造多个基因位点，可以培育出具有多种优良性状的新品种，满足农业生产对多样化品种的需求。

3. 可持续育种

可持续育种是工程育种的重要目标之一。在育种过程中，应注重生态保护和资源节约，避免对环境造成负面影响。同时，应加强品种适应性研究，培育出适应不同生态条件和耕作制度的作物品种，为农业生产的可持续发展提供有力支撑。

第二节　土壤与肥料技术

一、土壤技术

（一）土壤技术的定义

土壤技术，顾名思义，是涉及土壤科学、农业工程、环境科学等多个领域的技术体系。土壤技术不仅仅是针对土壤本身的物理、化学和生物性质的改良和管理，更涉及土壤与植物、土壤与环境、土壤与人类活动之间的相互作用和关系。

土壤技术的实施通常包括土壤分析、土壤评估、土壤改良方案制订、土壤修复措施实施以及土壤监测等多个步骤。通过科学的方法和技术手段，土壤技术旨在提高土壤的生产力，保护土壤资源，维护土壤生态系统的健康，实现土壤资源的可持续利用。

（二）土壤技术的重要性

1. 提高农业生产效率

土壤技术对于农业生产至关重要。通过土壤改良和土壤管理，可以提高土壤的肥力和保水保肥能力，为作物生长提供良好的土壤环境。这不仅可以提高作物的产量和品质，还可以降低农业生产成本，提高农业生产的经济效益。

2. 保护土壤资源

土壤是地球上最重要的自然资源之一，是人类赖以生存的基础。然而，随着人口的增长和经济的发展，土壤资源面临着日益严重的威胁。土壤技术通过科学的方法和技术手段，可以有效地保护土壤资源，防止土壤侵蚀、盐碱化、沙化等问题的发生，维护土壤生态系统的健康。

3. 促进生态环境的改善

土壤是生态环境的重要组成部分，对生态环境的改善具有重要影响。土壤技术可以通过改善土壤结构、提高土壤肥力等措施，促进植被的生长和恢复，增强生态系统的稳定性和自我修复能力。同时，土壤技术还可以减少农业面源污染、控制土壤重金属污染等环境问题，促进生态环境的改善。

4.实现可持续发展

土壤技术的实施是实现可持续发展的重要途径之一。通过科学合理地利用和保护土壤资源，我们可以实现土地资源的可持续利用和生态系统的良性循环。这不仅可以满足当前人类的需求，还可以为子孙后代留下足够的生存和发展空间。

（三）土壤改良技术

土壤，作为地球生命的摇篮，其质量直接影响到农作物的生长和生态系统的健康。然而，由于自然因素和人为活动的影响，土壤质量下降、肥力减弱、结构破坏等问题日益凸显。土壤改良技术旨在通过物理、化学和生物等多种手段，改善土壤性状，为农作物的生长创造更为优良的环境。

1.物理改良

物理改良主要是通过改变土壤的物理性质来提高土壤质量。常见的物理改良措施包括：

（1）耕作与松土。通过耕作和松土等机械操作，可以打破土壤板结，增加土壤的透气性和透水性，有利于作物根系的生长和发育。

（2）客土与换土。对于质地较差的土壤，可以通过客土或换土的方式，引入质地较好的土壤，改善土壤的物理性状。

（3）砂黏互掺。对于砂质土壤和黏质土壤，可以通过砂黏互掺的方式，调节土壤的质地，使其更加适宜作物的生长。

2.化学改良

化学改良是通过施用化学改良剂来改变土壤的酸碱度、盐基组成等化学性质，从而提高土壤质量。常用的化学改良剂包括：

（1）石灰。对于酸性土壤，可以施用石灰来中和土壤的酸性，提高土壤的 pH，改善土壤的结构和肥力。

（2）石膏。对于碱性土壤，可以施用石膏来降低土壤的 pH 和碱化度。

（3）腐殖酸与腐殖酸钙。这些有机物质可以增加土壤的有机质含量，改善土壤的结构和肥力，提高土壤的保水保肥能力。

3. 生物改良

生物改良则是通过利用生物的特性来提高土壤质量。生物改良具有自然、环保的特点，但需要较长的时间才能见效。常见的生物改良措施包括：

（1）种植绿肥。绿肥作物在生长过程中可以吸收土壤中的养分，并在翻压后将其归还给土壤，从而增加土壤的有机质含量和肥力。

（2）接种微生物。通过接种有益微生物，如固氮菌、解磷菌等，可以促进土壤中养分的转化和释放，提高土壤的肥力。

（3）引入蚯蚓等生物。蚯蚓等生物在土壤中的活动可以改善土壤的结构和透气性，增加土壤的肥力。

在实际应用中，物理、化学和生物改良往往不是孤立存在的，而是相互补充、相互促进的。通过综合运用这些改良技术，可以更加有效地提高土壤质量，提高土壤的肥力和生产性能。同时，还需要注意根据土壤的具体情况和作物的需求，选择合适的改良措施和改良剂，以达到最佳的改良效果。

（四）土壤耕作与轮作技术

随着农业技术的不断发展，土壤耕作与轮作技术已经成为现代农业的重要组成部分。这些技术旨在维护农田生态系统的健康，提高土壤质量，确保农作物的优质高产。下面将详细介绍土壤耕作与轮作技术的原理、方法及其对农田生态系统的影响。

1. 土壤耕作技术

土壤耕作是农田管理的重要环节，其主要目的是疏松土壤、消灭杂草、减少病虫害和提高土壤肥力。常见的土壤耕作技术包括：

（1）深松技术。深松是指在不打乱土壤结构的前提下，加深耕层的一种耕作方法。深松能有效改善土壤的透气性和排水性能，促进根系生长。

（2）旋耕技术。旋耕是将表层土壤翻转、混合，同时消灭杂草和病虫害。旋耕后的土壤结构较为松散，有利于作物根系的生长。

（3）耙地技术。耙地是在作物播种前对土壤进行精细整平的一种方法。耙地能提高土壤的蓄水能力，有利于作物生长。

2. 轮作技术

轮作是指有计划地更换作物种植的种类，旨在优化土壤营养、减少病虫害的发生，并保持农田生态系统的平衡。常见的轮作方式包括：

（1）谷类轮作。将谷类作物（如小麦、玉米等）按一定顺序轮流种植。这种轮作方式能充分利用土壤中的养分，同时减少病虫害的发生。

（2）豆科轮作。利用豆科植物来改善土壤结构，提高肥力。豆科植物能固氮肥田，同时还能抑制杂草的生长。

（3）绿肥轮作。利用绿肥作物（如油菜、紫云英等）进行轮作，既能增加土壤有机质，又能改善土壤结构。

轮作技术的优点在于能够维护农田生态系统的平衡，减少病虫害的发生，同时还能提高土壤质量，为作物提供良好的生长环境。此外，轮作还能充分利用土壤中的养分，提高土地利用率。

（五）土壤养分管理技术

随着全球人口的增长和环境压力的增加，土壤养分管理已成为农业可持续发展的关键。土壤养分是指土壤中存在的营养元素，如氮、磷和钾，它们是植物生长和发育所必需的。为了确保农业的长期成功，我们需要采用科学有效的土壤养分管理技术。

1. 养分的需求与平衡

了解作物对不同养分的需求是土壤养分管理的基础。不同的作物对养分的需求各不相同，例如，某些作物需要大量的氮，而其他作物则更需要磷和钾。通过精准施肥，我们可以确保养分被植物有效吸收，而不会造成浪费或污染。

此外，土壤中的养分平衡也非常重要。过多的养分会导致土壤酸化、盐化，影响作物的生长。我们需要定期监测土壤的养分状况，并根据监测结果进行调整。

2. 有机肥料的使用

有机肥料是土壤养分的重要来源之一。它们含有大量的有机物质和营养元素，可以改善土壤结构，提高土壤肥力。有机肥料还能提高土壤的生物活性，促进土壤中有益微生物的生长。然而，有机肥料的使用也需要谨慎，因为过度施用可能会对土壤环境造成负面影响。

3. 化肥的使用

化肥是现代农业中不可或缺的一部分，它们提供了作物生长所需的大量营养元素。然而，化肥的使用也带来了一些环境问题，如水体污染和土壤退化。我们需要合理使用化肥，并探索可持续的施肥方法。

(六) 土壤检测技术

土壤作为地球生态系统的重要组成部分，承载着植物生长、微生物栖息和人类活动等多重功能。为了科学管理和利用土壤资源，土壤检测技术显得尤为重要。下面笔者将从采样技术、理化性质监测、养分监测、微生物监测以及污染监测五个方面，对土壤检测技术进行详细介绍。

1. 采样技术

土壤采样是土壤检测的第一步，其准确性直接影响到后续分析结果的可靠性。采样前，需明确采样目的、采样区域和采样方法。常见的采样方法包括对角线采样法、梅花形采样法、棋盘式采样法和蛇形采样法等。采样时，应尽量避免使用金属工具，以免污染样品。同时，采样点的选择应考虑到土壤类型、地形、植被等因素，确保所采样品能够代表整个区域的土壤特性。

2. 理化性质监测

理化性质监测是评估土壤质量的基础。常见的理化性质指标包括 pH、有机质含量、铵态氮含量、磷态含量、钾态含量和土壤容重等。其中，pH 是衡量土壤酸碱性的重要指标，常用的测定方法有玻璃电极法、酸碱滴定法和庚醇 - 水混合物电极法等。有机质含量反映了土壤肥力水平，其测定方法包括重铬酸钾容量法、灼烧法等。此外，铵态氮、磷态含量和钾态含量的测定对于了解土壤养分状况具有重要意义。

3. 养分监测

养分监测是土壤检测的重要组成部分，它直接关系到作物的生长发育和产量。常见的养分指标包括氮、磷、钾等大量元素以及钙、镁、硫等中量元素和微量元素。养分监测的常用方法包括化学法、光谱法和电化学法等。其中，化学法通过化学反应测定土壤中养分的含量，具有准确度高、灵敏度好的特点；光谱法则利用物质对光的吸收、反射和散射等特性进行测定，具有快速、无损的特点；电化学法则通过电极反应测定土壤中离子的浓度，适用于现场快速检测。

4. 微生物监测

微生物是土壤生态系统中的重要组成部分，对土壤肥力的维持和植物生长具有重要作用。微生物监测可以了解土壤中微生物的种类、数量和活性等信息，为土壤改良和肥力提升提供依据。常用的微生物监测方法包括直接计数法、培养法、DNA分析法和生化方法等。其中，DNA分析法能够全面检测土壤中微生物的种类和多样性，对于了解土壤微生物群落结构具有重要意义。

5. 污染监测

随着工业化进程的加快和农业生产的发展，土壤污染问题日益突出。污染监测是评估土壤环境质量的重要手段。常见的污染物质包括重金属、有机污染物、石油类污染物等。污染监测的常用方法包括原子吸收光谱法、原子荧光光谱法、气相色谱法和液相色谱法等。利用这些方法能够准确测定土壤中污染物的种类和含量，为土壤污染控制和治理提供依据。

(七) 土壤修复技术

随着工业化和城市化进程的加速，土壤污染问题日益严重。为了确保土壤的可持续利用和生态系统的健康，我们需要采取一系列有效的土壤保护与修复技术。下面将详细介绍三种主要的土壤保护与修复技术：物理修复方法、化学修复方法、生物修复方法。

1. 物理修复方法

物理修复方法主要包括土壤固化/稳定化技术、土壤淋洗技术等。其中，土壤固化/稳定化技术是通过添加材料使污染土壤固化或稳定化，从而降低土壤中的污染物释放速率。常用的添加材料包括水泥、石灰、沥青等。该方法的优点是处理效果明显，缺点是可能会增加二次污染的风险。

2. 化学修复方法

化学修复方法主要包括化学氧化法、还原法等。化学氧化法是通过氧化剂将有机污染物氧化分解。常用的氧化剂包括过氧化氢、过硫酸铵等。还原法则是通过添加还原剂将有机污染物还原降解。化学修复方法的优点是处理效果显著,缺点是可能会引入新的化学物质,从而增加新的污染风险。

3.生物修复方法

生物修复方法主要包括微生物修复技术和植物修复技术。微生物修复技术是通过特定微生物将有机污染物降解或转化,从而降低污染物的毒性及生物可利用性。常用的微生物包括细菌、真菌等。植物修复技术则是利用植物吸收或转化土壤中的污染物,从而达到修复土壤的目的。该方法的优点是对环境影响小,且能利用天然资源,缺点是实施周期较长。

在实施这些技术时,我们需要考虑许多因素,包括土壤类型、污染物性质、处理时间、经济成本等。此外,我们还需要建立完善的监测体系,以确保这些技术的有效性和安全性。

物理、化学和生物修复方法是解决土壤污染问题的有效手段。然而,每种方法都有其优点和局限性,因此在实际应用中,我们需要根据具体情况选择最适合的方法,或者将几种方法结合起来使用,以达到最佳的处理效果。同时,我们也需要加强对这些技术的研发,以提高其效率和安全性,为解决土壤污染问题提供更多的解决方案。

未来,我们期待出现更多的创新性土壤保护与修复技术。例如,纳米技术、生物技术、人工智能等新兴科技可能在未来的土壤保护与修复领域发挥重要作用。我们期待这些新技术能为解决土壤污染问题带来新的突破。

二、肥料技术

(一)肥料的定义

肥料是一种为植物提供营养,促进其生长的物质。它通常由有机物质(如动物粪便、植物残渣等)和无机物质(如化肥)组成。肥料是农业中不可或缺的一部分,因为它是促进植物生长和发育的关键因素。

(二)肥料的分类

肥料主要分为以下几类:

(1)有机肥料。有机肥料主要由有机物质组成,如动物粪便、植物残渣等。这些肥料富含植物所需的营养物质,如氮、磷、钾等,同时还有许多对植物生长有益的微生物。

（2）化肥。化肥是由无机物质制成的肥料。它们通常提供植物生长所需的主要营养物质，如氮、磷、钾等。化肥的优点是使用方便，但过量使用可能会导致土壤板结。

（3）生物肥料。生物肥料是一种新型肥料，它利用微生物分解有机物质，产生植物所需的营养物质。这种肥料不仅可以提供植物所需的营养物质，还可以提高土壤质量，提高土壤的保水性。

（4）复合肥料。复合肥料是由有机和无机物质混合制成的肥料，它提供了植物所需的多种营养物质。

（三）肥料的作用

（1）提供营养。肥料中的各种营养成分是植物生长和发育所必需的。它们帮助植物吸收阳光、水分和二氧化碳，进而进行光合作用，制造出植物所需的有机物质。

（2）提高土壤质量。肥料中的有机物质在土壤中分解，为土壤微生物提供养料，促进微生物的活动，进而改善土壤结构，增强土壤的保水性和通气性。

（3）增强植物抗病性。适当的肥料使用可以促进植物的健康生长，增强其抗病性，使其更好地应对环境中的不利因素。

（4）提高产量。良好的肥料管理可以帮助植物吸收足够的营养，进而增加产量。

然而，使用肥料时也需要注意一些问题。一方面，过量使用肥料可能会导致土壤污染和水源污染。另一方面，不同类型的肥料对植物的影响也不同。例如，化肥虽然方便使用，但过量使用可能会导致土壤板结；有机肥料虽然对土壤有益，但需要较长的时间才能分解并被植物吸收。合理使用肥料是非常重要的。

（四）新型肥料技术

1. 新型肥料技术的现状

新型肥料技术主要包括生物肥料、有机肥料、水溶性肥料、植物提取物等。这些技术通过不同的方式，如微生物分解、植物吸收、水溶后直接进入植物根部等，为植物提供所需的养分。此外，智能施肥系统也正在逐步推广，可以根据土壤状况、作物需求等因素，精准地分配肥料。

2. 新型肥料技术的优点

（1）提高产量。利用新型肥料技术能够为植物生长提供所需的各种养分，从而提高农作物的产量。

（2）环保。相较于传统肥料，新型肥料对环境的影响较小。例如，生物肥料和有机肥料在使用后会被土壤自然吸收，不会造成水体富营养化等问题。

（3）节约资源。使用新型肥料能够减少化肥的使用量，从而节约了水资源和化肥原料。

（4）精准施肥。智能施肥系统能够根据土壤状况和作物需求进行精准施肥，既节约了成本又提高了肥效。

（五）肥料施用技术

肥料施用是一项重要的技术环节，它对提高农作物产量和质量具有关键作用。正确的肥料施用技术不仅能确保农作物的养分供应，还能降低生产成本，减少环境污染。下面将介绍几种常用的肥料施用技术，以帮助读者更好地了解并应用这些技术，进而提高农业种植效益。

1. 了解肥料类型和特点

肥料是植物养分的主要来源，按其成分和性质可分为有机肥、无机肥和生物肥等。有机肥富含有机质和微生物，有利于土壤生态系统的恢复和保持；无机肥养分含量高，肥效快；生物肥则具有改良土壤、提高作物抗逆性的作用。了解不同肥料的特性和适用范围，有助于选择合适的肥料种类。

2. 掌握施肥原则

施肥时应遵循以下原则：

（1）了解土壤状况

首先，了解土壤的养分状况是施用肥料的基础。不同类型的土壤其肥力不同，需要施用的肥料种类和数量也不同。在施用肥料前，需要对土壤进行检测，了解土壤的养分含量和缺失的养分类型，以便选择合适的肥料种类和施用方法。

(2) 根据作物需求施用肥料

不同作物对养分的需求不同，因此，在施用肥料时需要根据作物的种类和生长阶段来确定肥料的种类和数量。对于需要大量养分的作物，如水稻、小麦等，需要施用足够的氮肥；而对于需要大量磷、钾元素的作物，如玉米、大豆等，则需要适当增加磷肥和钾肥的施用量。

(3) 合理搭配肥料

单一的肥料往往不能满足植物生长的全部需求，因此，在施用肥料时需要合理搭配各种肥料，以实现营养的全面供给。氮肥可以促进植物的生长，磷肥可以促进植物的开花结果，而钾肥可以提高植物的抗逆性。在施肥时需要根据实际情况进行搭配，以达到最佳的施肥效果。

(4) 适量施肥

过量施肥不仅会造成浪费，还会对土壤和环境造成负面影响。在施用肥料时需要根据作物的生长情况和土壤的养分状况来确定合适的施肥量。少量多次施肥的方式更为合理，不仅可以减少浪费，还可以避免过量施肥对环境造成的影响。

(5) 遵循施肥时间

合适的施肥时间也是保证施肥效果的关键因素之一。在植物生长的旺盛期和开花结果期需要适当增加施肥量，而在植物生长的缓慢期和休眠期则需要减少施肥量或停止施肥。同时，在天气干旱或雨水过多时也需要调整施肥时间和方式，以确保施肥效果。

(6) 环保施肥

随着人们环保意识的提高，环保施肥已经成为农业生产的重要趋势。在施用肥料时，我们需要选择环保、高效的肥料种类，如有机肥、生物肥等，以减少化肥的使用量和对环境的污染。同时，还需要注意施肥后对土壤和水源的保护，避免对环境造成不良影响。

3. 常规肥料施用技术

(1) 基肥施用。在种植前或播种时将肥料施入土壤中。有机肥可混入土壤改良剂一起施用，提高肥效。无机肥可与土壤混合均匀后施用。基肥应以有机肥为主，配合适量无机肥，以满足作物整个生长期的需求。

（2）追肥施用。根据作物生长阶段和养分需求，在作物生长期间适时追施肥料。可选用速效化肥，如尿素、磷酸二氢钾等。追肥时应根据土壤类型和作物需肥规律，确定施肥量和施肥位置。同时，应避免直接接触作物根系，以免烧根。

（3）根外追肥。在作物生长过程中，通过喷洒溶液的方式给作物补充养分。常用的根外追肥方法包括叶面喷施和茎秆注射等。根外追肥具有肥效快、利用率高等优点，但需根据作物种类和生长阶段选择合适的肥料种类和浓度。

（4）土壤改良与施肥相结合。通过合理施肥来提高土壤结构、提高土壤肥力，同时进行土壤改良工作，如深松、秸秆还田等，有助于提高农作物的产量和质量。

（5）精准施肥。利用现代农业技术手段，如土壤养分检测仪等设备，对土壤养分状况进行监测和分析，根据结果制订针对性的施肥方案，实现精准施肥。精准施肥有助于提高肥效利用率，减少浪费和环境污染。

（六）肥料与环境的关系

1. 肥料对土壤的影响

肥料是植物生长过程中不可或缺的物质，它可以提供植物所需的各种养分，促进植物的生长和发育。肥料的使用对于提高作物产量和质量具有重要的作用。

（1）改善土壤结构

肥料中的养分可以改善土壤结构，使土壤更加肥沃，有利于植物的生长。同时，肥料中的有机物质可以改善土壤的透气性和保水性，有利于植物根系的生长和发育。

（2）提高土壤肥力

肥料中的养分可以提供植物所需的各种营养物质，如氮、磷、钾等，这些营养物质可以促进植物的生长和发育。合理使用肥料可以提高土壤的肥力，使植物更好地生长。

然而，不合理使用肥料也会对土壤造成一定的负面影响。过度使用肥料会导致土壤酸化、盐碱化等问题，这些问题会对土壤的结构和肥力产生不良影响，甚至会导致土壤退化。在施肥过程中，应该根据土壤的实际情况和作物的需求合理使用肥料，避免过度施肥。

2. 肥料对水体的影响

肥料的使用也会对水体产生一定的影响。一方面，肥料中的养分可以被植物吸收利用，但如果未被植物吸收利用的养分进入水体中，就会对水体造成污染。另一方面，肥料中的一些化学物质可能会对水生生物产生毒性作用，甚至会导致水体的富营养化。

3. 环保型肥料的研发与应用

环保型肥料是环保和农业生产发展的必然趋势，不仅可以有效降低化肥对环境的污染，还可以提高农作物的产量和品质。下面将详细介绍环保型肥料的研发与应用。

(1) 环保型肥料的研发

环保型肥料的研发是一个综合性的过程，需要考虑到肥料对环境的影响、肥料的利用率以及肥料的成本等多个方面。一方面，环保型肥料应采用可再生资源，如微生物、植物残渣等作为原料。另一方面，研发人员需要采用先进的生产工艺和技术，提高肥料的利用率，减少浪费和污染。此外，环保型肥料还需要具有缓释、控释等功能，减少氮肥的挥发和流失。

(2) 环保型肥料的应用

环保型肥料的应用涉及农业生产的多个方面，包括农田管理、农作物种植和动物养殖等。一方面，环保型肥料可以提高农作物的产量和品质。另一方面，环保型肥料可以减少农业污染，降低农药和化肥的使用量，从而减少对环境的污染。此外，环保型肥料还可以用于动物养殖，改善动物的生活环境，提高养殖效益。

环保型肥料的发展前景广阔。随着人们环保意识的提高和科学技术的进步，更多的环保型肥料将会被研发出来，应用于农业生产中。这些肥料不仅可以提高农作物的产量和品质，还可以降低对环境的污染。同时，政府和社会各界也需要加强对环保型肥料的推广和应用，提高农民的环保意识和技术水平，推动环保型肥料的广泛应用。

第三节　节水灌溉与水资源管理技术

一、节水灌溉技术

(一) 节水灌溉技术革新

随着全球水资源日益紧张，节水灌溉技术已成为农业、工业、生活等各个领域关注的焦点。下面将介绍四种主要的节水灌溉技术，包括喷灌技术、微灌技术、渠道防渗技术和低压管道输水技术。

1. 喷灌技术

喷灌是一种通过喷头将水喷射到空中，均匀洒落在农田上的灌溉方式。这种技术适用于各种地形。喷灌系统主要由水源、动力设备、管道和喷头组成。喷头可根据需求选择不同类型的喷洒模式，如散射喷头、旋转喷头等。与传统的地面灌溉方式相比，喷灌可以节约水资源，提高灌溉效率，同时有利于提高农作物的产量和质量。

2. 微灌技术

微灌是一种精准的灌溉方式，通过微小的管道和管道中的管道阀门，将水送到田间地头的各个部位。微灌系统包括水源、输水管道、灌水器和水泵等设备。灌水器是微灌的核心部分，通常采用滴头、微孔和脉冲灌水器等，根据作物需求精准地将水送到作物根部。微灌技术具有节约水资源、提高作物产量和质量、减少土壤盐碱化的优点。

3. 渠道防渗技术

渠道防渗技术是一种通过减少土壤和杂物对灌溉水的吸收和渗透，从而提高灌溉效率的措施。该技术主要通过使用防渗材料 (如塑料薄膜) 或加强渠道管理 (如平整土地、减少渠道弯曲等) 来实现。通过采用渠道防渗技术，可以减少水的渗漏损失，提高水的利用效率，从而减少水资源的需求。

4. 低压管道输水技术

低压管道输水技术是一种通过铺设管道，将水源和灌溉设备连接起来的输水方式。与传统的提水灌溉相比，低压管道输水技术通过减少水的蒸发损失和渗漏，提高了水的利用效率。该技术适用于各种地形和土壤类型。

(二) 农业节水灌溉技术的应用效果

1. 水资源利用效率的提升

节水灌溉技术通过采用先进的灌溉方式、优化灌溉制度以及提高灌溉水的利用系数，有效提高了水资源利用效率。与传统的大水漫灌相比，节水灌溉技术能够在满足作物需水的同时，最大限度地减少水分的蒸发和流失，从而实现水资源的节约和高效利用。此外，通过推广滴灌、喷灌等节水灌溉方式，能够有针对性地满足作物的水分要求，避免水资源的浪费。

2. 农作物产量的提高

节水灌溉技术的应用有助于提高农作物的产量。一方面，合理的灌溉能够满足作物生长的水分需求，促进其健康生长；另一方面，节水灌溉技术有助于提高农作物的抗旱、抗病能力。此外，通过采用先进的灌溉设备和技术，能够精确控制灌溉水量和时间，为作物提供最佳的生长环境，进一步提高农作物的产量。

3. 土地资源的可持续利用

节水灌溉技术的应用有助于土地资源的可持续利用。一方面，通过推广节水灌溉技术，可以减少农业用水量，缓解水资源短缺的问题，为土地资源的可持续利用提供保障；另一方面，节水灌溉技术有助于提高土地的利用率和产出率，延长土地的使用寿命。此外，节水灌溉设备的维护和管理也需要注意，确保设备的正常运行和保养，避免对土地造成二次污染。

4. 环境效益

节水灌溉技术的应用对环境具有积极的影响。一方面，通过减少农业用水量，可以降低地下水位下降和河流干涸等水资源短缺问题。另一方面，节水灌溉技术有助于减少农业用水对环境的污染，如农药和化肥的流失等。此外，合理的灌溉方式也有助于保持土壤结构的稳定，减少水土流失和土地退化等现象的发生。

5. 社会经济效益

节水灌溉技术的应用不仅有助于提高农业生产效率和农民收入水平，还具有显著的社会经济效益。一方面，推广节水灌溉技术有助于缓解城市用水压力，为社会经济的发展提供更加稳定的水资源保障。另一方面，随着农民收入的增加，农村产业结构将得到优化，为农村经济的可持续发展注入新的动力。此外，节水灌溉技术的推广和应用还可以促进农业现代化进程，提高农业生产的质量和效益。

二、水资源管理技术

(一) 水资源管理的基本概念和目标

水，作为生命之源，是地球上所有生物赖以生存的基础。然而，水资源短缺、水污染等问题日益严重，给人类社会的可持续发展带来了巨大挑战。水资源管理成为全球范围内关注的热点问题。

1. 水资源管理的概念

水资源管理是指对水资源进行规划、开发、利用、保护和管理的全过程。它涵盖了水资源的各个方面，包括地表水、地下水、降水、废水等。水资源管理旨在实现水资源的可持续利用，保障人类生产、生活和生态环境的需求。

水资源管理具有以下几个特点：

(1) 综合性。水资源管理涉及多个领域和部门，需要政府、企业、社会组织等各方共同参与。

(2) 科学性。水资源管理需要运用先进的科技手段和方法，进行科学的规划、监测和评估。

(3) 可持续性。水资源管理要关注水资源的长期利用和生态平衡，实现人与自然的和谐共生。

2. 水资源管理的目标

水资源管理的目标主要包括以下几个方面：

(1) 保障水资源的供应安全

水资源管理要确保人类生产、生活和生态环境对水资源的需求得到满足。通过科学规划、合理调配和高效利用，实现水资源的供需平衡。同时，要加强对水资源监测和预警，及时发现和应对水资源短缺、洪涝灾害等风险。

（2）促进水资源的节约利用

水资源是有限的，要实现水资源的可持续利用，必须注重节约。水资源管理要推广节水技术、提高用水效率，减少水资源浪费。同时，要加强水资源的循环利用，降低用水成本，提高经济效益。

（3）保护水生态环境

水生态环境是水资源的重要组成部分，也是维护地球生态平衡的关键因素。水资源管理要关注水生态环境的保护，防止水污染、水生态破坏等问题的发生。通过加强水质监测、治理水污染、恢复水生态等措施，维护水生态环境的健康和稳定。

（4）推动水资源管理的创新和发展

随着社会的发展和科技的不断进步，水资源管理也面临着新的挑战和机遇。水资源管理要不断创新和发展，引入新技术、新方法和新理念，提高管理水平和效率。同时，要加强国际合作和交流，共同应对全球水资源问题。

（二）水资源管理技术方法

1. 水资源调查与评价技术

（1）水文观测与资料收集

水文观测是水资源调查与评价的基础工作，其主要目的是通过实地观测和测量，获取河流、湖泊、水库等水体的水文要素数据。这些水文要素包括流量、水位、水温、水质等。

在资料收集方面，除了实地观测数据外，还需要收集历史数据、文献资料、遥感数据等。这些数据来源的多样性保证了数据的全面性和准确性。同时，数据的收集也需要遵循一定的规范和标准，确保数据的可靠性和可比性。

（2）水资源评价方法与指标体系

水资源评价方法主要包括定量评价和定性评价两种。定量评价主要基于数学模型和统计分析方法，对水资源数量、质量、利用状况等进行量化评估。定性评价则更多关注水资源对社会、经济、环境等方面的影响。

在水资源评价的指标体系中，需要综合考虑水资源的数量、质量、利用状况、生态环境等多个方面。例如，在水资源数量方面，可以选取降水量、径流量、地下水资源量等指标；在水资源质量方面，可以选取水质类别、污染物浓度等指标；在水资源利用状况方面，可以选取用水效率、水资源开发利用率等指标。

（3）水资源信息系统

随着信息技术的不断发展，水资源信息系统已成为水资源调查与评价的重要工具。水资源信息系统可以实现对水文数据的实时采集、传输、存储、分析和展示，为水资源管理提供决策支持。

在水资源信息系统的建设中，需要注重数据的标准化和规范化，确保数据的准确性和可靠性。同时，还需要加强系统的安全性和稳定性，保障数据的安全和系统的正常运行。

2. 水资源规划与优化配置技术

（1）水资源供需预测

水资源供需预测是水资源规划与优化配置的基础工作。通过对历史数据和气候变化趋势的分析，结合社会经济发展趋势和人口增长等因素，可以预测未来水资源的供需情况。在预测过程中，需要充分考虑各种不确定性因素，如气候变化、政策调整、技术进步等，以提高预测的准确性。同时，还需要建立多目标、多方案的预测模型，以应对不同情况下的水资源供需变化。

（2）水资源配置模型

水资源配置模型是实现水资源优化配置的重要手段。根据水资源供需预测结果，结合区域水资源的特点和用水需求，可以建立相应的水资源配置模型。常用的水资源配置模型包括线性规划模型、整数规划模型、动态规划模型等。这些模型可以综合考虑水资源的数量、质量、时空分布以及用水需求等多种因素，通过优化算法求解最优解，实现水资源的优化配置。

在建立水资源配置模型时，需要充分考虑各种约束条件，如水资源供需平衡约束、水资源质量约束、生态环境保护约束等。同时，还需要考虑社会经济可持续发展约束，确保水资源配置方案能够促进社会经济的可持续发展。此外，还需要加强对水资源监测和数据收集工作的支持，提高水资源数据的质量和时效性，为水资源配置模型的建立提供可靠的数据支撑。

（3）区域水资源承载能力评估

区域水资源承载能力评估是评价区域水资源可持续利用能力的重要手段。通过评估区域水资源的数量、质量、时空分布以及用水需求等因素，可以确定区域水资源的承载能力，为制定合理的水资源规划和管理策略提供依据。

在区域水资源承载能力评估中，需要建立科学的评价指标体系，包括水资源可利用量、水资源开发潜力、生态环境状况等多个方面。同时，还需要采用合适的评价方法，如经验估算法、指标体系评价法等，对区域水资源的承载能力进行定量评价。根据评价结果，可以提出相应的提高水资源承载能力的对策措施，如加强水资源保护、提高水资源利用效率等。

3. 水资源保护与治理技术

（1）水生态系统保护与修复技术

水生态系统是水资源的重要组成部分，其健康状况直接影响到水资源的数量和质量。水生态系统保护与修复技术主要包括以下几个方面：

①生态修复技术。通过种植水生植物、放养水生动物等措施，恢复水体的自然净化能力。例如，人工湿地技术通过模拟自然湿地的生态功能，有效去除水体中的污染物，提高水质。

②微生物修复技术。利用微生物的代谢功能，分解和转化水体中的有害物质。通过向水体中投加特定的微生物制剂，可以加速污染物的降解过程，促进水体的生态恢复。

③物理修复技术。通过曝气、过滤、沉淀等方法，运用物理手段去除水体中的悬浮物、颗粒物等污染物，从而达到改善水质的目的。

（2）水污染防治技术

水污染防治技术是针对水体污染问题而采取的一系列技术措施，旨在减少污染物排放、降低水体污染程度。主要技术包括：

①源头控制技术。通过改进生产工艺、优化设备结构等措施，减少生产过程中的污染物排放。同时，加强污水处理设施的建设和运行管理，确保污水达标排放。

②末端治理技术。对于已经排放到水体中的污染物，采用适当的治理技术进行去除。例如，MBR-DF组合污水处理技术通过膜生物反应器和超

低压选择性纳滤单元的组合，有效去除污水中的有机物、氮、磷等污染物。

③应急处理技术。在突发水污染事件发生时，采取紧急措施减少污染物的扩散和影响。例如，使用化学药剂进行中和、沉淀等处理方式，可以降低污染物的浓度和毒性。

（3）地下水保护与修复技术

地下水是水资源的重要组成部分，其保护与修复对于保障人类生活用水和生态环境具有重要意义。主要技术包括：

①地下水监测技术。通过建设地下水监测站点和网络，实时监测地下水的水位、水质等参数，为地下水保护和修复提供科学依据。

②地下水修复技术。针对受污染的地下水，采用抽提、气提、生物修复、渗透反应墙等技术进行修复。这些技术能够有效去除地下水中的污染物，恢复其原有的水质。

③地下水补给技术。通过人工补给方式，增加地下水的补给量，提高地下水的储存能力和自净能力。例如，利用雨水、再生水等资源进行地下水补给，有助于维持地下水的动态平衡。

4. 水资源调度与管理技术

（1）水资源调度方法

水资源调度是指根据水资源时空分布特点和用水需求，通过科学规划和技术手段，实现水资源的优化配置和合理利用。其方法主要包括以下几个方面：

①定量分析与评估。通过对水资源进行定量分析和评估，了解当前水资源的供需情况，为制订合理的水资源调度方案提供科学依据。这要求政府和相关部门加强水资源监测和数据收集工作，建立完善的水资源数据库。

②跨区域水资源调度。在全球化和城市化的背景下，跨区域水资源调度成为重要手段。通过水资源转移、水资源节约和水资源补偿等方式，实现资源优化配置。政府应制订跨区域的水资源调度方案，并加强与其他地区的合作与协调。

③生态保护与水资源调度。水资源调度方案需兼顾生态环境的保护和恢复。在制定方案时，应充分考虑生态系统的需求，如设立生态保护区和自然保护区，强化生态环境的保护工作。同时，采取湿地恢复、水生态修复等

措施，促进生态系统的健康发展。

（2）水资源管理信息系统

水资源管理信息系统是专为水务部门开发的管理系统，用于监控自备井取水、监测水厂进出水流量、监测明渠流量、监测地下水水位、监测水源地水质以及进行水资源远程售水管理等。该系统主要包括以下几个组成部分：

①监控中心。需要配备服务器、数据专线、路由器等硬件，以及操作系统软件、数据库软件、水资源实时监控与管理系统软件、防火墙软件等软件。

②通信网络。采用中国移动公司 GPRS 无线网络等通信技术，实现数据的实时传输和共享。

③终端设备与测量设备。包括水资源测控终端、微功耗测控终端（电池供电型）以及水表、流量计、水位计、雨量计、水质仪等测量设备，用于实时采集和传输水资源相关数据。

（3）水资源应急管理技术

水资源应急管理技术是应对水资源突发事件的重要手段，旨在减少损失并保障水资源的稳定供应。其技术主要包括以下几个方面：

①安全评估与风险识别。采用层次分析法（AHP）、模糊综合评价法等方法建立水资源系统安全评估指标体系，对水资源系统的安全状况进行定量评估和综合评价。同时，利用故障树分析法（FTA）和事件树分析法（ETA）对水资源系统进行风险识别，找出存在的各种风险并分析其可能性和后果。

②应急预案制定与演练。基于风险评估结果，制定全面的应急预案，包括应急措施和保障措施。同时，通过定期演练，不断完善预案内容并提高应急响应能力。

③突发事件监测与预警。建立水资源系统突发事件监测与预警系统，实现对水资源系统安全状况的实时监测和预警。这有助于及时发现和处理潜在问题并降低损失。

④应急物资储备与调配。建立完善的应急物资储备和调配机制，确保在突发事件发生时能够及时提供所需物资并保障水资源的稳定供应。

第四节 农业生物技术与病虫害防治

一、农业生物技术

(一) 农业生物技术的定义

农业生物技术是一种现代科技手段，它涵盖了基因工程、细胞与组织培养、发酵工程以及酶工程等多领域的生物技术，专注于对农作物、家畜和微生物进行基因组的研究和改变，以实现提高产量和品质、增强抗病虫害能力等目的。这种技术不仅为农业生产带来了革命性的变革，也为农业生态环境的保护提供了新的思路和方法。

在农业生物技术的运用中，基因工程技术尤为突出。通过基因重组和编辑，科学家们能够精确地改变作物的遗传特性，使其具有更强的抗病性、更高的产量和更好的品质。同时，农业生物技术还广泛应用于动物繁殖与育种、疫病防治、环境保护等多个领域，为农业的可持续发展提供了强大的技术支撑。

(二) 生物技术在农业生态保护中的作用

随着人类对生态环境认识的不断深入，农业生物技术在生态保护方面的作用日益凸显。其重要性主要体现在以下几个方面：

(1) 减少化学农药的使用。通过基因工程技术培育出的抗病虫害作物，能够在很大程度上减少农药的使用，降低对环境的污染。

(2) 提高土壤质量。农业生物技术中的微生物技术，能够改良土壤结构，减少土壤侵蚀和退化，有助于维护土壤生态系统的平衡。

(3) 节约水资源。利用农业生物技术，可以优化灌溉系统，提高水资源的利用效率，减少水资源的浪费和污染。

(4) 促进生物多样性。通过基因工程改良的作物，能够增加农田生态系统的多样性，为野生动植物提供更多的栖息地和食物来源，有助于维护生物多样性。

(5) 保护人类健康。农业生物技术的应用，能够减少农药和化肥在农产品中的残留，降低环境中有害物质的暴露，为人们提供更加安全、健康的食品。

(三) 基因工程

1. 基因工程的原理

基因工程，又称遗传工程或基因重组技术，是一种通过体外 DNA 重组和转基因技术，定向地改造生物遗传特性、创造新品种或生产新产品的技术。其基本原理在于对生物体内控制遗传信息的载体——基因进行操作，从而实现对生物体性状和功能的改变。

具体来说，基因工程的原理主要包括以下几个方面：

（1）基因克隆。基因克隆是基因工程的重要手段之一。它通过将特定基因从一个生物体中剪切出来，并将其插入另一个生物体的染色体中，实现对目标基因的复制和表达。在这一过程中，常用的技术包括限制性内切酶切割和连接、PCR 扩增等。

（2）基因敲除和突变。通过基因敲除和突变技术，可以特异性地删除或改变目标基因，从而观察其对生物体性状和功能的影响。这种技术有助于我们深入了解基因的功能以及基因与生物体性状之间的关系。

（3）基因表达和调控。基因的表达和调控是生物体内基因功能发挥的关键环节。基因工程可以通过改变基因的启动子、增强子等序列，实现对基因表达和调控的精确操控。这为我们提供了一种调控生物体性状和功能的新途径。

2. 基因工程的基本技术

在基因工程领域，有多种基本技术被广泛应用，以下是其中几个代表性的技术：

（1）质粒转染技术。质粒转染技术是一种常用的基因工程技术，通过将外源基因表达载体（质粒）导入宿主细胞，实现基因的表达和功能研究。该技术广泛应用于基因治疗、农作物遗传改良、疫苗研发等领域。

（2）转基因技术。转基因技术是将外源基因导入目标生物体中，实现特定性状的引入或改良。转基因技术在农作物育种和药物研发中发挥了重要作用，成功开发出了多种转基因作物和转基因药物。

（3）CRISPR-Cas9 系统。CRISPR-Cas9 系统是一种先进的基因编辑技术，具有高效、精确和可编程的特点。它利用一种特殊的核酸酶（nuclease）和一段特定的 RNA（CRISPR RNA）来识别和切割 DNA 上的特定序列，从而实现基因的精准编辑。这种技术为基因治疗、遗传疾病的研究和农业生物技术的创新提供了新的可能。

3. 基因工程的安全性

基因工程的安全性问题是公众最为关注的焦点之一。我们必须认识到，基因工程是一种复杂而精密的技术，它涉及对生物体遗传信息的直接修改。这种修改可能会对生物体的生长、发育、繁殖等方面产生深远的影响，而这些影响往往是难以预测和控制的。

在转基因植物方面，人们担心的是转基因植物可能对环境造成不良影响。例如，转基因植物可能会通过花粉传播等方式，将其转基因特性传递给野生植物，从而破坏自然生态平衡。此外，转基因植物也可能对动物和人类健康产生潜在威胁，如产生新的过敏原或毒素。

在转基因动物方面，安全性问题同样不容忽视。利用转基因动物生产药物，必须确保这些产品对人类健康无害。同时，转基因动物也可能对生态环境造成潜在影响，如通过食物链传递等方式破坏生态平衡。

为了解决这些问题，科学家们已经建立了一系列安全性评价方法和标准。这些方法和标准包括实验室测试、田间试验、生态风险评估等，旨在确保基因工程产品的安全性和可靠性。然而，由于基因工程的复杂性和不确定性，安全性问题仍然是一个需要持续关注和研究的重要课题。

4. 基因工程的伦理问题

除了安全性问题外，基因工程还涉及一系列伦理问题。首先，基因工程涉及对人类基因的干预和修改，这可能对人类的生命尊严和自由意志产生挑战。例如，基因编辑技术可以用于修复遗传疾病，但这也涉及对胚胎进行改变，这是否符合人类的道德观念和价值观念是一个需要认真考虑的问题。

其次，基因工程可能导致社会公正问题。由于基因工程技术的昂贵和复杂性，只有少数富裕阶层才能享受到其带来的好处。这可能导致社会不平等现象的加剧，从而引发一系列社会问题。

最后，基因工程还可能对人类的遗传多样性产生影响。如果大量人类接受基因改变，可能会导致基因多样性的降低，从而对人类的生存和进化产生不可逆的影响。这是一个需要引起我们高度关注的问题。

为了解决这些伦理问题，我们需要建立一系列伦理规范和道德准则。这些规范和准则应该明确基因工程技术的边界和应用范围，保护人类的生命尊严和自由意志，维护社会公正和遗传多样性。同时，我们也需要加强对基因工程技术的监管和管理，确保其符合伦理规范和道德准则的要求。

（四）细胞工程

1. 细胞工程的原理

细胞工程是生物技术的一个重要分支，旨在通过操控细胞的生物学特性和功能，实现对细胞的改造和应用。其基本原理主要基于细胞的全能性，即生物体的每一个细胞都含有本物种的全套遗传物质，具有发育成完整个体的潜能。细胞工程正是利用这一原理，通过细胞培养、细胞操控和细胞应用等手段，对细胞进行有计划的改造，以满足人们的特定需求。

细胞培养是细胞工程的基础，它涉及将细胞从体内或体外的组织中分离出来，并在体外通过培养基提供的适宜环境，使细胞继续生长和繁殖。细胞培养的关键在于培养基的配方和培养条件的控制，包括温度、湿度、气体成分和 pH 等，这些条件对细胞的生长和分化具有重要影响。

细胞操控则是通过物理、化学或生物学手段对细胞进行操作和改造，以实现对细胞的特定功能的调控。物理手段包括细胞离心、过滤、电击和超声波等，可以用于细胞的分离、纯化和聚集等。化学手段则涉及细胞培养基的成分调整、细胞外基质的改造和细胞内信号通路的调控等，以影响细胞的生长、分化和功能表达。生物学手段则包括基因工程技术和细胞融合技术等，可以实现对细胞基因组的改造和细胞的融合，从而产生具有特定功能的细胞。

2. 细胞工程的基本技术

细胞工程的基本技术主要包括细胞培养、细胞融合、染色体工程等。

（1）细胞培养。细胞培养是细胞工程的基础技术，通过优化培养基的配方和培养条件的控制，可以实现对细胞的大规模培养和扩增。细胞培养技术广泛应用于医药、农业、环保等领域，如药物筛选、植物育种、环境污染治理等。

（2）细胞融合。细胞融合是将两个或多个不同细胞（或原生质体）通过物理或化学手段融合为一个细胞的过程。这种技术可以用于生产新的物种或品系，以及产生单克隆抗体等具有特定功能的细胞。

（3）染色体工程。染色体工程是按照人们的需要来添加、消减或替换生物的染色体的一种技术。这种技术主要包括多倍体育种、染色体转移等技术，可以实现植物和动物的品种改良和遗传性疾病的治疗。

（五）分子标记辅助育种

1. 分子标记辅助育种的原理

分子标记辅助育种（Marker-Assisted Selection，MAS）是一种基于现代分子生物技术的育种方法。其原理在于利用分子标记与目标基因之间的紧密连锁关系，通过检测分子标记来间接选择目标基因，从而实现对作物优良性状的快速、准确选择。这种方法克服了传统育种中表型鉴定易受环境影响的局限，能够在早代就能准确预测后代的遗传特性，极大地提高了育种效率。

分子标记通常指 DNA 片段中的特定序列，它们可以是单个的核苷酸差异（如 SNP）、重复序列（如 SSR）、DNA 序列的插入或缺失等。这些分子标记在基因组中的位置是固定的，且与目标基因之间存在一定的连锁关系。通过检测这些分子标记，我们可以间接地知道目标基因是否存在以及它的遗传状态。

2. 分子标记辅助育种的技术

（1）分子标记的获取与鉴定

分子标记的获取和鉴定是 MAS 技术的第一步。这通常涉及基因组测序、基因克隆、PCR 扩增等分子生物学技术。通过这些技术我们可以找到与目标基因紧密连锁的分子标记，并确定它们在基因组中的具体位置。

（2）分子标记的检测

分子标记的检测是 MAS 技术的核心步骤。这通常使用 PCR 扩增、电泳分离、荧光标记等技术来检测分子标记的存在与否以及它们的遗传状态。这些技术可以在短时间内处理大量的样品，并且具有高度的准确性和灵敏度。

（3）分子标记辅助选择

在获得分子标记并确定其遗传状态后，我们就可以进行分子标记辅助选择了。这通常涉及对大量育种材料进行分子标记检测，然后根据检测结果选择出具有目标基因的个体进行进一步的育种工作。通过这种方法，我们可以快速地筛选出具有优良性状的个体，并加速育种进程。

（4）分子标记辅助育种的应用

MAS 技术在作物育种中具有广泛的应用前景。它可以用于鉴别亲本亲缘关系、回交育种中数量性状和隐性性状的转移、杂种后代的选择、杂种优势的预测及品种纯度鉴定等各个育种环节。此外，MAS 技术还可被用于培育具有特定抗性（如抗病、抗虫、抗旱等）和优良品质（如高产、优质等）的作物新品种。

3. 分子辅助育种技术的应用

分子辅助育种技术主要应用于农业、园艺、林业等植物领域，旨在提高作物的产量、品质和抗逆性。具体来说，其应用主要体现在以下几个方面：

（1）病害抗性改良。病虫害是影响植物生产的重要因素之一。通过分子辅助育种技术，可以精准定位与抗病性相关的基因，进而培育出具有强抗病性的作物品种，减少农药的使用。

（2）耐旱性提高。在干旱地区，提高作物的耐旱性对于保障粮食安全具有重要意义。分子辅助育种技术可以通过分析作物耐旱性的遗传基础，筛选出具有耐旱性的基因型，培育出耐旱性强的作物品种。

（3）营养品质改良。随着人们生活水平的提高，对食品营养品质的要求也越来越高。分子辅助育种技术可以通过分析作物营养成分的遗传基础，培育出具有高营养价值、优良口感的作物品种。

4. 分子辅助育种技术的优势

相比传统育种技术，分子辅助育种技术具有以下优势：

（1）精准性高。分子辅助育种技术可以直接操作和分析生物的遗传物质，实现对植物性状的精准改良。相比传统育种技术其选择效率更高，改良效果更显著。

（2）育种周期短。传统育种技术通常需要进行多代的选择和培育，育种周期长。分子辅助育种技术则可以通过直接操作遗传物质，实现快速育种，大大缩短育种周期。

（3）可预测性强。分子辅助育种技术可以通过分析作物的遗传基础，预测其后代的性状表现。这使得育种者可以更加有针对性地选择育种材料。

(4) 安全性高。分子辅助育种技术不需要通过化学或物理手段进行育种，避免了可能带来的环境污染和生物安全问题。同时，该技术还可以避免品系育种中易出现的无增株突变态等问题，保证育种结果的稳定性和可靠性。

二、病虫害防治技术

(一) 农业病虫害的监测和预警

农业病虫害的检测与预警技术是保障粮食安全的关键。

随着农业生产的快速发展，病虫害问题已成为影响作物产量和品质的重要因素。为了有效应对这一问题，农业病虫害的检测与预警技术显得尤为重要。下面将从病虫害检测技术、病虫害预警系统以及预警信息的发布与传播三个方面进行阐述。

1. 病虫害检测技术

(1) 观察法。这是最传统的检测方法，农民可以通过肉眼观察作物的生长状况、叶片颜色变化、果实损伤等情况，初步判断是否存在病虫害。观察法虽然简单易行，但对于一些隐蔽性强、初期症状不明显的病虫害，往往难以准确识别。

(2) 专业检测仪器。随着科技的不断进步，现代农业中涌现出越来越多的专业检测仪器，如红外线检测仪、热像仪、激光测距仪等。这些仪器能够更精确地测量作物的生长速度、叶片温度、叶面积等参数，从而更准确地判断病虫害情况。同时，DNA 检测技术的应用也为病虫害检测带来了革命性的变化。通过提取作物叶片或果实中的 DNA 样本，利用 PCR 扩增和分离技术，可以迅速准确地检测出潜在的病虫害和病原体。

(3) 遥感技术。遥感技术是指通过航空或卫星遥感影像的采集和分析，可以实时获取农作物的生长状态和病虫害情况。这种技术无须直接接触农作物，能够快速覆盖大范围的农田，提供全面的监测数据。

2. 病虫害预警系统

病虫害预警系统是基于先进的物联网技术，结合病虫害检测技术，对田间作物的病虫情、环境、气象等因素进行实时监测和预警的系统。该系统通过现场摄像机实时监控作物生长状态，并将视频流画面实时推送到云端服务器。云端服务器利用特定的计算机算法和模型对视频流画面进行自动分析，识别出病虫害的特征和趋势。同时，系统还可以结合环境、气象等数据，对病虫害的潜在危害程度进行评估和预测。

病虫害预警系统具有以下几个优点：

（1）实时性。系统能够实时获取田间数据，并快速进行分析和预警，为农民提供及时准确的信息支持。

（2）全面性。系统能够覆盖大范围的农田，并提供全面的监测数据，帮助农民全面了解田间情况。

（3）智能化。系统采用先进的计算机算法和模型，能够自动分析数据并给出预警信息，减轻农民的工作负担。

3. 病虫害预警信息的发布与传播

病虫害预警信息的发布与传播是保障农业生产安全的重要环节。在新时期，随着通信技术的不断发展，预警信息的发布途径越来越广泛和及时。

（1）纸质病虫害情报。传统的纸质病虫害情报仍然具有一定的作用，尤其是对于偏远地区和不熟悉现代通信技术的农民来说。各级农业部门可以通过报纸、信函等方式向当地农民发布病虫害预警信息。

（2）手机短信和App。手机短信和App已成为农民获取病虫害预警信息的重要途径。各级农业部门可以通过手机短信平台或App向农民发送预警信息，提醒他们及时采取防治措施。

（3）网络平台。网络平台如官方网站、社交媒体等也可以作为发布和传播病虫害预警信息的渠道。农民可以通过网络平台了解最新的病虫害动态和防治技术。

（二）农业病虫害防治技术

1. 物理防治技术

物理防治技术是利用物理手段来防治病虫害的方法，主要包括温度控制、光照处理、水处理和机械处理等。

（1）温度控制。通过提高或降低环境温度来杀灭病虫害。高温处理常用于农产品的储存和运输过程中，如将果蔬储存温度提高到40℃以上可以杀灭病菌和害虫。低温处理则通过冷藏水果和蔬菜来延缓病菌和害虫的生长，减少病虫害的发生。

（2）光照处理。利用冷光灯照射或黑暗处理来控制病虫害。冷光灯照射具有一定的杀菌和杀虫效果，而黑暗处理可以阻断害虫的生长和繁殖。

（3）水处理。通过高压水喷洗或水淹处理来防治病虫害。高压水喷洗可以冲洗掉病菌和害虫，而水淹处理可以溶解病菌和害虫。

（4）机械处理。机械处理包括机械割除和振动处理等方法。机械割除可以将病菌和害虫所在的部分割除，而振动处理则通过振动果实等方式阻断害虫的生长和繁殖。

2. 化学防治技术

化学防治技术是使用化学药剂（如杀虫剂、杀菌剂等）来防治病虫害的方法。其优点是收效迅速、方法简便，但长期使用会对农产品、环境、人体健康等造成负面影响。在使用化学防治技术时，应合理选择农药种类和剂型，采用适宜的施药方法，合理使用农药，在保证效果的基础上最大限度地减轻其不良作用。

3. 生物防治技术

生物防治技术是利用一种生物对付另外一种生物的方法，包括以虫治虫、以鸟治虫和以菌治虫等。生物防治的最大优点是不污染环境，是农药等非生物防治病虫害方法所不能比的。生物防治的方法有很多，如利用微生物防治、寄生性天敌防治和捕食性天敌防治等。

4. 综合防治技术

综合防治技术是将物理、化学和生物等多种防治技术相结合，以达到最佳防治效果的方法。应在实际应用中根据病虫害的特点、作物生长周期、生态环境等因素，制订合理的综合防治方案。综合防治技术不仅可以提高防治效果，还可以降低防治成本，减少对环境的影响。

（1）利用抗病虫品种筛选技术。通过筛选抗病虫品种，降低病虫害发生概率。在选择品种时，应充分考虑当地生态环境、病虫害发生情况以及栽培条件、设施及季节等因素。

（2）生物多样性控制病虫害技术。通过合理间作、套作等方式，增加田间生物多样性，减少害虫、病菌在株行间的蔓延。例如，"玉米＋瓜类""玉

米 + 马铃薯"等间作模式。

（3）轮作倒茬技术。通过合理轮作，改变农田生态，改善土壤理化特性，增加生物多样性，从而达到防控农作物病虫害的目的。

（4）合理田间管理技术。包括优化栽培方式、适期播种、合理灌溉、适宜留苗密度等措施，提高作物抗病虫能力。

第五节　农业信息化与电子商务技术

一、农业信息化技术

随着信息技术的飞速发展，农业信息化技术已成为推动农业现代化、提升农业生产效率的关键力量。通过将信息技术与农业生产、管理、科研等方面紧密结合，农业信息化技术为农业现代化开辟了新的道路，助力农业实现可持续发展。

（一）农业信息化技术的定义与内涵

农业信息化技术是指利用信息技术手段对农业生产、管理、科研等方面的数据进行采集、分析、处理和应用，以提高农业生产效率、降低生产成本、提高农产品质量和促进农业可持续发展的一种技术手段。它涵盖了农业物联网、大数据、云计算、人工智能等多个领域，为农业生产提供了全方位的信息化支持。

（二）农业信息化技术的应用与实践

（1）农业物联网技术。通过传感器、智能设备和互联网连接，实现对农田、农机、农产品等的实时监测和控制。例如，精确灌溉系统可根据土壤湿度和作物生长情况自动调整灌溉量，有效减少水资源浪费；智能温室可实时调控温、光、水等环境条件，实现作物高效生长。

（2）大数据与数据分析技术。农业大数据平台可收集、存储和分析农业生产、市场需求、气候变化等方面的数据，为农业生产提供科学决策支持。通过对数据的深入挖掘和分析，农民可更好地把握市场趋势，制订合理的生产计划，提高农产品的市场竞争力。

（3）云计算和边缘计算技术。云计算为农业提供了高效的数据存储和处理能力，农民和农业专业人员可通过云平台获取农业信息、决策支持和远程管理等服务。边缘计算技术则可实现数据在设备端的实时处理和分析，提高农业生产的响应速度和自动化水平。

（4）农业无人机和遥感技术。无人机和遥感技术可对农田进行高分辨率影像获取和监测，实现对作物生长、病虫害发生等情况的精准识别和管理。这有助于农民及时采取防治措施，减少损失并提高产量。

（5）农业智能化设备和机器人。智能化设备和机器人的应用可实现农业生产的自动化和智能化。例如，自动化播种机器人可按照预设的播种密度和行距进行精准播种；无人驾驶农机可实现自主导航和作业规划，提高作业效率和质量。

（三）农业信息化技术面临的挑战与对策

尽管农业信息化技术为农业现代化带来了诸多机遇，但在实际应用过程中也面临一些挑战。首先，数字鸿沟问题导致部分农村地区信息化基础设施薄弱，限制了农业信息化技术的应用和推广。政府应加大对农村信息化基础设施建设的投入力度，提高农村地区的信息化水平。其次，数据隐私和安全问题备受关注。政府和企业应加强数据安全管理措施，确保农民和企业的数据安全。此外，技术创新和人才培养也是农业信息化技术发展的重要保障。政府应鼓励企业加大研发投入力度，推动农业信息化技术的不断创新和升级；同时加大数字农业领域的人才培养力度，培养具有信息技术和农业专业知识的复合型人才。

二、农业电子商务技术

（一）农业电子商务的定义

农业电子商务，简称农业电商，是指利用电子数据传输技术进行的与农业相关的商务活动。它涵盖了农产品生产、加工、销售等全过程的电子化、网络化操作，旨在通过电子商务模式优化农业产业链，提高农业生产效率，增加农民收入，并满足消费者对农产品多样化、个性化的需求。农业电商的兴起，不仅消除了传统商务活动中信息传递与交流的时空障碍，还促进了农村经济的发展和农业现代化的进程。

（二）农业电子商务的技术基础

农业电子商务的技术基础主要包括互联网、移动互联网、大数据、云计算、物联网、人工智能等现代信息技术。这些技术为农业电商提供了强大的支持，使农业生产、销售、管理等活动能够通过网络平台实现高效、便捷、精准地操作。

（1）互联网与移动互联网。为农产品提供线上展示、交易的平台，消费者可以随时随地浏览、购买农产品。

（2）大数据与云计算。通过对海量农业数据的收集、分析，为农业生产提供决策支持，提高生产效率。

（3）物联网。通过传感器、RFID 等技术对农产品进行实时监控，确保农产品质量与安全。

（4）人工智能。在农业生产、销售等环节中应用人工智能技术，实现自动化、智能化的操作。

（三）电子商务技术的应用方式

1.农业产品线上销售

农业产品线上销售是农业电子商务的主要应用方式之一。通过电商平台，农产品可以直接面向消费者进行销售，减少了中间环节，降低了交易成本，提高了销售效率。同时，电商平台还为农产品提供了展示、推广的机会，有助于提升农产品的品牌知名度和市场竞争力。

2.农业产品溯源系统

农业产品溯源系统是一种通过记录农产品生产、加工、运输等各环节的信息，实现对农产品质量与安全全程监控的系统。该系统采用物联网、大数据等技术手段，为消费者提供农产品的详细信息，让消费者了解农产品的来源、生产过程等，增强了消费者对农产品的信任度和购买意愿。同时，溯源系统还有助于监管部门对农产品质量进行监管，保障农产品安全。

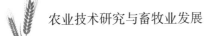

3.农产品物流配送

农产品物流配送是农业电子商务的重要环节之一。由于农产品具有易腐、易损等特点，对物流配送的要求较高。农产品物流配送需要借助先进的物流技术和管理手段，实现快速、准确、安全的配送服务。例如，采用冷链物流技术保障农产品在运输过程中的质量与安全；利用物联网技术对农产品进行实时监控和追溯；运用大数据技术优化物流配送路径和调度方案等。这些技术的应用不仅提高了农产品物流配送的效率和质量，还降低了物流成本，为农业电商的发展提供了有力支持。

第三章　农业机械技术

第一节　农业机械技术的重要性与意义

一、提高农业生产效率

农业机械技术作为现代农业的重要组成部分，正发挥着越来越重要的作用。它不仅提高了农业生产的作业效率，还通过精准作业降低了作业成本，为农业的可持续发展注入了新的活力。

(一) 提高作业效率

农业机械技术的运用，显著提高了农业生产的作业效率。传统的农业生产方式主要依赖人力和畜力，作业效率低下，劳动强度大，且难以应对大规模的农业生产需求；而现代农业机械，如拖拉机、收割机、播种机等，能够高效地完成耕地、播种、施肥、灌溉、收割等作业，极大地缩短了作业时间。

此外，农业机械的自动化和智能化技术也在不断发展。例如，无人驾驶农机可以自主完成播种、施肥、除草等作业，减少了人力投入，进一步提高了作业效率。这种高效的作业方式，使得农业生产能够更快地适应市场需求，提高了农业生产的竞争力。

(二) 实现精准作业

农业机械技术的应用，还使得农业生产实现了精准作业。在传统的农业生产方式中，农民往往凭经验进行播种、施肥、灌溉等作业，很难做到精准控制；而现代农业机械配备了先进的传感器、控制器和信息系统，可以实时监测农田环境、作物生长状况等信息，并根据这些信息对作业过程进行精准控制。

例如，精准施肥技术可以根据土壤养分状况和作物生长需求，实现定量、定位施肥，减少了对化肥的浪费，提高了施肥效果。精准灌溉技术可以根据土壤湿度和作物需水量，实现定时、定量灌溉，既节约了水资源，又保证了作物的正常生长。这种精准作业的方式，有助于实现农业的可持续发展。

(三) 降低作业成本

农业机械技术的应用还降低了农业生产的作业成本。人力和畜力传统的农业生产方式中是主要的劳动力来源，但由于作业效率低下，往往需要投入大量的人力成本；而现代农业机械可以高效地完成各项作业，降低了人力成本。

此外，农业机械的自动化和智能化技术还可以减少农机具的损坏和维修成本。传统的农机具由于操作不当或长时间使用容易损坏，需要经常维修和更换；而现代农机具配备了先进的控制系统和保护装置，可以自动调整工作状态、避免过载和损坏，减少了维修和更换的频率，降低了维修成本。

二、推动农业产业升级

在当今社会，农业机械技术已成为推动农业产业升级的重要力量。下面将从提升产业竞争力、促进产业转型以及优化产业结构三个方面，探讨农业机械技术如何推动农业产业升级。

(一) 提升产业竞争力

农业机械技术的应用显著提升了农业产业的竞争力，具体表现在以下几个方面：

（1）安全保障力。现代农业机械技术具备高度自动化和智能化特点，能够减少人力操作，降低农业生产过程中的安全风险。同时，通过精准农业技术的应用，可以实现对作物生长环境的实时监控和调节。

（2）产业控制力。农业机械技术的普及和应用，使得农业生产过程更加可控和可预测。通过应用先进的农机装备和信息技术，农民可以更加精准地管理农田。这有助于提升农业产业的整体控制力，降低因天气、病虫害等自然因素带来的风险。

（3）市场竞争力。农业机械技术的应用提高了农业生产效率，使得农产品更具价格竞争力。同时，通过精准农业技术的应用可以生产出更加符合市场需求的农产品，提高了农产品的附加值和市场竞争力。

(二) 促进产业转型

农业机械技术的推广和应用，促进了农业产业的转型和升级，具体表现为以下几点：

（1）农业机械生产技术的直接使用。随着农业机械技术的不断发展，各种先进的农机装备不断涌现，为农业生产提供了强有力的支撑。农民可以直接使用这些农机装备进行耕作、播种、施肥、收割等作业，提高了农业生产效率和质量。

（2）农业机械生产性服务的提供。随着农业机械技术的普及和应用，越来越多的农业机械服务组织开始涌现。这些组织为农民提供农业机械租赁、维修、培训等生产性服务，降低了农民使用农业机械的成本和门槛。同时，这些服务组织还可以根据农民的需求提供个性化的农业机械解决方案，促进了农业生产的规模化和专业化发展。

(三) 优化产业结构

农业机械技术的应用有助于优化农业产业结构，推动农业产业的多元化和可持续发展。具体表现如下：

（1）促进农业产业链的延伸。农业机械技术的应用不仅提高了农业生产效率和质量，还促进了农业产业链的延伸和拓展。例如，通过应用先进的农业机械装备和技术，人们可以开发出更多的农产品加工和深加工产品。

（2）推动农业产业的多元化发展。农业机械技术的应用可以推动农业产业的多元化发展。例如，通过应用精准农业技术和智能农机装备，人们可以发展设施农业、观光农业等新型农业业态，丰富农业产业的内容和形式。

（3）促进农业产业的可持续发展。农业机械技术的应用有助于促进农业产业的可持续发展。通过应用节能、环保的农业机械装备和技术，人们可以减少农业生产过程中的能源消耗和环境污染，提高农业生产的生态效益和社会效益。

三、促进农村经济发展

农业机械技术的推广和应用促进了农村经济的发展。一方面，农业机械技术的普及使得农民能够从事更多的农业生产活动，增加了农民的收入来源；另一方面，农业机械技术的发展也带动了相关产业的发展，如农机制造、农机维修等，为农村经济的发展注入了新的活力。

(一) 推进农村劳动力转移

农业机械技术的广泛应用，使得传统农业中的许多繁重、重复的工作得到了极大的减轻，农民得以从繁重的体力劳动中解脱出来。这一变化使得大量农村劳动力得以向城市或其他产业领域转移，为城市的发展提供了源源不断的人力资源。同时，这也为农村带来了更多的发展机遇，促进了农村经济的多元化发展。

(二) 节约农村资源

农业机械技术的使用，有效地提高了农业资源的利用效率。实施精准播种、施肥、灌溉等作业，减少了资源的浪费，提高了资源的产出效益。同时，现代化的农业机械还能够实现农业废弃物的有效利用，减少了环境污染，为农村的可持续发展奠定了基础。

(三) 提高农业生产产能

农业机械技术的应用使得农业生产过程更加高效、精准。现代化的农业机械能够快速地完成大面积的播种、收割等作业，大大提高了农业生产的效率。同时，通过智能化的农业管理系统，农民能够更加精准地掌握农作物的生长情况，及时采取措施应对各种自然灾害，确保了农作物产量的稳定。

(四) 提高农民收入水平

农业机械技术的普及，不仅提高了农业生产的效率，也降低了农业生产的成本。农民通过使用现代化的农业机械，能够减少人力投入。同时，随着农业生产效率的提高，农民的收入水平也得到了显著提升。此外，农业机械技术的推广还带动了相关产业的发展，为农民提供了更多的就业机会和收入来源。

(五) 提升农产品质量

农业机械技术的应用推动了农业生产的现代化进程。通过精准播种、施肥和灌溉，农业机械能够确保农作物的生长环境得到最佳控制，从而提高农产品的质量和口感。此外，农业机械还能够对农产品进行加工和包装，延长了农产品的保质期，提高了农产品的附加值。

(六) 带动相关产业发展

农业机械技术的普及和应用不仅促进了农业的发展，还带动了相关产业的蓬勃发展。首先，农业机械的制造和维修需要大量的零部件和原材料，这促进了制造业和原材料加工业的发展。其次，农业机械的使用需要大量的燃料和电力，这促进了能源产业的发展。最后，农业机械还促进了农产品加工业、物流业和农业服务业等产业的发展，形成了完整的产业链。

总之，农业机械技术的重要性和意义不言而喻。它不仅是农业生产的重要支撑和保障，也是实现农业可持续发展的重要手段。未来，随着科技的不断进步和农业机械技术的不断创新，相信农业机械技术将在农业生产中发挥更加重要的作用，为我国的农业现代化和可持续发展做出更大的贡献。

第二节　农业机械技术的基本概念与分类

一、农业机械概述

随着科技的飞速发展和人类对高效、环保农业的追求，农业机械在现代农业生产中扮演着越来越重要的角色。

(一) 农业机械的定义

农业机械，简称农机，是指用于农业、畜牧业、林业和渔业等产业中，进行种植、养殖、加工、运输、储藏等所使用的各种机械和设备。它们极大地提高了农业生产效率，减少了人力成本，促进了农业现代化的进程。

(二) 农业机械的分类

农业机械按照其用途和功能，可以大致分为以下几类：

1. 动力机械

农业动力机械，作为农业生产中的"心脏"，为各种农业机械提供动力支持。它涵盖了内燃机、电动机、风力机等多种类型，其中以内燃机和电动机最为常见。

内燃机以其动力强劲、适用范围广的特点，成为农业动力机械中的主力军。柴油机以其高扭矩、低油耗的特性，在农田耕作、拖拉作业等领域得到广泛应用。汽油机则以其轻便、灵活的特点，在小型农机具中占据一席之地。此外，低排放、高效率的环保型内燃机逐渐成为未来发展的方向。

电动机作为另一种重要的农业动力机械，以其无污染、低噪声的优势，在温室、水产养殖等需要稳定、安静环境的农业生产领域得到广泛应用。特别是在电力资源丰富的地区，电动机已成为农业机械的首选动力源。

2. 建设机械

农业建设机械是改善农业生产用地基本条件、增强抗御自然灾害能力和防治水土流失的重要工具。它涵盖了农田清理机械、土方平整和运移机械、修筑和清理机械等多种类型。

农田清理机械主要用于清除田间杂草、石块等障碍物，为作物的生长创造良好的环境。土方平整和运移机械则通过推土、挖掘、装载等作业，对农田进行平整和改造，以满足不同作物的种植需求。修筑和清理机械则用于修筑农田水利设施、清理渠道等，确保农田的灌溉和排水畅通。

在农业建设机械中，值得一提的是推土机和挖掘机。推土机以其强大的推土能力和灵活的操作性，成为农田改造和土地平整的重要工具；挖掘机则以其高效的挖掘能力和广泛的应用范围，在农田水利设施建设、土方开挖等领域发挥着重要作用。

3. 耕作机械

耕作机械是农业生产中用于土壤耕作、整地、翻耕等作业的机械设备。

它们通过不同的工作部件和作业方式，实现对土壤的破碎、松散、平整等处理，为后续的种植作业提供良好的土壤环境。

（1）拖拉机

拖拉机是耕作机械中的核心设备，具有牵引、驱动和动力输出等功能。它可以根据不同的作业需求，配备不同的农具进行耕作、播种、施肥、收割等多种作业。拖拉机的动力性能、操纵性能和使用寿命对农业生产具有重要影响。

（2）旋耕机

旋耕机是一种利用旋转刀片对土壤进行破碎、松散的耕作机械。它具有作业效率高、适应性强、操作简便等优点，被广泛应用于水田、旱地和丘陵山区等不同地形和土壤类型的耕作作业。旋耕机的作业质量直接影响作物的生长发育和产量。

（3）犁

犁是一种传统的耕作机械，主要用于翻耕土壤。它通过犁铧将土壤切开并翻转，使土壤松散、通气。犁的种类繁多，包括铧式犁、圆盘犁、联合犁等，适用于不同的土壤类型和耕作需求。

4. 种植机械

种植机械是农业生产中用于播种、移栽、施肥、灌溉等作业的机械设备。它们通过自动化、精准化的作业方式，提高种植效率和质量，为农业生产创造更多价值。

（1）播种机

播种机是一种用于播种作业的机械设备，具有播种均匀、效率高、节省种子等优点。播种机可以根据作物的种类和播种需求，调节播种量、行距、株距等参数，实现精准播种。播种机的使用不仅提高了播种效率，还有助于提高作物的产量和品质。

（2）移栽机

移栽机是一种用于移栽作物的机械设备，主要应用于蔬菜、花卉等作物的种植。移栽机可以将幼苗从苗床中取出并移栽到田地中，实现快速、准确的移栽作业。移栽机的使用减少了人工移栽的劳动强度和时间成本，提高了移栽效率和质量。

（3）施肥机械

施肥机械是农业生产中用于施肥作业的机械设备，包括撒肥机、深施肥机等。它们可以根据作物的需求和土壤条件，实现精准施肥和深施肥，提高了肥料的利用率和作物的产量。施肥机械的使用有助于实现农业的可持续发展和绿色生产。

5. 植保机械

植保机械是农业生产中用于防治病虫害、保护作物健康生长的一类机械。随着农业生产的规模化、集约化，病虫害的危害日益严重，传统的防治方法已经无法满足现代农业的需求。植保机械的应用将越来越广泛，成为现代农业不可或缺的一部分。

植保机械的种类繁多，包括喷雾机、喷粉机、超低量喷雾机等。这些机械可以根据不同的农作物和病虫害情况，选用不同的药剂和施药方式，实现精准防治。同时，植保机械还可以提高施药效率，减少人力成本，降低环境污染，符合现代农业绿色、环保的发展理念。

在使用植保机械时，需要注意以下几点：首先，要选择合适的药剂和施药方式，以避免对作物和环境造成不必要的伤害；其次，要严格按照操作规程使用机械，以确保施药效果和安全性；最后，要及时清洗和保养机械，以延长其使用寿命。

6. 排灌机械

排灌机械是农业生产中用于农田灌溉和排水的一类机械。随着气候变化和农业生产的需求不断增加，排灌机械的作用日益凸显。在干旱和洪涝灾害频繁发生的地区，排灌机械的作用尤为重要。

排灌机械的种类也很多，包括水泵、喷灌设备、滴灌设备等。这些机械可以根据不同的农田条件和作物需求，选择不同的灌溉方式和设备。例如，平原地区的大面积农田中，可以使用大型轴流泵和喷灌设备进行灌溉；丘陵山地的农田中，可以使用多级离心泵和滴灌设备进行灌溉。

排灌机械的应用不仅可以提高农田的灌溉效率，还可以减少水资源的浪费。同时，排灌机械还可以改善农田的土壤环境，促进农作物的健康生长。

在使用排灌机械时，也需要注意以下几点：首先，要选择合适的灌溉方式和设备，确保农田的灌溉效果和作物的需求；其次，要合理安排灌溉时间和灌溉量，避免对作物和环境造成不良影响；最后，要及时维护和保养机械，确保其正常运行和使用寿命。

7.收获机械

收获机械是农业生产中不可或缺的一部分，它们能够高效、准确地完成农作物的收割工作。根据不同的农作物种类和收割方式，收获机械可以分为多种类型，如联合收割机、割草机、采摘机等。

联合收割机是收获机械中的代表，它能够一次性完成农作物的收割、脱粒、清选等多项工作，大大提高了收割效率。同时，联合收割机还配备了先进的传感器和控制系统，能够实时监测农作物的生长情况和收割质量，确保收获作业的顺利进行。

除了联合收割机外，还有一些专门用于收割特定农作物的机械，如水稻收割机、玉米收割机等。这些机械针对不同农作物的生长特点和收割需求进行了优化设计，能够更好地满足农业生产的需求。

8.加工机械

加工机械是农业生产中的另一类重要机械，它们能够将收获的农产品进行加工处理，提高了其附加值和市场竞争力。根据不同的加工需求，加工机械可以分为多种类型，如粉碎机、烘干机、榨油机等。

粉碎机是加工机械中的一种常见类型，它能够将农作物进行破碎、磨细处理，为后续加工提供便利。烘干机则用于对农产品进行干燥处理，防止霉变和变质，保证农产品的质量和安全。榨油机则能够将油料作物中的油脂提取出来，制成食用油或其他油脂产品。

除了以上几种常见的加工机械外，还有一些专门用于特定农产品加工的机械，如茶叶揉捻机、果蔬清洗机等。这些机械针对不同农产品的加工需求进行了专门设计，能够更好地满足生产需要。

9.牧业机械

牧业机械是指在畜牧业生产过程中所使用的各种机械，包括饲料加工机械、饲养机械、畜产品采集加工机械设备等。这些机械的应用，使得畜牧业生产更加科学、高效和环保。

饲料加工机械是牧业机械的重要组成部分，它可以将各种原料加工成适合动物食用的饲料。如青贮切碎机、铡草机、颗粒饲料压制机等，这些机械能够将农作物秸秆、牧草等加工成动物所需的饲料，提高饲料的利用率和营养价值。

饲养机械则包括饮水设备、喂料设备、通风设备等，这些设备能够确保动物在良好的生活环境下生长。如饮水设备能够确保动物随时饮用到清洁的水源；喂料设备则能够定时定量地给动物提供饲料，确保动物的健康生长；通风设备则能够保持动物生活环境的空气清新，减少疾病的发生。

畜产品采集加工机械设备则包括挤奶机、剪毛机、屠宰设备等，这些设备能够实现对畜产品的快速采集和加工。如挤奶机能够大大提高牛奶的采集效率，减少人工挤奶的劳动强度；剪毛机则能够实现对羊毛的快速采集和整理；屠宰设备则能够确保畜产品的卫生和安全。

二、农业机械技术的概念

农业机械技术是指在农业生产过程中，利用机械、电子、信息技术等高科技手段，直接作用于土壤、作物、畜禽等生产对象，完成一项或多项农业作业任务的综合性技术。农业机械技术的应用不仅极大地提高了农业生产的效率和质量，也为现代农业的发展提供了重要的技术支撑。

三、农业机械技术的分类

农业机械技术在现代农业发展中发挥着越来越重要的作用。下面将详细介绍农业机械技术的六大类型：播种与耕作技术、灌溉与排水技术、植保与施肥技术、收获与加工技术、自动化技术以及智能化技术。

（一）播种与耕作技术

播种与耕作技术是农业机械技术的基础。现代化的播种机械可以实现精准播种，通过调节播种量、播种深度和播种行距，确保种子的均匀分布，提高作物的生长均匀性和产量。耕作机械则包括耕地机、旋耕机等，它们通过翻转、破碎土壤，提高土壤肥力和透气性，为作物生长创造良好的土壤环境。

第三章　农业机械技术

(二) 灌溉与排水技术

灌溉与排水技术是保障作物生长的重要措施。现代化的灌溉系统如滴灌、喷灌等，可以根据作物生长的需要，精准控制灌溉水量和灌溉时间，减少水资源的浪费，提高灌溉效率。同时，排水系统能够及时排除田间积水，防止作物受涝，保证作物的正常生长。

(三) 植保与施肥技术

植保与施肥技术是保障作物健康生长的关键。现代化的植保机械如植保无人机、喷药机等，可以实现精准施药，减少农药的使用量。施肥机械则通过深松施肥、分层施肥等方式，将肥料均匀地施入土壤中，为作物提供充足的营养，促进作物的生长和发育。

(四) 收获与加工技术

收获与加工技术是农业机械技术的重要组成部分。现代化的收获机械如联合收割机、玉米收割机等，能够高效、快速地完成收获作业，减少人力投入，提高收获效率。加工机械则可以对收获的农产品进行初步的加工处理，如去壳、脱粒、烘干等，为农产品的进一步加工和销售提供便利。

(五) 自动化技术

自动化技术是现代农业机械技术的重要发展方向。通过应用自动化技术和设备，可以实现农业机械的自动化控制和操作，减少人工干预，提高作业精度和效率。例如，自动驾驶拖拉机可以根据预设的路线和作业要求自动完成耕作、播种等作业；智能灌溉系统则可以根据土壤湿度、作物生长状况等因素自动调节灌溉水量和时间。

(六) 智能化技术

智能化技术是农业机械技术的未来发展趋势。通过应用人工智能、大数据、物联网等先进技术，可以实现农业机械的智能化管理和控制，提高农业生产的智能化水平。例如，智能农机可以根据作物生长情况自动调整作业参数；智能监测系统可以实时监测作物生长环境和生长状况，为农民提供精准的决策支持；智能农机管理平台则可以实现对农机作业的远程监控和管理，提高农机作业的效率和安全性。

总之，农业机械技术的不断发展和应用，将有力地推动现代农业的发展和提高农业生产的效率和质量。未来随着技术的不断进步和创新，农业机械技术将呈现出更加智能化、自动化、精准化的特点，为现代农业的发展注入新的动力和活力。

第三节　现代农业机械的主要技术特点

在现代化的农业生产中，农业机械已经成为不可或缺的重要工具。它们不仅极大地提高了生产效率，降低了劳动力成本，还促进了农业生产的可持续发展。下面将探讨农业机械的主要技术特点。

一、高度机械化

高度机械化是现代农业的重要标志，它主要体现在以下几个方面：

（1）高效性。高度机械化的农业机械可以在短时间内完成大量的农业作业，大大提高了农作物的种植和收获效率。例如，现代化的播种机、收割机等设备，可以快速、准确地完成播种、收割等作业，显著提高了农业生产效率。

（2）省力性。高度机械化的农业机械采用了先进的技术和设备，使得农业生产过程中的劳动强度大大降低。农民可以通过操作机械设备来完成各种农业作业，从而避免了繁重的体力劳动，提高了工作效率。

（3）降低成本。高度机械化的农业机械通过提高生产效率和减少浪费现象，可以显著降低农业生产成本。同时，机械设备的使用还可以减少人力投入。

二、智能化控制与管理

(一) 智能化控制

智能化控制是现代农业机械技术的核心特点之一。它利用先进的传感器、控制器和执行器等设备,实现对农业机械的精确控制。与传统的农业机械相比,智能化控制具有更高的自动化程度和更精准的操作能力。

(1) 精准作业。通过高精度传感器和定位技术,智能化农业机械能够准确感知农田环境、作物生长状况和土壤条件等信息,实现精准播种、施肥、灌溉和收割等作业。这不仅可以提高作业效率,还能有效减少资源的浪费。

(2) 自动化操作。智能化农业机械能够根据预设的程序或指令自动完成一系列作业任务。例如,无人驾驶拖拉机可以根据农田地形和作物分布自动规划行驶路线,自动调整作业速度和深度,实现全程自动化作业。

(3) 远程控制。通过远程监控和控制系统,农民可以实时了解农业机械的工作状态、作业进度和作业质量等信息,并对其进行远程控制和调整。

(二) 智能化管理

智能化管理是现代农业机械技术的另一个重要特点。它利用信息技术和物联网技术,实现对农业机械的全面管理和优化。

(1) 数据化管理。智能化管理系统能够实时收集、存储和分析农业机械的运行数据、作业数据和环境数据等信息,为农民提供决策支持和指导。通过数据化管理,农民可以更加精确地了解农业生产情况,从而制定更加科学的生产计划和管理策略。

(2) 智能化调度。智能化管理系统能够根据农田作业需求和农业机械的实际情况,自动调度和分配农业机械资源。这不仅可以提高农业机械的利用率和作业效率,还能降低生产成本和能源消耗。

(3) 预测性维护。智能化管理系统能够通过对农业机械的运行数据进行分析和预测,提前发现潜在故障和安全隐患,并制订相应的维护计划和措施。这不仅可以减少故障发生率和停机时间,还能延长农业机械的使用寿命和降低维修成本。

三、精准化与定制化

(一) 精准化

精准化是农业机械技术发展的重要方向，它通过应用先进的传感器、控制系统和信息技术，实现对农业生产全过程的精准控制和管理。精准化的特点主要体现在以下几个方面：

（1）精准播种。现代播种机械配备有高精度传感器和控制系统，能够根据土壤肥力、作物种类和种植密度等因素，实现精准播种，确保种子在最佳条件下生长。

（2）精准施肥。通过土壤测试和作物生长监测，精准施肥机械能够准确计算出作物所需的营养成分和施肥量，实现按需施肥，减少化肥的浪费和环境污染。

（3）精准灌溉。智能灌溉系统能够根据作物生长需求和土壤湿度变化，自动调节灌溉水量和灌溉时间，实现精准灌溉，提高水资源利用效率。

（4）精准喷药。精准化农业机械技术可以实现农作物的精准喷药。通过病虫害监测系统和智能喷药系统，可以实时监测病虫害发生情况，自动调整喷药量和喷药时间，减少农药的使用量和对环境的污染。

（5）精准收获。精准化农业机械技术可以实现农作物的精准收获。通过智能收获机械和图像处理技术，可以自动识别农作物的成熟度和品质等级，实现精准收获和分级处理。

（6）精准监测。利用无人机、遥感技术等手段，对农田进行实时监测，收集作物生长、病虫害发生等信息，为农业生产提供精准决策支持。

(二) 定制化

定制化是农业机械技术发展的另一个重要趋势，它根据农户的具体需求和农田的实际情况，量身定制适合的农业机械设备和解决方案。定制化的特点主要体现在以下几个方面：

（1）定制化机型。根据农田大小、作物种类和种植模式等因素，设计定制化的农业机械设备，确保设备能够完全适应农田的实际情况，从而提高作业效率和作业质量。

（2）定制化服务。根据农户的需求，提供个性化的服务方案，包括设备选型、安装调试、技术培训、售后服务等，确保农户能够充分发挥设备的作用，实现高效农业生产。

（3）定制化解决方案。针对农田的具体问题，如土壤板结、盐碱化等，提供定制化的解决方案，通过科学的技术手段改善土壤环境。

（4）定制化管理系统。通过构建定制化的农田管理系统，实现对农田生产全过程的监控和管理，包括作物生长监测、病虫害预警、环境调控等，为农业生产提供全面、准确的数据支持。

四、多元化与集成化

（一）多元化

1.技术创新的多样性

农业机械技术的创新日益呈现出多样化的趋势。传统的农业机械如拖拉机、收割机等，通过引入先进的电子技术、液压技术和材料科学，实现了更高效、更精准的操作。同时，新型的农业机械设备，如无人驾驶拖拉机、智能播种机和植保无人机等，也在逐渐崭露头角。这些创新技术不仅提高了农业机械的智能化水平，还降低了操作难度，使得农业生产更加便捷、高效。

2.应用场景的广泛性

农业机械技术的应用场景正在不断扩大。从传统的耕种、收割、灌溉等作业，到现代的温室种植、畜牧养殖、农产品加工等领域，农业机械技术都发挥着不可或缺的作用。此外，随着精准农业和生态农业的兴起，农业机械技术也在这些领域展现出巨大的应用潜力。例如，通过精准施肥、灌溉和病虫害防治等技术手段，可以实现对农作物的精细化管理，提高产量和品质；通过生态养殖和有机农业等模式，可以保护生态环境。

3.功能需求的个性化

随着农业生产方式的转变和消费者对农产品需求的多样化，农业机械的功能需求也呈现出个性化的趋势。不同的地区、不同的作物、不同的生产模式，对农业机械的功能需求都有所不同。农业机械制造商需要根据市场需求和用户反馈，不断研发新的产品和技术，以满足个性化的需求。这种个性化的需求不仅促进了农业机械技术的不断创新和升级，也为农业机械市场的繁荣发展提供了有力支撑。

4.技术融合的深度性

农业机械技术的多元化特点还体现在技术融合的深度性上。随着信息技术、生物技术、新材料技术等领域的快速发展，农业机械技术正与其他领域的技术进行深度融合。例如，通过引入物联网技术，人们可以实现农业机械的远程监控和智能调度；通过应用生物工程技术，可以培育出抗逆性强、产量高的优良品种；通过采用新材料技术，可以提高农业机械的耐用性和可靠性。这种技术融合不仅拓展了农业机械技术的应用领域，也提升了其技术含量和附加值。

5.环保节能的可持续性

在农业机械技术的发展过程中，环保节能已成为重要的考量因素。随着全球环境问题的日益严重和能源资源的日益紧张，农业机械技术正向着更加环保、节能的方向发展。例如，通过采用清洁能源和节能技术，可以降低农业机械的能耗和排放；通过优化设计和制造工艺，可以提高农业机械的能效和可靠性；通过推广循环经济和绿色生产方式，可以实现农业生产的可持续发展。

（二）集成化

随着科技的不断进步和农业现代化的发展，农业机械技术也在日益革新。其中，集成化技术成为推动农业机械化进程的重要力量。集成化技术不仅将各种农业机械设备有机地结合在一起，形成高效、智能、环保的农业生产系统，还极大地提升了农业生产的效率和质量。下面将从几个方面探讨农业机械技术的集成化特点。

1.功能集成化

农业机械技术的集成化首先体现在功能的集成上。传统的农业机械往往只具备单一的功能，如耕地、播种、收割等，而集成化技术则将多种功能集于一身，形成了多功能农业机械设备。这些设备可以一次性完成多种作業，大大减少了农民的工作量和时间成本。例如，玉米全程机械化集成技术就包括播前整地、播种、灌溉、中耕、植保、收获等多个环节，实现了玉米生产的全程机械化。

2. 智能集成化

随着信息技术的发展，农业机械技术的集成化也呈现出智能化趋势。智能集成化技术将先进的传感器、控制器、执行器等装置与农业机械相结合，使农业机械具备了自主感知、决策、执行的能力。智能集成化技术可以实时监测农田环境、作物生长状况等信息，并根据这些信息自动调整作业参数，实现精准农业。此外，智能集成化技术还可以通过远程监控和控制系统，实现农业机械的远程操控和管理，提高了农业生产的智能化水平。

3. 环保集成化

在农业机械技术的集成化过程中，环保因素也被充分考虑。环保集成化技术注重减少农业机械在作业过程中对环境的影响，降低能源消耗和排放。环保集成化技术包括采用清洁能源、优化作业工艺、提高能源利用效率等措施。例如，采用电动或混合动力驱动的农业机械可以减少燃油消耗和排放；采用精准施肥和灌溉技术可以减少化肥和农药的使用量；采用可回收和再利用的材料制造农业机械可以减少资源浪费和环境污染。

4. 模块化集成化

模块化集成化是农业机械技术集成化的另一种重要形式。模块化集成化技术将农业机械的各个部分设计成独立的模块，通过标准化的接口和连接件将这些模块组合在一起形成完整的农业机械。模块化集成化技术具有灵活性高、可维护性好、生产周期短等优点。农民可以根据自己的需要选择不同的模块组合成适合自己的农业机械；同时，由于每个模块都是独立的，因此当某个模块出现故障时只需要更换该模块而不需要更换整个设备，从而降低了维修成本和时间成本。

总之，农业机械的主要技术特点包括高度机械化与自动化、智能化控制与管理、精准化与定制化、高效节能与环保以及多功能与集成化等。这些技术特点使得农业机械在现代农业生产中发挥着越来越重要的作用，为农业的可持续发展提供了有力保障。

第四节　农业机械技术在农业生产中的应用

一、播种与耕作技术的应用

(一) 农业机械播种技术的应用

农业机械播种技术在现代农业发展中扮演着至关重要的角色。通过应用先进的农业机械设备，农民不仅提高了播种效率，还优化了作物生长环境，从而提升了农作物的产量和质量。以下将详细介绍六种常见的农业机械播种技术：机械精少量播种技术、机械播种同时深施肥技术、贴茬播种技术、旋耕播种技术、铺膜施肥播种技术和旱作沟播种技术。

1. 机械精少量播种技术

机械精少量播种技术是一种通过精密控制播种量，实现均匀播种的技术。该技术通过排种器调节播种的浓密程度，确保每穴播种量一致，从而提高作物生长的均匀性和稳定性。机械精少量播种技术适用于各种农作物，特别是需要精细管理的作物，如玉米、小麦等。该技术可以有效减少种子的浪费，提高播种效率，同时有利于作物根系的均匀分布，增强作物的抗逆性和产量。

2. 机械播种同时深施肥技术

机械播种同时深施肥技术是一种将播种和施肥两个过程相结合的技术。该技术通过种肥同播机械一次性完成播种和基肥施肥过程，减少了机械操作的次数，提高了播种和施肥效率。同时，该技术还能实现化肥深施，优化施肥效果，提高肥效利用率。种肥同播技术适用于玉米、小麦等粮食作物，可以有效提高作物的产量和品质。

3. 贴茬播种技术

贴茬播种技术是在前茬作物收获后，不经过耕地、整地，直接在麦茬地上播种的技术。该技术可以减少农耕时间，减轻劳动强度，利于机械化作业，并可以减少夏玉米"芽涝"危害发生的概率。贴茬播种技术适用于夏玉米等回茬作物，是实现夏玉米增产的关键措施之一。

4. 旋耕播种技术

旋耕播种技术是通过旋耕机将土地旋耕后，立即进行播种的技术。该技术可以一次性完成旋耕、播种、镇压等工序，提高了播种效率。旋耕播种技术适用于各种农作物，特别是需要翻耕的土地。该技术可以打破土壤板结，增加土壤的透气性和保水性。

5. 铺膜施肥播种技术

铺膜施肥播种技术是一种在播种前铺设地膜，并在地膜上打孔播种和施肥的技术。该技术可以保持土壤温度，减少水分蒸发，促进作物生长。铺膜施肥播种技术适用于干旱地区和需要节水灌溉的作物，如棉花、玉米等。该技术可以有效提高作物的产量和品质，同时减少水资源的浪费。

6. 旱作沟播种技术

旱作沟播种技术是一种在旱作地区采用开沟播种的方式，将种子播在沟内，并进行施肥和覆土的技术。该技术可以充分利用土壤中的水分和养分，提高作物的抗旱能力和产量。旱作沟播种技术适用于干旱或半干旱地区的作物，如小麦、玉米等。该技术可以有效解决旱作地区水资源短缺的问题，提高土地的利用效率。

（二）农业机械耕作技术的应用

随着农业科技的飞速发展，农业机械耕作技术已经成为现代农业的重要组成部分，极大地推动了农业生产方式的革新与效率的提升。下面将详细介绍保护性耕作技术、微耕技术、微耕机械耕作配套集成技术以及套作技术，并分析它们在农业生产中的应用与意义。

1. 保护性耕作技术

保护性耕作技术是一种以减少农田土壤侵蚀、保护农田生态环境为主要目标的可持续农业技术。其核心内容包括少耕、免耕、地表微地形改造技术及地表覆盖等，旨在降低耕作强度，保留土壤的自然保护功能。这种技术不仅能减少土壤风蚀、水蚀，还有助于提高土壤肥力和水分利用效率，从而实现经济效益、生态效益和社会效益的协调发展。

在保护性耕作技术的应用过程中，专用机具的配套使用至关重要。这些机具能够精确控制耕作深度，减少对土壤的破坏，同时实现残茬覆盖和秸秆还田，为农田生态环境的保护提供了有力支持。

2. 微耕技术

微耕技术是一种利用微型农业器具在狭小土地上进行耕作的农业技术。它适用于地形复杂、难以使用大型机械的地区，特别是在果蔬除草和收割方面具有显著优势。微耕技术可以降低农民的劳动强度。同时，它还有助于实现农业生产的精细化管理和绿色可持续发展。

在微耕技术的应用中，微型农机具的选择和使用至关重要。这些农机具应具有轻便、灵活、操作简便等特点，以适应不同地形和作物的需求。此外，微耕技术还需要与其他农业技术相结合，如合理密植、节水灌溉等，以实现最佳的农业生产效益。

3. 微耕机械耕作配套集成技术

微耕机械耕作配套集成技术是将微耕技术与现代农业机械相结合，形成一套完整的农业生产系统。这种技术将微耕技术的优点与现代农业机械的高效性相结合，既保证了农业生产的精细化，又提高了生产效率和经济效益。

在微耕机械耕作配套集成技术的应用中，需要根据不同地区的土壤、气候和作物特点，选择合适的农业机械和配套技术。同时，还需要加强农业机械的维护和保养，确保其正常运转和使用寿命。

4. 套作技术

套作技术是一种在同一田地上于同一生长期内，分行或分带相间种植两种或两种以上作物的种植方式。这种技术能够充分利用土地资源和生长季节，提高复种指数和年总产量。同时，套作技术还有助于改善土壤结构、提高土壤肥力和防治病虫害。

在套作技术的应用中，需要选择适宜的作物种类和品种，以及合理的田间配置。同时，还需要加强田间管理，确保不同作物之间的协调发展。通过科学的套作技术，可以实现农业生产的集约化、高效化和绿色化。

总之，农业机械耕作技术的应用对于推动农业现代化、提高农业生产效率和实现绿色可持续发展具有重要意义。保护性耕作技术、微耕技术、微耕机械耕作配套集成技术以及套作技术等技术的创新与应用将为农业生产的发展注入新的动力。

二、灌溉与排水技术

(一) 喷灌技术的应用

喷灌技术是一种将通过水泵加压或自然落差形成的有压水，通过压力管道送到田间，再经喷头喷射到空中，形成细小水滴，均匀地洒落在农田的灌溉方式。喷灌技术具有灌水均匀、少占耕地、节省人力、对地形的适应性强等优点。同时，喷灌系统形式多样，可以根据不同地区的实际情况选择合适的喷灌方式。然而，喷灌技术也存在一些缺点，如受风影响大、设备投资高等。尽管如此，喷灌技术仍然是现代农业生产中重要的灌溉方式之一。

1. 微灌技术

微灌技术是一种按照作物需求，通过管道系统与安装在末级管道上的灌水器，将水和作物生长所需的养分以较小的流量，均匀、准确地直接输送到作物根部附近土壤的灌溉方式。微灌技术具有省水、省工、提高作物产量和品质等优点。同时，微灌技术还可以减少杂草的生长，降低除草的劳力和除草剂的费用。微灌技术分为地表滴灌、地下滴灌、微喷灌和涌泉灌四种类型，可以根据不同作物和土壤条件选择合适的微灌方式。

2. 渠道防渗漏灌溉技术

渠道防渗漏灌溉技术是为了减少渠道输水过程中的渗漏损失而采取的技术措施。传统土渠输水过程中存在较大的渗漏损失，而渠道防渗漏技术通过采用混凝土、水泥土、浆砌石等刚性材料或 PE、PVC 等改性薄膜材料建设渠道防渗层，可以有效提高渠系水利用系数。此外，渠道防渗漏技术还具有输水快、减少渠道维修管理费用、调控地下水位、防止次生盐碱化等优点。渠道防渗漏技术是节水灌溉的主要措施之一。

3. 低压灌溉技术

低压灌溉技术是一种利用低压管道将水直接送到田间进行灌溉的方式。与传统的明渠输水相比，低压灌溉技术可以显著减少水在输送过程中的蒸发和渗漏损失。同时，低压灌溉技术还可以根据农田的实际需求进行灵活调整，实现对不同作物、不同土壤条件下的精准灌溉。此外，低压灌溉技术还具有节能、省时、省工的优点，可以降低能源消耗和劳动力成本。在高标准农田建设中，低压灌溉技术已经成为一种重要的灌溉方式。

(二) 农业机械排水技术的应用

农业机械排水系统主要由排水沟系统、抽水机械设备、容泄区等组成。排水沟系统包括田间工程、排水沟道及其建筑物，可采用明沟排水系统或暗管排水系统，也可采用竖井排水系统。抽水机械设备则包括水泵、动力机械、传动装置、进出水管道 (或流道)、辅助设备以及为保证这些设备正常运行所必需的各种建筑物。容泄区一般指江、河、湖、海，它承纳和宣泄抽排出来的水流。

农业机械排水技术主要承担以下几个方面的任务：一是及时排除农田多余水分，防止农作物因水淹而受损；二是调节农田水分状况，为农作物生长提供适宜的环境；三是改善土壤结构。通过应用农业机械排水技术，可以显著提高农田的排水效率。

农业机械排水技术具有诸多优势。首先，它能够适应各种自然环境条件，不受地形、水位的限制，具有较强的灵活性和适应性。其次，机械排水能够及时、有效地排除农田多余水分，降低农作物受灾风险，保障农业生产安全。此外，机械排水还能够改善土壤结构，促进农作物的生长发育。

三、植保与施肥技术的应用

(一) 植保技术

1. 变量喷施技术

变量喷施技术是植保机械广泛应用的植保技术之一，具有典型的智能化特征，其目的是利用先进的传感器、控制系统和执行机构，根据农田内作物生长状况、病虫害发生程度等因素，动态调整农药的喷施量、喷施速度和喷头喷施方向，实现合理喷施。变量喷施技术主要包含以下技术体系：

（1）农田信息获取。结合田间遥感信息、农田地理位置信息、传感器实时获取信息等收集农田内作物的生长状况、病虫害发生程度等数据。

（2）对农田信息进行分析处理。结合预设的植保作业方案程序，生成科学的、分区域的喷施方案及作业线路等处方图。

（3）控制系统根据处方图控制植保机械实施喷施。通过电磁阀控制开关、脉宽调制等，不同区域严格执行喷施方案参数，实现精准喷施。变量喷施技术在提高防治效果、降低农药残留、节省成本与绿色环保方面作用明显。

2. 喷雾防飘移技术

喷雾防飘移技术是提高农药利用率的有效手段，据统计因飘移造成的农药浪费量占农药浪费总量的70%以上，防飘移成为植保机械发展的关键研究技术，雾滴防飘移技术主要从以下三方面优化农药利用率：

（1）优化喷头技术。研发专用的防飘喷头，有效控制细小雾滴的生成，可减少雾滴飘移40%～60%。

（2）应用静电喷雾技术。通过将喷雾带电，形成吸附作用，保证雾滴就近吸附在植株表面，有效减少飘移量80%以上。

（3）应用防风屏。可控制雾滴飘移、气流导向装置等，并形成一定的定向喷施效果，使常规喷杆雾滴飘移减少65%以上，降低风对喷雾过程的影响。喷雾防飘移技术可以降低对非目标作物和生物的潜在危害，减少农药使用量。

3. 对靶喷雾技术

对靶喷雾技术属于智能喷雾的一种方式，能实时利用红外线传感器、超声波传感器识别并定位农田中病虫害区域或杂草等特定作物，精确地控制喷雾装置对这些靶标进行施药，减少盲目施药的浪费。对靶喷雾技术主要依赖于传感器、机器视觉、图像识别等技术获取农田内的作物信息，包括病虫害发生区域、作物生长状态等，并利用自动控制技术控制喷雾器是否开启以及喷雾角度、喷雾速度和喷雾量等，通过准确识别并定位靶标作物，增强防治效果，降低大范围农药残留，减少农药浪费和环境污染。

4. 智能混药技术

智能混药技术是在20世纪80年代，由美国率先研发和应用的一项现代化技术，其研究与应用是为了解决传统混药过程中存在的操作烦琐、误差大、安全隐患等问题，为精确植保、绿色植保创造有利条件[①]。智能混药技术自动化程度高，能通过传感器和控制系统相配合，充分结合浓度、温度、流量等农药混合与喷施参数，自动调整农药混合比例和浓度，有效提高农药施

---

① 傅东兴. 机械植保技术发展与低污染技术应用 [J]. 农机使用与维修，2023(8)：30-32.

用的准确性和有效性，将其与变量喷雾、静电喷雾等技术相结合，有利于进一步提高植保效果，减少农药残留，避免操作人员与农药的直接接触，降低中毒和环境污染的风险。

5.药液雾滴回收技术

药液雾滴回收技术能针对性地回收在植保喷雾后未被作物有效附着的飘浮雾滴，使雾滴不会随风飘移或沉降进入土壤，减少因农药转移引起的水源、周边生态环境污染而间接引起的食品安全问题。药液雾滴回收技术主要涵盖雾滴的回收、过滤和再利用三大技术体系，通过专用雾滴负压回收装置将空气中未被有效利用的雾滴回收并过滤掉回收吸入的灰尘等杂质，建立循环利用系统，将过滤后的药液重新应用于喷雾作业中。药液雾滴回收技术的应用不仅有利于实现精准施药和降低农药危害，还在可一定程度上降低农业生产成本，提高经济效益[①]。

6.航空植保技术

近年来，航空植保技术在农作物食品安全方面也展示出明显优势，采用小型植保无人机进行可编程的精确作业。根据制定方案执行喷施，根据作物长势调整高度、田间各个位置（包括地头、边角）的无差别均匀喷施，可适应不同地形的不同作物类型。通过精确控制飞行参数和喷洒系统，航空植保技术可以实现精准施药，并能够有效避免重复喷施导致的局部农药残留超标，同时能实现对病虫害的高效、快速防治。

（二）施肥技术

1.种肥施肥机械

种肥施肥机械就是在完成播种作业的同时进行施肥，由于我国大部分耕地缺乏种子萌发及生长过程中需要的磷及其他营养元素，在播种的同时进行施肥有利于作物生长初期的养分保证。现代化的种肥施肥机械是在原有的播种机上增加了施肥结构，早期的种肥施肥是在开沟器开沟后将种子和化肥共同播撒于沟底，以便为作物提供初期生长的养分。但种子和肥料的一同播撒容易造成化肥对种子的烧蚀，影响出苗率。现阶段的种肥施肥机械开始向着种肥分施的方向发展，即将种子和肥料分别播撒于不同深度且邻近的土壤

---

① 贺晶.绿色植保技术在种植业生产上的推广应用 [J].现代农村科技，2022(12)：23.

中，以避免化肥烧蚀种子。我国的种肥施肥机械以条施方式为主，排肥器多采用外槽轮式，种肥施肥机械在作业时要注意合理选择种子和化肥的比例，以免影响种子的发芽率或造成田间污染。

2. 追肥机械

追肥作业主要是在农作物生长过程中施加肥料的工作，追肥能够有效补充基肥的不足，有利于农业稳产和高产。按照追肥的方式不同，追肥机械大体分为深施追肥机和撒施追肥机两类。深施追肥机主要是根据农艺的要求将标准量的肥料施加到指定深度的作物根部位置，深施追肥的方式多采用条状开沟或扎穴的方式实现，先进的侧深施肥机械除能完成追肥作业外，还能同时进行除草和保墒作业。撒施追肥机是直接将肥料播撒于地表，撒施追肥的形式包括摆杆阀门式撒施、离心圆盘式撒施和外槽轮式撒施三种：摆杆阀门式撒施和离心圆盘式撒施是利用不同形式的离心力来实现的撒肥，外槽轮式是利用地轮行走带动槽轮旋转形成肥料流而洒落于地表。

3. 液态施肥机械

液态施肥主要是通过液态施肥机将液肥直接施入土壤，供农作物的根系吸收，液态施肥机主要由液肥储存装置、液肥输送装置、施肥装置、覆盖装置以及其他辅助结构组成。为了减少液态施肥过程中肥料的损失并降低造成的环境污染，液态肥多以深施的方式进行，由于液态肥的节肥和增产效果明显，液态肥的使用量呈逐年增长的趋势。尽管液态施肥相对于固态肥料具有诸多优点，但是在施加过程中由于技术和操作的难度高，也存在着一定的推广难度。例如，液态施肥对机械的依赖很强，需要农机一次性完成机械开沟、施肥和覆盖作业，这些功能齐备的液态施肥机械通常售价较高，农民的前期投入成本较大，同时液态肥料具有一定的腐蚀性和刺激气味，使用不当容易危害人身安全，因此，液态施肥机械相对而言使用量还较少，应用前景受到我国农业环境的制约。

4. 变量施肥机械

变量施肥机械是在传统的农业施肥机械基础上，结合先进的控制技术和数据分析技术，因地制宜地进行精确施肥，这种按需施肥的方式适应精确农业的理念，已成为施肥机械发展的重要方向之一。我国现阶段的变量施肥技术还处于研发阶段，主要的技术难点在于变量施肥的精确度上，由于我国田地普遍面积小，农机转弯多，在转弯处的施肥量较难把握，同时现阶段的差分 GPS 系统的精确度不足，容易偏离变量施肥的最终目的，变量施肥机械的技术研发与普及还有大量的工作要做。

5. 农业机械精准施肥技术的应用

(1) GPS 定位导航精准施肥技术

GPS 定位导航精准施肥技术通过对土地进行详细绘制和分析，实现了对农田施肥的精确控制，这项技术通过卫星定位系统获取农田的具体位置信息，并结合土壤肥力检测数据，对土地的养分状况进行分析。

施肥机械被精确地引导至农田的特定区域，并根据土壤养分状况的差异有针对性地施肥。这一过程中施肥机械会自动调整施肥量，以确保每一块土地获得最适宜的养分供应。通过这种精准施肥技术不仅可以有效减少化肥的使用量，降低环境污染风险，还能提升肥料的利用率，增加作物产量。实践证明，采用 GPS 定位导航精准施肥技术的农田，其作物平均产量比传统施肥方法高出 10% ~ 30%。更值得关注的是，这种技术的应用促进了农业生产的可持续发展。但是这项技术的推广应用还面临一些技术难题。一般施肥机械的成本相对较高，对于中小型种植户来说初期投入较大，同时相较于传统设备模式，该种机械设备技术操作要求较高，需要农户掌握一定的技术知识和操作技能。因此加强对农户的技术培训，提高其操作技能和管理水平，是实现技术普及的关键。同时，政府应给予政策扶持和财政补贴，降低农户的使用门槛，推动技术的广泛应用。

(2) 光传感施肥技术

光传感施肥技术利用先进的光谱传感器来监测作物叶片的光谱特性，进而判断植物的营养状况，通过对作物叶片进行光谱扫描，可以快速识别作物缺氮、缺磷等营养元素的情况。该技术的应用减少了传统施肥方式中的盲目性，大大提高了肥料利用效率，对于节约农业资源、减轻环境压力具有重要意义。此外，光传感技术还可以通过监测作物叶绿素含量的变化，了解作物对水分的需求，在适宜的时期进行适量的灌溉，避免灌溉过量或不足，保证作物的健康生长。当前，光传感施肥技术已经在温室种植、果园管理、大田作物等多个农业领域得到应用。在温室种植中，通过光传感器实时监控作物生长状况，可以实现环境控制系统与施肥系统的联动，根据作物生长需求自动调节光照、温湿度及肥水供应，达到精细化管理；在果园管理中，光传感器不仅能够指导施肥，还能辅助果农进行果实品质评估，通过监测果实的光谱特性，预测果实的成熟度及营养价值，指导采收时间和后期加工；大田作物方面，光传感施肥技术可以整合到无人机和其他智能化农业装备中，实现大范围、高效率的作物生长监测和精准施肥。

（3）红外热成像施肥技术

红外热成像技术在农业生产中，尤其是在精准施肥领域的应用，展现了极大的潜力。通过检测作物的温度分布能够间接反映作物的蒸腾作用，从而评估其生理状态。例如作物在缺水或者营养不良的情况下，蒸腾作用会受到抑制，从而影响到植物体的表面温度，利用这一原理，红外热成像技术可以帮助农户识别出作物生长过程中的营养需求，进而实施精准施肥。此外，红外热成像还能够提供关于作物病虫害的早期信息，病虫害的发生往往会引起植物局部的温度变化，通过分析热成像图，可以在病虫害扩散之前就进行干预，这样不仅能够节约农药使用量，减少环境污染，同时也能提高作物的产量和质量。例如病虫害防控过程中可以利用红外热成像技术对叶片进行局部喷肥，能够针对性地解决叶片在生长过程中出现的营养不均问题；进一步地利用红外热成像技术结合无人机等现代化技术手段，可以实现对大面积农田的快速监测，为大规模精准施肥提供数据支持。总之，农业生产过程中通过对农田热成像数据的深入分析，可以制订出更为精确的施肥方案，使每一处田地都能得到适宜的养分供给，最大限度地提高肥料利用率，并且减少因过量施肥带来的环境负担。

（4）无人机施肥技术

植保无人机的施肥技术利用其搭载的高精度定位系统和智能监控装置，可以根据作物生长的实际需求进行精准施肥，优化肥料使用效率。无人机通过遥感技术监测土壤肥力和作物长势，实现了对农田的精准施肥。此外，无人机施肥系统还能实现施肥作业的自动化，通过预设的飞行路线和施肥参数，能在无人工干预的情况下完成整个施肥过程，高效率的施肥方式大幅度减少了人力物力成本，降低了劳动强度[①]。在大面积农田施肥中，植保无人

---

① 王云翔，咸云宇，赵灿，等. 缓控释氮肥施用技术在水稻上应用研究进展与展望[J]. 中国稻米，2023，29(4)：20-26.

既能够根据不同的地块土壤类型、作物种植情况调整施肥方案，实现差异化管理。制定个性化差异化的施肥策略，有助于作物更好地吸收养分，促进作物均衡生长，同时避免了因施肥不均导致的资源浪费。另外，植保无人机施肥技术的应用，不仅提高了施肥的准确性和均匀性，还对环境保护起到了积极作用。通过精确控制肥料用量，减少了肥料对土壤和水源的污染，有助于实现农业生产的可持续发展。随着无人机技术的不断进步和智能化水平的提高，其在农业生产中的应用将更加广泛，对提升农业现代化水平、推动农业科技进步具有重要意义。

四、收获与加工技术的应用

(一) 农业机械收获技术的应用

农业机械收获技术涵盖了从作物收割、脱粒到清选、烘干等一系列过程。当前，国内外已经研发出多种高效、智能的农业机械收获设备，如联合收割机、玉米收获机、水稻收割机等。这些设备在农业生产中得到了广泛应用，显著提高了作物的收获效率和品质。

以联合收割机为例，它集成了收割、脱粒、清选等多个功能，能够一次性完成作物的收获工作。同时，通过智能化技术的应用，联合收割机可以根据作物的生长情况和天气条件自动调节作业参数，实现精准收割。

(二) 农业机械加工技术的应用

1. 微细加工技术

传统农业机械在结构设计以及生产制造过程中存在着较多的问题，例如生产效率低下、功能单一、设备规模过大、对人工依赖度较高等，可以为农业生产活动提供一定的辅助，但是无法形成自动化生产模式。当前社会对于农业机械的需求出现了变化，微型化与智能化成为主要的需求发展趋势，因此，在农业机械生产制造过程中已开始应用微细加工技术。微细加工技术可以完成微小尺寸零件的生产和加工，与一般尺寸零件加工存在一定的差异，需要利用尺寸绝对值表示加工精度。传统的机械加工技术根据尺寸参数、形状特点以及位置精度对加工技术进行调整，对工件形状和工件尺寸进行控制。微细加工技术则将原子以及分子作为加工对象，将电子束、激光束作为机械加工的基础，利用沉积手段、刻蚀手段、蒸镀手段等完成加工处理，融合了多种学科知识，包括分离加工、结合加工以及变形加工三类加工方法。分离加工技术是将某一部分材料进行分离；结合加工技术是指将材料进行结合或者将某种材料附着在另一种材料上，可以改变材料性质，常用的手段包括焊接工艺以及黏接工艺；变形加工可以对材料的形状进行调整，包括塑性以及流体两类变形加工技术。在微细加工过程中重视利用自动化以及精密加工技术，可以针对加工情况进行在线检测，及时发现加工过程中存在的问题。通过微细加工技术的应用可以生产出更加精密的零部件，有利于促使农业机械向着微型化的方向发展，提升农业机械使用的便利性。

2. 超精密研磨加工技术

在对农业机械内部结构进行加工时需要对机械产品进行适当调试，选择合适的位置安装零部件。但是在生产实践中，零部件由于缺少推动作用，会影响农业机械的有序运行。超精密研磨技术通过精密研磨的方式达到原子级抛光的效果，在集成电路生产过程中有着广泛应用，可以对硅片进行合理加工。在应用该技术时利用加工液所产生的化学反应推动设备仪器的有序运行，可以对工件粗糙度进行有效控制，使其处于2纳米之内，可提高化学研磨效率以及抛光效果。以往在机械加工过程中，会选择在研磨工具上放入适当的润滑剂或者研磨料，可以让研磨工具以及机械零件在外界力量的推动下进行运动，在运动过程中观察零部件的运行情况，分析其与农业机械产品的运行需求是否处于匹配状态。在气门研磨活动中可以选择在清洗导管这一阶段完成研磨处理，将导管插入气门内，在转动气门杆的过程中能够产生动力，完成研磨。在使用该技术时需要确保力量支持的充分性，及时对压力进行查看，以此来提高研磨质量。在完成研磨后需要对研磨情况进行审核分析，研磨质量是否符合相关要求。例如，对气门进行清洗，在清洗完毕后放入机械设备的内部，观察其运行状态。

3. 数控加工技术

数控加工技术在我国工业领域应用广泛，融合了计算机、自动化以及精密测量等各类技术，对新型技术进行了综合应用，有利于促进加工产业的有序发展。将数控技术融入机械加工技术中可以形成自动化加工模式，改变以往加工作业过程中存在的局限性。数控加工技术只需要针对机床实施操控即可，利用数据单元完成运行管理，在农业机械生产过程中针对生产要求进行程序编写。将编写后的程序语言输入系统中便可对数控单元进行控制，数控单元接收来自系统下达的指令后开始进行加工作业。当前数控技术已经形成了智能化的发展趋势，在加工过程中能够利用传感器收集加工数据，通过远程操控的方式及时了解是否存在故障问题，针对加工方式进行调整，确保加工质量。传感器数据收集能力较强，是监测加工流程的关键装置，可以发现在加工活动中所产生的异常信号。利用数控加工技术对农业机械进行生产制造时需要对机床类型进行要求。精密切削技术应用过程中需要对切削速度进行控制，切削速度是指刀具切削刃上某一点对于加工零件表面主运动方向上所产生的瞬时速度，加强这一参数的管控，能够确保切削质量，提升切削精度水平。以往在机械零件生产过程中，通常会利用手工曲磨床装置完成加工，但是该装置在具体应用过程中存在较为明显的缺陷：精度水平无法得到保障，因此无法满足当前的现代化生产需求。在精密切削技术中应用自动化技术能够形成自动化操作流程，有效提高加工效率。在农业机械生产实践中，因机械规模较大，占地面积也相对较大，难以真正提升生产效率，此时需要针对复杂轴径表面光滑程度进行优化和调整，利用数控抛光设备解决存在的加工问题。精密切削加工可以针对零部件的表面实施有效处理，确保零部件的外部处于平整光滑的状态，为后续农业机械的使用提供重要保障和支持。

五、自动化技术

(一) 农业机械自动化关键技术分析

农业机械自动化技术是实现现代化农业生产的基石。只有科学地应用自动化技术，才能够保障农业生产高效、精准，减少投入，提高效益。其中，自动控制技术、自动测距技术、自动避障技术是农业机械自动化的关键技术，也是我国农业机械自动化技术发展过程中的重点。

1.自动控制技术

自动控制技术是农业机械自动化技术的重要发展方向，包括动力控制技术、自动作业控制技术、自动驾驶技术、安全防范技术等。动力控制技术是针对农业机械运行动力进行控制的技术，通过电动机来调节变速箱，实现农业机械驱动力的转换，达到最佳的动力传输效果，确保农业机械运行的平稳性。当传动装置输入与输出的信号传递给动力控制系统后，系统会驱动电机进行动作，从而调整农机的运行动力，完成相应的农业作业。自动作业控制技术则是利用计算机控制农业机械的作业结构，使其能够按照相应的程序来完成指定的工作任务，从而降低农业生产中人工操作的比例，达到节约人力资源的效果。自动驾驶技术与安全防范技术则是利用计算机来自动控制农业机械运行，同时对可能发生的运行风险进行控制，如保持稳定的运行速度、保证机械运行的安全距离等，从而减少农业机械事故造成的人员伤害和经济损失。

2. 自动测距技术

自动测距技术是农业机械自动化运行的关键技术，该技术能够通过自动测量来感知机械运行方位，从而调整运行速度、轨迹，实现农业生产的高精度作业。

自动测距技术能够使农业机械按照规划的路线精准地行驶到某个部位，是保障作业质量的关键。以农业拖拉机为例，通常农业生产中需要使用多台拖拉机进行耕种作业，为了确保耕种作业的规范精准，获得稳定的产量，可以采用自动测距技术根据拖拉机的运行路线进行耕种作业的调整与控制，确保耕种作业整齐有序。测距控制器是通过传感器来获取农机位置数据，其基本原理是以测距仪提供的信息为农机运行的依据，将其反馈给计算机，工人通过计算机的分析与作业程序的要求，控制农机的运行速度与运行线路，在确保安全的情况下完成相应的农业生产任务。

3. 自动避障技术

自动避障技术是当前农业机械自动化技术中最为先进的技术之一，是随着技术不断进步而发明的一种控制农业机械自动规避障碍物的技术。传统的人工驾驶农业机械主要依靠驾驶员的判断和操作来规避农业生产中出现的障碍物。在农机自动化技术中，机械自动运行需要计算机来控制农机规避障碍，完成相应的农业生产任务。在规避障碍中，需要农机获取障碍物的位置、是否运动等数据信息，然后将这些信息传输到计算机中，通过计算运行轨迹与相对位置，为农机提供相应的规避方案。自动避障技术的应用可以大幅度减少农业作业中因障碍物导致的事故，从而提高农机自动运行的安全性与可靠性。

（二）应用实践：自动化收获机

自动化收获机是一种能够自动完成收获过程的机器人。通过使用自动化收获机，可以实现收获过程中的自动化、数字化、智能化。例如，农民可以通过使用自动化收获机，实现对庄稼的自动化收获和定位，提高收获的精度和效率；同时，还可以通过使用自动化收获机，实现对收获过程中的数据采集和分析，提高收获的质量和效率。

六、智能化技术

（一）农业机械智能化关键技术分析

1. GPS 技术

全球定位系统（GPS 技术）在智能农机研发与应用中承担着重要功能，比如在作物重大害虫统防系统里，GPS 技术与其他智能化技术结合，可实现精准用药，压低有害生物基数，保证撒施药物有效发挥其作用。

以水稻种植为例，水稻作为全世界范围内种植面积最大的粮食作物之一，对满足全球粮食供给需求具有至关重要的作用。然而，当前水稻种植过程中仍存在一些问题，如播种精度不高、作业效率低下、能耗过大，以及对环境造成的不良影响显著等。为了解决上述问题，研究水稻精准种植机械显得尤为重要。引入智能化技术，可以提升播种的精准度，优化作业流程，降低能耗，减少对环境的不良影响。智能农机在水稻栽培中的应用具有深远的意义。

边海生[①]结合实际生产需求设计了一种基于 GPS 技术的水稻精准种植机械，其关键部件包括种子箱、锥形孔、充种带、护种装置等，可以通过光电传感器不间断地监控播种过程，确保得到漏播指数、重播指数、播种位置及

---

① 边海生. 基于 GPS 技术的水稻精准种植机械设计与实现 [J]. 农机使用与维修，2023（11）：43–45.

合格指数等数据，水稻种子所在的位置可以利用两套光电传感器与 GPS 定位进行计算，从而提高机械播种的合格率。

2. 无人机喷雾技术

(1) 选择喷雾剂

在农业机械中应用无人机喷雾技术，选择适宜的喷雾剂非常重要。在具体选择喷雾剂时，要对具体的病虫害类型、作物的生长情况和目前的环境现状等进行综合考量。常用的喷雾剂有杀虫剂、杀菌剂和叶面肥料等多种类型，可以根据不同农田的病虫害防治需求进行选择。喷雾剂浓度及配方也要根据实际情况来调整，以保证最大限度地发挥出喷雾剂的作用。

(2) 选择无人机

无人机喷雾技术的另一个要点是选择适宜的无人机。在无人机的选择上，考量因素包括农田实际地形、农田范围大小、作物高度等。针对环境复杂的农田地块，无人机应有较高的悬停稳定性、高控制精度等，确保喷雾操作安全可靠。

(3) 喷雾控制系统

无人机喷雾技术在农业机械中的应用主要依赖无人机喷雾控制系统。该系统可以精准控制喷雾剂的洒出量、喷雾的覆盖范围，有效防治病虫害。该系统的主要组成部分有喷雾结构、喷雾控制器和有关传感器。喷雾结构的主要功能是把喷雾剂均匀地喷洒在作物上；喷雾控制器的主要作用是调整喷雾参数；传感器则负责对作物状态、四周环境现状进行监测，为喷雾操作的适宜性和精准性提供保障。基于对喷雾控制系统的合理设计与调整，无人机技术在农业机械中的应用作业效率更高，农田病虫害防治效果更好。

借助无人机的高精度传感器和智能控制系统，可以实现精准喷洒和施药。无人机凭借卓越的飞行控制技术和位置定位技术，能够在稳定飞行的同时，精确地进行施药操作。同时，无人机配备的红外传感器、高分辨率相机等先进设备，使其能够精准掌握地块和作物的状况，进而准确识别病虫害。不仅如此，无人机喷雾技术还能结合已有的监测数据和预测模型等输出结果，明确用药的目标区域和目标量。另外，在智能管控系统的辅助下定点精准施用，可以减少农药喷洒时造成的浪费，并减轻对田间生态环境造成的毒性负担。

3.智能决策支持技术

智能决策支持技术中涉及无人机网络系统内容，通过搜集农田各模块监测数据，如病虫害信息、作物生长情况、环境状态等，将其整合成精准性更高、覆盖范围更广的数据集，并由此确保智能决策支持数据的可靠性。系统输出结果能够帮助农业人员制定农田管理的优化措施。

智能决策支持技术兼具可视性与智能性。可视性体现在可以通过用户界面、图表等形式来进行功能展示，使研究者清楚知晓预测及监测情况。此外，该技术还具有自动生成决策报告及预警信息的能力。其中，无人机网络系统的重要性不容忽视，它有着高度先进传感器的配备，以便支持在高空搜集更多、更全面的信息，包括基础的土壤湿度数据、温度数据、病虫害监测等信息。如此一来，在对数据信息进行严格的预处理和清洗后，可将这些既全面又有效的数据信息作为后续决策的主要参考依据之一。

智能决策支持技术还采用预测模型和数据分析算法来对获取到的数据进行分析。这些预测模型既可以对以往的历史信息进行趋势汇总，又可以对病虫害的发生风险做出预测，以便农业人员及时采取有效的应对措施。依靠获得的数据信息和分析结果，农技工作者能更高效地进行农田管理，降低生产成本、减少肥料浪费。

4.计算机视觉技术

在对较为复杂的物体进行识别、检测、分隔和定位时，可以充分利用计算机视觉技术。这一智能化技术的应用，有利于实现农业生产的自动化和智能化。计算机视觉技术应用范围广泛，如对农产品质量的检测、对作物病虫害情况的诊断、农机自动导航等。

在计算机视觉技术的应用方面，图像预处理能够发挥至关重要的作用，尤其是在农业机械操作方面，其可以明显减少各类因素带来的干扰。在进行图像处理前，去噪环节不可或缺，该环节可以提升图像质量。灰度化与二值化也是常用的预处理手段，它们能简化图像信息，以便后续的分析和处理。在光照条件不佳时，我们可以借助直方图均衡化技术改善图像对比度，使图像中的细节更清晰。彩色图像分割也是一种有效的处理方法，它能分离出图像中的不同颜色区域，并提取出其中可以为我们所用的信息。

对于不同规模的目标，其处理方法也都各不相同。对小目标进行处理时，应通过颜色特征或形态学操作等进行特征的提取；对大目标进行处理时，应使用中值滤波或均值滤波技术[①]。这样一来，技术便可用于农机实践。例如，北京交通大学研发的农机自动导航系统，结合了激光雷达与惯性导航，有效提高了农机自动导航的精度。

(二)农业机械智能化技术应用

1. 智能化播种机器人

智能化播种机器人是一种能够自动化完成种植过程的机器人。通过使用智能化播种机器人，可以实现种植过程中的自动化、数字化、智能化。例如，可以通过使用智能化播种机器人，实现种植过程中的自动化播种和定位，提高种植的精度和效率；同时，还可以通过使用智能化灌溉系统，实现对植物的精准浇水。

2. 智能化喷雾机

智能化喷雾机是一种能够自动化完成喷雾过程的机器人。通过使用智能化喷雾机，可以实现喷雾过程中的自动化、数字化、智能化。例如，可以通过使用智能化喷雾机，实现对庄稼的自动化喷雾和定位，提高喷雾的精度和效率；同时，还可以通过使用智能化喷雾机，实现对喷雾过程中的数据采集和分析，提高喷雾的质量和效率。

3. 精准施肥机器人

精准施肥机器人是一种能够自动化完成施肥过程的机器人。通过使用精准施肥机器人，可以实现施肥过程中的自动化、数字化、智能化。例如，可以通过使用精准施肥机器人，实现对庄稼的自动化施肥和定位，提高施肥的精度和效率；同时，还可以通过使用精准施肥机器人，实现对施肥过程中的数据采集和分析，提高施肥的质量和效率。

以上是农业机械自动化技术的应用案例分析，这些案例充分说明了农业机械自动化技术在现代农业中的重要性和应用前景。

---

① 许辉，刘雨. 农机智能化技术的应用情况与基础设施需求分析 [J]. 河北农机，2022(08)：18-20.

第五节　农业机械技术的创新与发展趋势

农业机械技术也在不断创新和进步，成为推动农业现代化和提高农业生产效率的重要力量。本节下面将探讨农业机械技术的创新现状以及未来的发展趋势。

一、农业机械技术的创新现状

(一) 智能化和自动化

智能化和自动化是当前农业机械技术发展的重要方向。智能农机能够实现自动化驾驶、自主导航、精准作业等功能，大大提高了农业生产效率。例如，智能收割机能够自动识别作物成熟度，实现精准收割；智能灌溉系统能够根据作物生长需求和土壤湿度，自动调节灌溉量。

(二) 多功能集成化

多功能集成化是农业机械技术创新的另一大趋势。通过将多种功能集成在一台农机上，可以实现一机多用，减少农机数量，降低作业成本。例如，联合收割机能够同时完成收割、脱粒、清选等作业；多功能拖拉机能够同时实现耕作、播种、施肥等多种作业。

(三) 精准农业技术

精准农业技术通过利用全球定位系统（GPS）、遥感技术、地理信息系统（GIS）等现代信息技术，实现精准播种、施肥、灌溉和植保，从而提高农作物的产量和质量。精准农业技术能够减少化肥和农药的使用量，实现绿色生产。

二、农业机械技术的未来发展趋势

(一) 机器人化

随着机器人技术的不断发展，未来的农业机械将更加机器人化。机器人能够执行危险、繁重或单调的任务，提高工作效率和安全性，降低人力成本。未来，农机无人驾驶技术将成为重要的发展方向，为农业现代化提供重要装备支撑。

(二) 可持续性和环保性

未来的农业机械将更加注重可持续性和环保性。新一代农机将采用新能源和清洁能源，如电力、太阳能等，减少对化石燃料的依赖，降低对环境的负面影响。同时，农机将更加注重节能减排，降低废气排放和噪声污染。

(三) 定制化服务

随着农业生产的多样化和个性化需求增加，未来的农业机械将提供定制化的服务。根据不同地区、不同作物、不同土壤条件和气候等因素，农机可以提供个性化的解决方案，满足农民的特定需求。定制化服务将提高农机的适应性和灵活性，进一步推动农业现代化。

(四) 智能化监控和维护

利用物联网和大数据技术，未来的农业机械将实现智能化监控和维护。通过实时收集和分析机械的工作数据，可以预测机械的故障和维护需求，从而提前采取措施进行维修或更换部件，提高机械的使用寿命和可靠性。智能化监控和维护将降低农机的维护成本，提高农机的使用效率。

第六节　农业机械技术面临的挑战与对策

农业机械化作为农业现代化进程的重要组成部分，其技术水平与普及程度直接影响到农业生产的效率和质量。当前我国农业机械技术面临着多重挑战，需要采取相应的对策来克服这些困难，推动农业机械技术的持续进步。

一、农业机械技术面临的挑战

(1) 技术水平不高。与发达国家相比，我国农业机械技术的整体水平还有待提高。在农机制造、农机设备研发等方面，我们与国际先进水平还存在一定的差距，这使得我国农业机械技术在推广和应用过程中面临诸多困难。

（2）农村土地分散。我国农村土地资源分散，土地利用率低，导致农业机械的使用效率不高。在小规模分散的农村地区，农业机械化的推进面临较大的困难。

（3）农民观念转变困难。长期以来，我国农民一直依赖传统的劳动方式进行农作物种植。农民对农业机械技术的接受度有限，观念难以转变，这制约了农业机械技术的推广和应用。

（4）农业环保要求提高。随着环境保护意识的提高，农业生产对环境的影响成为新的挑战。传统的农业机械技术在生产过程中可能产生污染，不符合环保要求，这也给农业机械技术的发展带来了压力。

二、应对农业机械技术挑战的对策

一是加大技术研发投入。政府和企业应加大对农业机械技术研发的投入，提高农业机械的技术含量和创新能力。通过引进国外先进技术、加强自主研发和合作研发等方式，推动我国农业机械技术的快速发展。

二是完善农村土地管理制度。加快土地流转进程，推动土地规模化经营，提高农业机械设备的利用率。通过土地整合，减少土地利用的浪费，为农业机械化的发展提供有力支持。

三是加强农机培训与推广。加大对农民的农机操作培训力度，提高农民对农业机械技术的认同度和操作能力。同时，加强农机技术的宣传和推广，让农民了解农业机械技术带来的效益和优势，鼓励他们积极运用农机设备。

四是发展绿色农业机械技术。针对农业环保要求提高的挑战，我们应积极发展绿色农业机械技术。通过采用环保材料、优化农机结构、提高能源利用效率等方式，减少农机在使用过程中对环境的污染，满足环保要求。

五是加强农机市场监督管理。建立健全农机市场监督管理体系，规范农机市场秩序。加强对农机及配件的质量监管，提高农机产品的质量和性能。同时，加大对农机违法行为的查处力度，维护农民的合法权益。

第四章 现代科学技术在农业发展中的应用

第一节 5G 网络技术在农业智能化管理中的应用

农业智能化管理系统能够为作物生长过程提供较好的环境条件，降低作业人员的工作强度，提高人员工作效率。农业智能化管理系统将作物生长信息、农业生产信息、环境信息、控制技术、网络通信以及自动化技术结合应用于农业生产过程，使农业生长过程较少受到气候条件影响，提高农业生产过程中的智能化管理程度。农业智能化管理系统中，在监测区域内部署不同的无线传感节点进行环境参数信息的采集，通过无线网络进行传输及接收，智能分析管理系统根据环境参数信息进行控制指令的生成，并通过网络传输，实现监控区域内的智能化管理。

一、5G 网络关键技术

5G 网络技术通信波段能够达到 28GHz 毫米波，同时满足至少 1Gbps 的数据传输。毫米波通信和大规模 MIMO 是 5G 网络的两大核心技术，与其他网络技术不同的是，5G 网络技术可以设备为中心，实现设备与设备之间的相互通信，无须通过基站进行信息交互。随着云技术的发展，接入云、控制云以及转发云构成现代 5G 网络架构。其中，接入云包含各种基站以及 5G 通信设备；控制云用来进行 5G 通信的逻辑控制、分组以及系统容量监测；转发云实现 5G 网络网关控制功能的分离，并进行网关局域部署。5G 通信技术可用于增强型移动宽带、大规模的机器通信以及低延时通信。5G 网络技术能够有效降低电磁干扰，减少使用过程中的通信故障，保证系统运行的可靠性。

5G 网络技术具有较高的带宽特性，可以传输较多的数据类型，能够为多类型数据传输及智能化数据决策提供途径，同时为海量数据传输提供有效保障。5G 网络技术能够在远距离数据传输过程中提高生产效率，同时对远距离数据传输提供网络稳定性及安全性。

在农业智能化管理系统中，5G 通信技术用来进行数据的传输和指令的下发，并为农业智能化管理系统提供云计算支持服务，保证终端设备之间的数据能够高效地传输，提高智能化系统的稳定性。

二、农业智能化管理系统功能

农业智能化管理系统要求能够在农作物生长过程中，综合考虑环境信息和作物生长状态，减轻劳作人员工作难度。

基于 5G 网络技术搭建的农业智能管理系统，登录后进入系统应用显示界面，包含系统实时监控功能、执行结构设备控制功能、数据显示存储功能及系统报警等，能够将农业生产过程的相关环境参数信息进行显示、分析和存储，并进行数据的实时更新。系统监测功能用于对作物生长过程中的环境信息及作物生长状态进行监测。监测过程中，各种传感器进行数据的采集，并通过 5G 网络技术将数据传输至上位机；当系统监测到的数据信息超出设定值后，农业智能管理系统进行系统报警，并将控制指令传输至执行驱动机构。

数据显示与数据报表是将系统监测区域内的有效数据进行统计及显示的过程。数据报表分为实时报表和历史报表，数据报表是作物生长环境参数变化规律的统计信息，是对作物生长过程趋势及走向的统计过程，能够根据报表结果对生长状态进行预防。

三、农业智能化管理系统设计

农业智能化管理系统通过 5G 网络技术，将传感采集和自动控制两大终端技术进行结合，实现系统数据采集、传输、储存及控制，达到远程进行农业生产过程控制的目的。农业智能化管理系统由数据采集系统、智能设备控制系统、智能分析管理系统三大系统组成，各系统之间通过 5G 网络技术进行无线通信。[①]

---

① 李兰兰，冯江华 .5G 网络技术在农业智能化管理中的应用 [J]. 农机化研究，2022，44（09）：260-263.

数据采集系统包含各种环境信息采集传感器以及模拟量数据采集器，传感器用于对环境信息进行采集，并将采集的物理量发送至模拟量数据采集器，模拟量数据经 A/D 转换器转化至可传输的数字量。各种传感器是数据采集系统的根本模块，其灵敏度和准确性决定了系统的精度及时效性。传感器主要包含温度传感器、湿度传感器、光照强度传感器及风速计等多种物理量采集传感器。

智能设备控制系统用来控制相关执行机构，改变作物生长环境信息。智能设备控制系统接收上位机传输来的控制指令，通过单片机进行水泵、遮光板、通风口以及加湿器等相关执行结构动作。

智能分析管理系统是农业智能化管理系统中顶层数据管理系统，可进行环境信息数据的接收和显示，进行数据存储和分析，形成系统控制指令，并通过系统网络进行指令的发送。智能分析管理系统是整个系统的运算核心，要求能够对传感器信号进行解析，对异常信息进行报警，并发送控制指令至驱动执行机构。智能分析管理系统要求能够进行各种状态信息的显示，同时对农业智能管理系统进行维护管理。

无线数据传输网络是农业智能管理系统进行数据传输与接收的途径，同时进行系统的网络管理，可将传感采集系统的环境信息参数传输至上位机，并将上位机控制指令发送至执行机构。无线数据传输网络要求实现双向信息传输，所设计的数据传输网络以 5G 网络技术为基础，集成各传感采集系统节点和设备控制节点，并将数据监控和人工指令输入移动终端设备。

第二节 图像识别技术在农业中的应用

图像识别技术依托于人工智能、大数据、云计算平台，被广泛地应用。像无人驾驶汽车、机器人系统、手机的人脸识别功能都应用了图像识别技术。图像识别技术融合了多门学科专业知识，主要包括光学原理、影像成型、过程控制学等。近年来，农业生产走向现代化，基于强大的算法和处理系统，图像识别技术可以减轻人力的消耗，所以被广泛地应用于农业生产当中。目前，图像识别技术在田间杂草识别、农作物病虫害识别、采摘成熟作物、路径规划等方面被广泛应用。

一、图像识别技术

图像识别技术是指利用图像采集设备拍摄图片，并将图片传输到计算机中，利用程序和算法对图像进行图像预处理、图像分割、特征提取、特征优化、模式分类等操作，根据识别的结果做出决策。图像识别技术最大的优势在于能客观地识别物体本身，经过程序和算法处理，与后台数据库进行比对，可以有效地避免信息的伪装，得出的结论准确度更高，且适用的范围更广。目前，很多领域都在应用图像识别技术，比如无人驾驶汽车中用来发现停车标志、行人和自行车等；在医学中，可以用于在组织活检中找出癌细胞；在农业中，可以用来对作物病虫害进行识别，对田间杂草与秧苗进行识别以便于处理。

二、图像识别技术在农业中的应用

民以食为天，自古以来我国就是农业大国。近年来，随着科技的不断发展，我国农业发展更趋近于智能化、精准化。智能化、精准化概念以及装备更多地应用到农业生产中。相比较传统的耕作方式，智能化、精准化耕作方式能够全面、高效、及时地获取农作物的信息，可以对农作物及时进行处理，以达到增产增收的目的。因此，将图像识别技术应用于农业中，可以精准地实时地监测种植农作物的面积、农作物的收成、农作物的病虫害问题等，不仅使用起来极为方便，而且极为便捷，便于指导农业在有限的资源下均衡发展。

（一）田间杂草图像识别

农作物生长过程中，除了天灾之外，杂草对作物的生长具有很大的威胁，它们与农作物争夺养分，吸引一些昆虫对作物造成伤害。据全国农业技术推广服务中心统计，我国农田杂草约为1450种，其中造成农田严重危害的约有130种，2015-2017年杂草平均面积约为14.44亿 hm^2，与2007年相比增长了16.3%；全国每年因杂草造成主粮作物损失约300万吨，直接经济损失高达近千亿元。目前，在田间运用图像识别技术对杂草的识别分为4

个部分：图像采集、图像处理、准确定位、信号传输，从而得到一张农田的处方图或动态图像。随后，将这张处方图输入无人机或机器人中，无人机或机器人就能够按照处方图所标识的状况，给农田喷洒相应的农药和肥料。并且可以根据田间杂草的多少、作物的生长周期来调整喷洒的农药和肥料，避免造成环境污染。①

（二）农作物病虫害图像识别

农作物病虫害问题一直都是影响作物产量的主要问题之一。在害虫防治的长期实践中，人们对各种病虫害防治方法进行了探索和研究。经过不断地改进和发展，逐步形成了目前常用的 5 种基本病虫害控制方法，即植物检疫、农业防治、生物防治、化学防治和物理机械防治。上述 5 种控制方法对害虫和疾病有一定的影响，但弊端也很明显，具有较强的局限性，并且由于不能定点、定量喷洒农药，对环境的污染十分严重，有时还不能完全地起到防治作用。精准化农业的实施则可以有效地避免这类问题，将图像识别技术运用到农作物病虫害的治理中，通过摄像装备拍下图片，将图片传输到计算机中，再通过软件对图像进行裁剪、灰度化、二值化等处理，提取出该害虫的特征，从而可以快速、准确地对该作物进行处理，避免浪费农药的同时，还可以保护环境，并对农作物的病虫害问题进行有针对性的防治。

（三）农作物采摘图像识别

在智能化农业大力发展的今天，大规模种植的谷物基本上做到了从播种期到收获期的全程自动化、机械化。像玉米、水稻、大豆等作物的播种和收获都运用到大型机械或中小型机械，大大地减少了人工成本。然而，对于水果和蔬菜等农作物，即使在种植过程中可以实现高度的自动化作业，但在采摘环节仍然需要大量的人工劳动。近年来，随着图像识别技术的发展，可以充分解决水果蔬菜在采摘过程中产生的劳动力不足、人工劳动力强度大、采摘效率低下等问题。能够做到即时、高效地采摘，保证水果蔬菜的新鲜度，防止过度成熟以至于烂掉，造成经济上的损失。运用图像识别技术进行

---

① 刘鹏，庄卫东．图像识别技术在农业中的应用浅析 [J]．现代化农业，2021（12）：20-21．

机械手采摘相比于人工采摘，不仅减少了人工成本，而且大大提升了采摘效率，提高了经济效益，使得农民的收入有所增长。

第三节　数字化设计技术在农业机械设计中的应用

农业生产机械对于我国的农业生产产值有着重要影响，只有使用更为先进的机械来完成农业生产任务，才能保证农业生产任务高效率地完成。为了保证机械产业发展的合理性，可以借助数字化设计技术来实现生产机械设备的基础设计。现代社会已经进入信息化时代，信息化技术在各个领域呈现稳定的发展态势。尤其在农业机械领域内，各项技术都正在逐步深入，积极创新，信息化技术也得到了广泛应用。特别是数字化设计技术，在农业机械设计过程中发挥了重要作用，可以有效地实现设计理念的创新，进一步提高设计效果。

一、数字化设计技术

数字化设计技术在各行各业得到了广泛应用，如设计行业在进行项目设计的过程中经常应用 CAD 软件。同时，随着科学技术的高速发展，计算机技术和设计技术都有着不同程度的发展，在对产品进行设计过程中，设计技术内涵有着较高的提升。在现阶段设计过程中，需要进行数字化平台搭建，进而可以在计算机技术支持下建立数字化产品模型，并在进行产品开发过程中起到重要作用。这种数字化技术方式能够有效地节省实物模型制造时间，以此达到较高的设计效率。

(一) 基本概念

数字化设计技术有别于传统的二维 CAD 设计，数字化设计解决方案是以三维设计为核心，并结合产品设计过程具体需求所形成的一套解决方案，如风格曲面造型、设备空间布局、数字样机评审、人机工程校核等。它与数字化制造、数字化仿真共同构成了现代制造业的先进数字化研发平台。在进行设计的过程中，由于信息技术的高速发展和普及，计算机数字化技术有着较大的发展空间。为此，在设计中与计算机技术相结合，形成了数字化设计技术。在具体应用过程中，需要在计算机系统里输入设计过程当中的信息数据，从而进行多元化处理。其中包含数字编码、数字压缩以及调制解调等设计内容。

(二) 技术特征

数字化设计技术随着技术的发展而逐渐发生变革，在计算机软件功能不断完善和优化之下，可以有效地绘制产品图纸。之后，在系统中可以进行模拟，对其仿真实验产品模型运行情况进行完整观察和分析，并针对运行过程中出现的问题，对设计方案进行有效优化，从而提升产品设计的合理性。在实践中，数字设计技术突出了产品定义、标准化模型等特点，可广泛应用于各个领域。

1. 统一产品定义模型

在传统的产品设计过程中，同一个产品的定义模型往往会存在着一定的差异性。因此，在这样的设计过程中，其产品设计具有一定复杂性。在不同的定义模块中，转化过程增加了设计人员对其数据管理的工作量，容易导致时效性不足，并直接导致数据方面出现不同程度的缺失，严重地影响产品的设计质量。而数字化设计是一种基于数字化产品定义模型的设计和分析，在设计过程中有着明显的单一性特征，其在产品的生命周期管理方面有着一定基础。而在现阶段的信息集成化设计中，产品模型建设过程中始终保持一定的差异性，同时设计重心也不具体。因此，就需要严格依据产品模型进行有效协调，进一步提升数字化设计成效。[①]

2. 满足设计需求

在进行设计的过程中，需要依据项目分工协作的实际需求，充分明确项目的不同分工，保障在每一个设计环节都能够让不同小组进行分别设计。而在这种分工设计过程中，可以有效地保障产品的数字模型得到良好构建，并形成质量较高的实物模型。分析师可以对模型进行制造性以及完整程度的分析，有效地提升设计过程中的质量，充分满足设计需求。

① 田恬．数学模型技术在农业大数据分析中的应用 [J]．中国果树，2022(01)：111.

3. 不需要实物模型

在数字化设计的过程中，由于是基于计算机系统进行仿真模型的建立和研究，并不需要进行实物方面的模型建立。这种方式便于控制各种不合理影响因素，有效地简化实物模型的建立，既可提高设计效率，还可控制设计成本。现阶段的设计过程中，数字化设计技术有着较高的可靠性。同时，数字化技术在实际设计过程中，可以有效地依靠计算机技术，在网络技术的支持下，对产品的开发进行全程控制，并且可以开展一些虚拟产品的设计和开发。

二、数字化设计技术的研究重点

(一) 计算机辅助设计

计算机辅助设计是基于现代化设计技术的一种方式。在具体使用过程中，可以有效地应用到农业机械设计中，多体现为图纸的绘制。在设计农业机械设备过程中，设计人员需要利用计算机系统，使用各种绘图软件进行机械设备图纸绘制，同时，相关技术人员还需要将其中的参数录入系统当中，使用计算机程序功能并依据图纸上的具体信息，将图纸进行准确绘制。数字化设计技术的应用，可提高绘图软件功能和可靠性。在进行农业机械设计的过程中，能够有效地通过计算机辅助设计，提高设计的便捷性以及高效性。

(二) 知识工程应用于数字化设计

知识工程在数字化设计技术的应用过程中是一个十分重要的组成部分，尤其是在现阶段数字化设计过程中，随着设计应用范围扩展，越发起到了关键作用。所谓知识工程，即 KBE，是一种基于现代化的设计方式。相比传统的设计方式，在实施过程中有着较为明显的优势性。在应用过程中，主要在技术、市场这两个方面。在全新的知识体系以及技术支持下，知识工程逐渐伴随技术的发展而形成。在过去的设计过程中，其知识建模技术应用在人工智能以及知识工程领域当中，能够有效地通过计算机技术，对设计和研究的对象进行合理的分析和计算。在进行应用的过程中，还能够利用知识建模技术对其框架以及模型进行有效分析。之后还需要通过智能计算，进一步地提升计算机智能化的服务水平。

三、数字化设计在农业机械设计中的应用

(一) 具体应用

在传统的设计过程中，往往需要针对设计对象需求进行相关设计规划。但在应用数字化设计技术之后，由于数字化设计技术是一种基于计算机软件下实现的设计方式，为此在图纸绘制和输出过程中还需要利用 CAD、CAE等技术，不仅可以考虑产品设计需求，同时能够结合产品的生命周期特征，对其设计过程中的要点进行合理调整，进一步提升设计过程的效率和质量，充分保障在设计过程中能够具有较高的质量性和经济性。同时，在日后的制造过程中，能够便于对产品维护。所以对于数字化设计技术的使用，能够对设计方案进行整体性的优化。

农业机械设备总体工作环境比较复杂，在实际使用中需要全面考虑土壤的基本条件和农作物的种类，在设计制造的过程中需要充分考虑各方面的因素，全面提高农业机械设备的实际应用性能。市场对于高性能的机械设备有着较高的需求，为此将其数字化设计技术应用的过程中，需要基于传统的设计方式，对其进行充分优化，避免在设计过程中出现质量问题。在实际设计过程中，还需要重视对现阶段农业设计技术方面的运用，进而有效保障提升农业机械设备的设计效果，以及提升整个行业当中的设计水平。

(二) 虚拟仿真技术的应用

虚拟仿真技术应用于农业机械设计过程中是未来发展的重要趋势之一。虚拟仿真技术的应用过程中主要是利用综合应用的图像系统，与设计的各种设备接口连接，以此形成仿真的三维图像。这种类型的三维图像，具有较强的交互性特征。农业行业的特性决定了农业机械设备的使用场景，进而影响了农业机械设备的很多设计过程中需要设计人员身临其境，在设备工作现场进行设计元素的提取。基于虚拟仿真技术下的设计，能够较为真实地还原应用场景，使现场仿真模型虚拟地呈现在设计者面前，从而还原了现实场景，形成良好的设计效果。同时在进行数字化设计过程中，也可以更加有效地进

行设计方案的优化和调整，针对传统设计方法无法实现的一些设计问题进行有效处理。

(三) 产品设计与制造的协同

在进行农业机械设备的设计过程中，其数字化设计技术方式有效地帮助设计人员在农业机械产品设计过程中更加准确地将产品设计和其接下来的制造需求进行了融合，从而让整体设计理念、生产制造和未来的设备调试进行了良好的协同和结合。通过计算机基础下的数字化设计技术方式，仿真使用场景下的不同工作方式，能够充分体现农业机械设备产品设计和制造的协同和合理性。

(四) 重视创新性设计

现阶段农业机械设备的设计，需要充分进行设计方面创新，来保障农业机械设计过程中不断提升的使用需求。这就需要农业机械设备从业设计人员能够严格依据设计当中发现的问题，进行创新研发，进一步提升农业机械设备设计过程的合理性。具体到产品设计过程中，就需要着重基于传统农业机械设备自身的可靠性、经济性、合理性的使用要求下，对每一款需要用到的机械型号，进行市场事先调查分析，在保障使用设备设计用途的前提下，再进行设计理念和设计技术的创新、优化、完善，从而有效保障农业机械设备在设计过程中，满足个性化、替代化的使用需求，具有较高的应用价值。

四、数字化技术在农业机械设计中的未来展望

(一) 柔性化

在农业机械的设计过程中，柔性制造系统主要指的是信息系统和物质储存系统。柔性化制造是建立在现有技术基础上，柔性化制造系统模式可以变换加工对象，在实际应用中确定具体机械制造过程，对加工设备和物料进行合理选择。柔性化制造系统在我国农业机械中的应用范围不断扩大，在实际应用中也起到了重要作用。机电一体化系统柔性化制造模式不但可以满足多批次不同产品的需求，同时也可以有效结合市场的实际需求进行调整，确

保人力资源和设备资源得到合理应用。

(二) 智能化

工业数字化、智能化发展的环境下，越来越多的信息化设备开始和机电工程融合，促进了农业机械工程事业的发展。机电一体化系统在机械工程中的应用，能够实现工程项目的智能化、全程化管控。在未来机械工程发展过程中，还将整合人工智能、计算机工程科学、心理学等多学科内容，更好地为农业机械发展服务。基于农业机械工程建设的需求不断创新发展，持续提高农业机械工程生产的质量及效率，强化管理效果，降低能源消耗量。

(三) 微型化

近年来，我国农业机械工程技术水平不断提升，对技术研究的重视程度加大，且机电一体化系统逐渐趋向于微型化的方向发展。当前机电一体化系统技术的标准，一般电子机械的体积小于 1 cm³，随着半导体工艺的进一步提升，在未来的发展过程中会更加注重将经典的农业机械本体与先进的计算机控制技术融合为一体，通过更小的体积、更低的能源消耗的计算机控制来实现传统农业机械本体逐步智能化、微型化，使之具有更加灵活的应用能力和应用场景。所以微型化的发展方向在今后农业数字化机械设计中应当充分考虑，全面应用。

(四) 模块化

当前农业机械一体化关联产品的类型、种类较多，需要考量的影响因素较多，无法构成统一性的标准，也会影响机电一体化系统具体应用的可行性，如在数字化设计农业过程中要考虑机械传感器接口、电气传感器接口设计等。针对上述问题，未来需要强化在数字化设计农业机械中的系统化、标准化管理，加强新技术研究，且根据常见的农业机械生产需求等，制定模块化的产品，推动相关农业设备生产企业的规模扩展。

(五) 网络化

数字化设计的网络化应用，将数字化设计考虑与网络连接，则能够实现农业机械网络化的远程监管和自动化控制。比如可以通过现场监控总线、移动局域网监控技术等，为农业机械工作的开展创造便利条件。同时网络化的管理模式下，还能够实时与相关部门、技术人员沟通等，合理应用各类资源，加强信息沟通及技术研究。

第五章　农业技术推广的模式与措施

第一节　农业技术推广在农业发展中的作用

中国是一个农业大国，近年来，"三农"问题越发受到人民的重视，乡村振兴战略的实施，需要加大对农村资源的开发利用，提升生产效率，在解决人们温饱问题的同时满足人们对农产品的质量要求。基于此，需要为基层劳动人民推广新型的农业生产种植技术，丰富农民专业知识，提升技能水平，推进农业快速发展。本节就农业技术推广在农业种植业发展中的作用进行了具体介绍，分析了农业技术推广的主要形式，提出了借助农业技术推广促进农业发展的措施，以供业界参考。

一、农业技术推广在农业发展中的作用

（一）推进农业健康发展

在传统农业转变为现代农业、集约型农业取代粗放型农业的过程中，农业通过为人民群众提供丰富的农产品，可显著提升人们的生活品质。在社会经济发展过程中，农业经济的增长是一项重要内容，是实现乡村振兴战略目标的一个重要组成部分。在沿用过去农业生产模式的基础上，通过各种现代农业技术帮助农民实现增产增收，对农民传统、落后的思想观念及认知能力进行转变，进而促进农村经济及社会的健康发展。由此可见，农业技术推广可促进农业优化转型升级，推进农业产业实现健康发展。

（二）提升农民对农业技术推广的认知

在传统的农业种植过程中，种植户主要结合气候、种植经验等预判并调整农业种植结构，然而各种自然风险的存在，导致种植工作存在着盲目

性，极容易因判断失误而影响农作物产量，甚至导致绝收，给种植户造成较大的损失。随着科学技术水平的不断提升与农业技术的大力推广，在农业技术推广中，基层农技推广部门需引入新品种及新技术并开展试验，保证新品种、新技术的实用性以及先进性，待试验成功后结合当地实际情况进行示范宣传及推广，帮助农民直观感受新品种、新技术的效果，显著提升农作物产量及质量，提高农产品市场经济价值，进而实现增产增收。通过农业技术推广，提升农民对新技术的认知，进而促进后期农业生产效率的提升。

（三）提升农作物质量管理效果

在农业技术推广工作实际开展过程中，农产品质量管理工作是较为重要的研究内容，可为农业效益的提升奠定基础，为农业明确发展方向。通过创新及改革，对相关配套设施不断完善，提升农产品质量。

二、农业技术推广主要形式

（一）商业性农业技术推广

商业性农业技术推广是以产品销售及收购为出发点，不仅需与其他农业服务强化沟通，还需具备较强的技术开发能力、传播能力及市场销售能力。在商业性农业技术推广中，一般由专业公司在深入研究后确定合适的销售方式，为农民提供相关市场信息，帮助其明确产品技术及相关信息，从而对现代化产品有效应用，进而充分发挥产品的价值。商业性农业技术推广对推广人员要求较高，需保证其具备良好的职业素养及销售技巧，需要技术人员如实推广产品的实际功能，严禁夸大产品功效，在具体应用过程中需强化监督管理工作。

（二）项目专项农业技术推广

项目专项农业技术推广就是在特定区域内结合农业发展实际状况，组织相关单位推广新技术，进而促进当地农业的生产发展。在应用项目专项农业技术推广模式时，政府需大力扶持以推动技术发展，或者利用项目带资金以实现新技术的推广，待农民掌握全新的生产方式后，促进当地农业生产方式的逐渐转变，项目专项农业技术推广工作需要政府扶持。

(三) 帮扶性农业技术推广

近年来，多数地区在大力推进精准扶贫工作，而帮扶性农业技术推广工作则是其较为重要的任务。在帮扶性农业技术推广中，主要由专家讲解各项农业生产新技术，由政府或企业为贫困单位提供适当的资金扶持。然而，在推广工程中常常在对扶贫单位缺乏细致了解的前提下盲目为其提供资金扶持，或者未充分讲解并推广新技术，导致农民对新技术缺乏足够的了解，新技术无法充分发挥其实用性及作用。

(四) 科研型农业技术推广

科研型农业技术推广是由科研单位在良好的实践效果基础上持续研究并改进技术，基于此，此模式对推广对象的技术能力要求较高。或者需通过一系列专业培训以满足上述要求，同时相关研究机构及研究人员还需对自身研究成果积极推广。由此可见，研究型农业技术推广方式专业性较强、技术新颖，同时要求相关推广人员深入了解专业知识及技能。然而，在具体应用科研型农业技术推广方式时，需要花费较多的时间和精力为农民提供培训技术，使农民专业技术水平得以提升，当前此种推广模式是科研院校推广自身研发农产品最为主要的方式，亦是农业技术的主要来源。

三、借助农业技术推广促进农业发展的措施

(一) 转变推广理念

近年来，国家对农业科技越发重视，在农业经济方面扶持力度日渐加大，许多先进的科研成果在农业基层生产中得到了应用，同时在新媒体技术的推广作用下，农民接受新鲜事物的能力显著提升，农业逐渐向着集约化、市场化、规模化及产业化的方向发展。但同时农业的发展亦表现出一定的局限。例如，通过推广并且应用某一新技术，农作物产量及质量有所提升，地区农业经济得到了发展，人们开始过度使用新技术，盲目追求经济效益而过度使用农药化肥，严重破坏了当地环境。基于此，政府部门在对农业大力发

展的同时，还需对基层农民种植观念积极引导，保证农民以绿色环保及可持续发展作为基本出发点合理利用农业新技术，进而促进农业的发展。[①]

(二) 创新农业技术推广机制

在现代农业发展过程中，主要是通过应用现代科学技术以提升种植业的科学技术水平，应用经改进的农作物种子以提升产量及质量。在收割方面，通过应用现代机械化收割设备，人工作业时间有所缩短，工作效率显著提升，同时农业生产负担有所减轻，为规模化农业生产的实践奠定了基础。基于此，各地政府部门需高度重视农业技术推广工作，以时代发展需求为出发点研究并制定新型技术推广机制，例如可对"互联网＋"这一方式合理利用以实现对新型农作物品种的有效推广，同时在具体推广应用中还需接受外界监督，以不断改进新技术。结合不同地区农业发展状况、交通情况、农民素质及接受程度等不断改进推广方式，以提升推广效果，充分发挥农业技术推广的作用，切实提升农民收入，推进农业发展。

(三) 提升推广人员综合素养

农业技术推广工作对推广人员综合素养要求较高，基于此，需对推广人员福利待遇等加强重视，以切实提升其工作及学习积极性。另外，政府部门还需加大对推广人员的培训力度，不断优化人员机构以提升推广人员服务及责任意识，保障农业技术推广效果。

在农作物推广工作实际开展过程中，需不断转变推广理念、创新推广机制、提升推广人员综合素养，切实提升农业技术推广效果，推进农业健康发展。

第二节　农业技术推广多元主体模式研究

一、农业技术推广服务主体

贫困地区农户的贫困类型可分为发展性贫困和生存性贫困。发展性贫

---

① 江洪. 智慧农业导论理论、技术和应用 [M]. 上海：上海交通大学出版社，2015：60.

困是指家庭年收入低于国家制定的贫困标准，但家庭中有可供持续劳动的劳动力人口来维持家庭生活的贫困类型。生存性贫困是指家庭年收入低于国家贫困标准，且家中没有可供持续劳动的劳动力来维持家庭基本生活的贫困类型。在我国农业技术推广发展过程中，从推广技术方式角度可分为按项目推广技术、按技术承包责任制推广技术、按技术与信息与经营服务相结合推广技术、按农业技术知识竞赛推广技术4种方式。本节的研究类型是发展性贫困，因此，针对的是贫困地区农业技术在发展性贫困农户方面的推广模式。从国外引进技术、科研院所研究新技术、农业技术推广部门改进技术、农民先进的技术经验这4种是农业技术的主要来源。以下，我们从主体角度分为三种类型进行阐述，并梳理了新中国成立后农业技术推广发展的历史脉络。

（一）政府

贫困地区第一类农业技术推广是以政府主导型的农业技术推广模式。政府主导型的农业技术推广模式分为两种方向：第一种方向是以政府基层农业技术推广机构为推广主体的公益性农技推广；第二种方向是以政府主导进行服务购买的经营性农技推广。

1.公益性农业技术推广

我国从中央到乡镇各级政府设立了农业技术推广机构，《农业技术推广法》中明确规定，各级国家农业技术推广机构承担公共服务机构的角色，需要履行公益性职责。我国国家农业技术推广机构目前形成了中央-省-市-县-乡五级垂直管理系统，技术推广项目由中央制定，各级机构从上而下进行推广。中央的农业技术推广机构由农业部管理，设置全国农业技术推广服务中心，统管全国农业技术推广工作。全国农业技术推广服务中心下设22个办公室，分管技术推广政策制定、病虫防害治理、技术提升改进、土壤肥料管理等工作。省级农业技术推广机构隶属农业农村厅，指导各市农技推广工作，承担省级政府与全国农业技术推广服务中心分派的工作任务。工作主要有负责农技推广工作规划、农技推广人员培训计划、制定农技推广工作制度、健全农技推广机构配置等，全面协调农技机构与政府各部门的联系工作。市级农技推广机构职责与省级大体相似。县级农技推广机构接受县农业局和上级推广部门管理，设置农技站、种子站、土肥站、植保站等部门管理不同领域农技推广工作。县级农业技术推广中心主要负责全县农技推广计划安排与实施、引进新技术并总结推广、搞好农技推广人员培训工作、提供农技咨询服务、普及农业科学知识等。农技推广站是乡级农业技术推广机构，其工作人员由国家编制工作人员和政府招聘的农民技术员组成，二者是整个五级体系中最基层的工作队伍。因此，他们是与农民打交道最多的农技推广工作队伍，不但要负责落实上级部门交付的计划安排，还要把农户在接受农技推广时遇到的难题反馈至上级部门，也即他们是联系农户与上级农技推广机构最重要的桥梁。因此，以政府为主导的农业技术推广机构以垂直管理的系统开展农技推广工作，主要的推广方式有通过国家项目安排由上至下推广至农户、通过现代化信息技术提供农户所需技术信息、通过每年的送科技下乡活动与农户交流、通过开展农户农业技术培训传授农户知识等途径。以上这些以政府为主导的农业技术推广服务，都由国家财政拨款，所选技术具有普适性强、增产能力强、社会效益好的特点，推广服务具有公益性性质，完全符合农村公共服务的范畴。

2. 经营性农业技术推广

经营性农业技术推广工作是以政府牵头，按照市场化运行方式鼓励其他实体经济依法参与国家农业技术推广机构中分离出来部分工作的一种创新模式。2002年国家开始进行农技推广体系改革，提出将分离农业技术推广服务中的公益性职能和经营性职能，分别建立各自服务体系的运行机制。对于具有公共产品属性的农业技术推广工作，其他实体经济缺少动力参与，所以只能通过政府来牵头激励其共同参与。经营性农技推广也是实现多元主体参与农技推广体系的重要改革。由于每个地区的实际情况不同，采用的农业技术种类也不同，自然农业技术推广的方式也要根据各地实际情况进行调整。因此，要发展经营性农业技术推广，就是要积极探索不同地区、根据不同实际提供农业技术推广的多样化途径。国家近些年在不断倡导大力创新公益性农技推广服务的实现形式，而各类实体经济依法参与公益性农技推广服务目前使用最多的方式是政府订购农技推广服务和与其他实体经济部门共同出资合作提供农技推广服务。①

————————

① 陆倩倩. 精准扶贫背景下农业技术推广多元主体模式研究 [D]. 江西财经大学，2020：35.

（二）科研院校

1.科研院校服务动力

贫困地区第二类农业技术推广是以科研院校为依托，以科研院校服务型为主的推广模式。《农业技术推广法》中提出，国家引导农业科研院所积极开展公益性农业技术推广服务。农业科研院所是推进我国农业技术推广体系不断完善的重要力量之一。农业科研院所的推广主体是农业科研院、农业大学或职校的科研人员、教师及学生。他们在本单位积极研究探索农业技术的发展改良工作，遵照国家相关规定，积极投入农业技术推广工作中。科研院校推广工作资金一般由政府拨款、单位自筹、合作单位承担等渠道提供。把科研成果转为现实生产力、获得政府和社会的认可、取得经济效益和社会效益是激励科研院校不断投身农业技术推广工作的3个重要因素。

2.科研院校经典推广形式

科研院校一般通过与地方政府、农民合作社、农业协会、农民技术协会等进行合作，实现技术承包、科技示范、成果转让等工作开展。把农业科研成果通过科研院校传输给农户，解决农户缺乏技术、技术落后等问题，同时也能在推广过程中发现新的技术难题反馈至科研中，从而不断提高科研院校的科研能力。

（1）浙江大学"合作共建新农村试验示范区"

浙江大学与湖州市从2005年开始进行市校合作，实现二者资源互补、互通有无，以学校科研与人才来支持湖州市"三农"工作发展。2008年浙江大学成立了农业技术推广服务中心，是国内高校中最早成立的服务中心。服务中心的主要工作是负责整合浙江大学中涉农的技术、信息、人才资源向湖州市合作地区输送优势资源。浙江大学在与湖州市的合作中，给湖州市提供了智力资源和技术支持，湖州市给浙江大学的科研成果提供了转化为现实生产力的平台，因此，浙江大学在与湖州市的合作中不仅服务了地方的农业技术推广工作，也实现了自身科研能力的价值，促进了浙江大学农业技术科研能力的提升。浙江大学与湖州市的合作以"合作共建新农村试验示范区"协议方式开展，为湖州市农业技术推广系统融入了有生力量，充分发挥了浙江大学在技术、智力方面的优势主导作用，联结政府机构、农户、当地企业三方力量，加强了政府的公益性服务职能的同时，也调动了实体经济企业参与农业技术推广的积极性。湖州市与浙江大学合作建立了新农村示范区后，湖州市2014年农业现代化水平相比2013年综合得分提高了2.6分，三农工作始终走在浙江省前列。由此可见，科研院校作为农业技术推广系统中重要的参与主体之一，要不断鼓励其与各地实现合作协同发展，实现其服务社会职能的同时不断促进我国农业技术推广工作高效开展。

（2）西北农林科技大学"农林科大模式"

西北农林科技大学的"农林科大模式"包含两种最主要也是运用得最频繁的方式。其一是推行"大学＋试验示范站＋科技示范户＋农民"，另一种是"专家大院"推广方式。在第一种方式中，大学与当地政府达成合作协议，当地政府会出台相应政策保障用地和资金，大学提供农业专家和农业技术，还提供农户与农技推广骨干培训及农技咨询服务。除此之外，西北农林科技大学还会与当地龙头企业、农民合作社达成合作共识，二者提供土地和劳动力与大学进行科技示范等合作，实现西北农林科技大学农业技术在农户间进行扩散。在第二种推广方式中是从1999年开始探索发展而来。宝鸡市与西北农林科技大学进行合作，大学派出37名农业专家团队，为布尔羊、秦川牛等农业科技专家大院提供帮助。"专家大院"设置在农业生产第一线，在附近建立试验地和示范区，除了"专家＋农业技术推广机构＋农户"发展线外，还有"专家＋龙头企业/专业协会＋农户""专家＋科技示范园区"等发展线，实现了高效的农业技术推广。"专家大院"这样的农技推广方式属于一种以科研院校专家为主体，多方参与共建的合作平台。在平台中不仅可以实现政府的公益性农业技术推广职能，也是经营性服务职能的体现，更重要的是，科研院所在其中能发挥其自身的主导作用，促进各种类农业技术经验的交流，除此之外，还能不断提升科研院所农业技术科研能力。

（三）市场经济主体

贫困地区第三类农业技术推广是由企业或合作社带动型的农业技术推广模式。涉农企业、农民合作社和农业技术扩散机构中介是我国农业技术推广体系中不可或缺的重要力量。

1. 涉农企业

涉农企业是指参与农产品产前、产中、产后活动的企业，主要有以下类型：农资企业—在生产农产品过程中提供生产资料和服务；生产农产品企业；加工农产品企业；农产品流通企业。涉农企业中参与农业技术推广的有两种类型，其中一种是为了能持续稳定获得与自身生产需要的优质农产品原料，从事与原料相关的农业技术推广的企业；另外一种是为了打开企业产品在农村中的销售市场，从事与公司产品销售相关的农业技术推广的企业。

涉农企业参与农业技术推广工作，最终目的都是实现自身利润最大化。涉农企业需要推广的农业技术大都与本企业的生产方向相关，大多为市场发展前景好、经济效益大并能及时开发应用的技术。在涉农企业进行农业技术推广的过程中，农户是技术的受益者，同时也有可能会成为受害者。涉农企业经营存在一定的风险，企业的利益与技术密切相关，一旦企业的经营出现问题，则企业农业技术的推广也会使农户利益受损。而相比于社会效益来说，企业更注重经济效益，这也是企业在进行农业技术推广的过程中，需要政府对其进行宏观调控的原因。涉农企业在进行农业技术推广过程中，是通过与农户形成利益共同体来开展工作的。国务院扶贫办2017年发布关于完善扶贫龙头企业认定的通知，文件中要求，参与扶贫工作的龙头企业开展工作要具有明显的脱贫效果，贫困农户参与到企业产业化经营过程中的，企业应通过奖励补贴、设置公益性岗位等方式让产业化经营所获得的扶贫收益分享给贫困村集体和贫困户。可见，涉农企业在参与农业技术推广过程中，产业化经营是最常使用的生产模式，在产业化经营中，农民被纳入生产过程中，在企业生产链中学习新的农业生产技术。

2. 农民合作社

农民合作社是参与农产品生产的提供者，在家庭联产承包责任制基础上，自愿组成民主管理的互帮互助性经济组织。2006年10月，我国出台了《中华人民共和国农民专业合作社法》，鼓励农村地区通过农民合作社，带动农村地区经济发展。农民合作社提倡自愿互帮互助的合作精神，把农户纳入合作社发展的领域，不仅打破农村发展的碎片化、规模小、单一性等弊端，还能不断提升农业发展层次、带动贫困地区农民走向脱贫致富之路，促进农业现代化的发展进程。农民合作社不同于其他民间关于农民的协会组织，各种类型的农民协会组织是在民政部门登记的社团组织，其参与者大部分为企业，不搞实体经济，只负责为成员提供生产、技术等信息和服务。而农民合作社是在工商部门登记注册的组织，其实质是企业，但其对内不赚或者少赚农户的钱，参与者一般为农民，属于实体经济，负责给参与的农户提供技术、经营、收购信息等服务。农民合作社具有"益贫性"的特征，因此在精准扶贫背景下，贫困地区发展农民合作社是挖掘贫困地区农民内生动力的重要形式。贫困地区农民属于弱势群体，农民合作社属于互助性经济组织，合作社给贫困地区有发展性贫困的农户提供了发展平台，而且也可以吸引外部力量把生产资源投入农民合作社供其发展壮大。目前，在组建农民合作社过程中，牵头主体出现多元化。一部分是农业大户，一部分是龙头企业和乡村社会精英，还有一部分是地方政府及其相关部门。这些涌入农村地区的牵头主体，迅速给资源贫乏的农村注入活力，使农村生产经营朝着十八大以来中央明确提出的组织化、专业化、集约化新型农业经营体系方向发展。目前农民合作社的发展方式逐渐从"公司＋合作社＋农户"向"合作社＋公司＋农户"方向发展，充分发挥农民合作社在农业经营中的主动性并激发农户的内生动力。农民合作社在农业技术推广、农业社会化服务等方面发挥重要作用，尤其是贫困地区的产业扶贫、科技扶贫中，农民合作社都发挥着无可替代的给农户链接资源的作用。因此，鼓励贫困地区农民合作社发展是符合地方实际，实现精准扶贫，提升脱贫攻坚效果的有效路径。

3. 农业技术扩散中介机构

农业技术扩散中介机构是农业科技中介机构的其中一个部分。农业科技中介机构中大体分为4种主要类型：第一类是由国家出资设立的，第二类是由大学和研究机构创办的，第三类是由各种协会设立的，第四类是商业化的科技中介公司。这里所研究是第四类中介机构。商业化的科技中介公司可以促进政府、大学、研究机构及企业之间的技术交流活动，并通过自身建立起的包括技术搜寻、技术评估与监管、技术推广等重要职能，打开了技术持有者和技术需求者之间的沟通渠道。商业化技术中介机构强调企业化运作，对于从业人员的专业素质要求极高，须具备工、商、法律等专业背景。从科技中介机构的业务范围来看，可以分为以下几种类型：第一类是技术推广类，专门为技术持有者和需求者之间沟通服务的中介公司；第二类是咨询类，致力于给各参与主体在技术创新过程中遇到的各种问题提供咨询；第三类是开发中心类，是进一步完善科技成果在中试、产出、商业化的服务机构；第四类是其他服务类，包括技术项目评估、产权保护等服务机构。农业技术推广中介机构属于第一种类型，在农业技术推广的服务中，技术推广中介机构能有效沟通技术持有者与需求者，实现技术资源有效配对，有利于补足各贫困地区对关键性技术的需求，更大范围内推广有利于当地产业发展的农业技术。

二、多元主体农业技术推广模式存在的问题

多元主体在农业技术推广过程中角色定位不同，可以相互补足推广中顾及不到之面，但是目前多元主体农业技术推广模式仍然存在许多问题。从农业技术推广的上游端来看，农业技术创新能力提升缓慢导致农业技术有效供给不足；从农业技术推广中游端来看，中介服务市场发育滞后，且由于保障多元主体进行农业技术推广的法律与政策有待完善，因此，整个多元主体农业技术推广的模式尚未健全。只有针对性地找出目前存在的问题加以解决，才能搭建好多元主体农业技术推广模式的发展网络。

(一) 农业技术创新能力提升进程缓慢

1.政府对农业技术发展投入不足

政府对农业公共技术的投入直接影响技术创新的发展程度。影响维持对科技有效需求的重要因素之一是政府的科技投入。

从精准扶贫工作开展以来，中央财政拨款加大了对农业发展的支持力度，且农业科技研究资金也在不断加大投入力度，但是用于技术研究与开发的资金却开始呈减少趋势，这也直接影响了农业技术创新能力建设，尤其是农业共性技术的供给。农业共性技术作为一种准公共产品，必须要政府大力投入资金研发，给全国农业发展提供技术支撑。贫困地区的农业需要政府投入资金研发农业技术，给其最基本的农业生产种养殖业提供保障，因为贫困地区的技术需求不仅包括关键性技术，亦包括共性技术。

2.科研院校辐射范围碎片化

我国科研院校主要以推广科技成果、技术支撑服务、信息咨询服务、科

技培训为农业技术推广中的主要任务。与地方开展合作推广的形式主要有：在当地建立农业科技示范园区，在院、校建立科技合作组织、派遣专家与学生进行科技入户工作、派遣院校科技服务团队开展科技开展下乡工作。目前我国已形成农业科技专家大院、农村技术承包制、科技特派员制度、其他创新服务模式。

我国农业科研院校属于财政拨款的事业单位，其农业科研发展目标大体与政府农业科研发展目标一致。由于我国当前仍处于农业科研、推广、教育分立而行的运行状态，每一级科研院校都有每一级的主管单位，并且教育系统管理农业教育、各级农业行政推广部门管理农业推广工作、各级科研院所负责科研工作。因此，农业科研院校与各地区之间合作开展农业技术推广一般有两个方面的原因：其一是当地政府向科研院校寻求适宜的农业技术支撑本地农业发展；其二是上级政府部门根据中央农业工作部署把技术推广工作布置下去，把农业科研院校的资源分享到各地。可以看出，无论是哪一方面原因，政府部门在其中都起着主导作用，牵引农业科研院校科技资源流向农村地区。由于农业科研院、农业院校之间又归不同的部门管理，因此，相互之间工作的开展受到区域分离的限制，难以相互配合开展农业技术推广工作。

此外，农业科研院校农业科技成果转化率低，也成为制约其开展农业技术推广工作的重要因素之一。2019年新发布的《中国科技成果转化2018年度报告（高等院校与与科研院所篇）》中指出，科研院校在技术转让、开发、咨询、服务四个方面水平不断提升，但是目前，科研院校的科研成果转化与农户需求脱节，不能及时了解农户需求，也无法全力投入支持农村发展，导致科研院校农业科研成果转化效率低下，造成科研院校资源与农户需求错位及资源浪费，满足不了农村地区农业技术发展需求。科研院校作为给贫困地区农村提供关键性农业技术的主体之一，其技术研发在支撑贫困地区特色农业产业发展方面具有重要意义，因此，如何提升科研院校科研成果转化成适合贫困地区农户发展需求的资源，是目前亟待解决的问题。

（二）农技推广中介服务市场发育滞后

1. 农民合作社发展规模较小

我国贫困人口基本上集中在西南石山地区、南方丘陵红壤地区、北方沙漠边缘地区、黄土高原地区等生态环境脆弱地区。因此，贫困地区自然环境较为恶劣，人均耕地少且地形复杂，贫困农户只能根据复杂的地形进行最基本的耕种维生，而且由于自然环境生态脆弱，自然灾害频发且抵御自然灾害能力弱，贫困地区农户靠自身力量基本上难以创新发展种养殖业。农业结构单一，且贫困地区农业发展受制于恶劣的生态环境，加上采用较初级的生产技术，所从事的农业生产大多数属于单一种植业。国家第三次农业普查数据中显示，全国农业生产经营人员中有92.9%从事种植业生产、2.2%从事林业生产、3.5%从事畜牧业生产、0.8%从事渔业生产、0.6%从事农林牧服务业。可见种植业始终是农业发展的重中之重。贫困地区由于人力物力资源有限，无法形成丰富多样的高层次农业生产结构，只能发展规模小的单一农业。在此基础上建立起来的农民合作社，一方面可以有效集中贫困地区农户学习当地特色产业技术开展多样农业生产，增强他们抵御风险的能力；另一方面可以引进资金，带动当地产业经济发展，增强贫困地区经济发展能力。但是由于目前在精准扶贫的过程中，农民合作社不仅要发挥经济发展的作用，还需要在各方面发挥引导作用。贫困地区政府部门不乏一些把农民合作社等同于农村脱贫致富的企业，存在为了完成脱贫考核任务而建立空壳农民合作社的现象。且农民合作社自身由于规模小、规模经济发展乏力，规范化程度不够，导致农民合作社无法承担起农业技术推广的角色，关键农业技术推广出现中断现象。

2. 涉农企业服务功能弱化

涉农企业覆盖第一、二、三产业，包括农业生产企业、农产品加工与制造企业、农业服务企业。涉农企业为民众提供保障基本物质生活所需资料、保护生态环境、组织农民集中生产、进行农产品深加工提升产品附加值。涉农企业在贫困地区开展企业经营活动一般借助"政府+企业+农户""企业+农民合作社+农户"等这样多方主体联合的方式，因此，涉农企业在联合链条中发挥的作用可以直接影响农户的切身利益。涉农企业开展企业经营活动必须要根据当地自然环境的实际情况，并结合企业经营战略开展生产经营工作。因此很大程度上，涉农企业会在利益最大化的前提下，启用多方主体参与的联合链条方式开展企业经营活动，也在这个过程中发挥其农业技术推广的作用，把企业所采用的农业技术推广到农户们当中。哪些农业技术推广能提高涉农企业经济效益，实现其利益最大化，它们就会优先采用，而不是优先考虑哪一种农业技术覆盖面最广、实现农户利益最大化，长此以往能不断加快贫困地区农业现代化发展速度等具有社会效益的长期目标，所以涉农企业优先考虑企业利益而忽略社会效益目标。

涉农企业无力独自承担风险使其技术推广规模覆盖面较小。涉农企业生产经营方式主要有专业经营和综合经营两种。专业经营包括项目专业经营、产品专业经营、生产阶段专业经营；综合经营包括水平综合经营、垂直综合经营、网状综合经营。因此，涉农企业的经营服务覆盖三个产业，其面对的风险率也会上升。自然风险、社会风险、技术风险等都是涉农企业可能会在发展过程中遇到的。而涉农企业基于本企业的利益，会推广采用新的农业技术，使用新的种子、化肥、农药等，这些新的技术推广采用过程中存在一定的风险，造成企业经济损失的同时，也给农户造成影响，甚至会带来不良社会效应。这些风险都是企业无力独自面对的，也因此会制约涉农企业农业技术推广覆盖面。

3. 农业技术推广中介机构成长速度慢

国家扶持科技中介机构发展自 1993 年至今已 20 多年，科技中介机构在国家创新体系中发挥着无可替代的作用，科技中介机构的发展让农业技术推广服务体系也得到了完善。对农村地区来说，科技型龙头企业、种养大户、农民合作社等相关技术推广服务的主体，在农业技术推广中介机构的牵线搭桥作用下，能更有效地实现技术资源配备。但是我们应该看到，商业化技术中介企业渗透到农村地区的还较少，尤其是贫困地区农业发展，能起到这种牵线搭桥作用的无外乎政府、农民合作社、龙头企业等当地的发展主体。农业技术中介机构已发展 20 多年，在快速发展的同时我们应该要看到其成长速度慢的问题。农业技术推广中介机构成长速度慢，可以归结为以下两个方面原因：客观方面，为推动科技中介机构发展，政府出台了相应的政策措施，规范对机构发展的评估与审核工作，但是在政策实施过程中，难免依赖甲方对科技中介机构的喜好而决定合作与否，而科技中介机构能否发展壮大，与当地政策倾斜有很大联系；主观方面，科技中介机构的收入来源主要是项目对接成功后赚取的中介费用，但目前在技术持有者企业和技术需求企业两个方面，大部分不想在中介部分消耗太多资金，所给的中介费相对较少，且对贫困地区的发展需求，科技中介机构渗透得相对较少，一是因为能获得的利润低，二是由于自身难以获得技术持有者的信任。在人力成本逐渐增加的情况下，业务能力无法得到保障，项目对接受到影响，长此以往形成恶性循环，就会制约科技中介机构的发展。

（三）农业技术推广法律政策有待完善

1. 保障多元技术推广组织法律留白空间大

我国涉及农业技术推广的法律从1951年开始发展至今，跟随农业现代化发展不断出台新的法律规定。关于农业技术推广的法律法规，除了前文从1951年开始罗列的一系列法律法规外，还应该看到，从2011年第十二个五年计划开始，农业部出台了《农业科技发展"十二五"规划》，明确科技在农村农业经济中的重要作用。但是对于农业技术推广这部分的工作，政策中大多数以要提升基层农技推广能力和水平、推进基层农技推广体系改革与建设这样广而泛的要求，没有真正落实的具体措施和建议导向，因此，各地基层农业技术推广体系改革五花八门，发展程度难以集中在一个步调上，这也造成各地基层农业技术推广水平参差不齐。

"十三五"规划中对于国家需要健全的各项机制尚无建立明确标准。从第十三个五年计划开始，农业部印发《"十三五"农业科技发展规划》，规划中第四部分属于农业技术推广内容，要求健全农业技术推广体系，强化国家农技推广机构的公共性和公益性，落实农技人员待遇。但是没有明确各省份的健全标准，各地标准不一也影响到各地基层农技推广水平的发挥。我国出台的农业技术推广法大部分是为了维护官方的农技推广系统正常运行，较少提到在多元主体参与农业技术推广的过程中出台相应的法律来保护类似农民合作社、涉农企业等在推广过程中的明确定位。没有相应法律的保护使得农民合作社、涉农企业等主体在参与农技推广过程中的推广行为受到不确定因素影响比较大，也正因如此，多元主体的主动性无法完全发挥在农业技术推广的过程中。

2.配套政策难调动多元主体推广积极性

国务院 2006 年出台了关于加强基础农业技术推广体系建设的相关文件，文件内容包括科学定编、合理设置机构、改革配套税收措施等，重点突出了要培育多元化服务组织，鼓励各类经营性服务组织积极参与农业技术推广服务。但是文件没有提及各类参与主体开展农业技术推广相关配套政策。2017 年"十三五"农业科技发展规划中支持引导经营性组织开展农技推广服务，但是仍然没有正面提及相关优惠政策。优惠政策需要政府出台相应的资金、税收、信贷等政策来调动各方参与主体的积极性，生成激励机制，带动各方主体深入贫困地区参与基层农业技术推广工作。目前出台的政策中仅有政府采购、定向委托、招投标等方式进行导向发展，政府还需不断出台关于税收等政策，以调动各类参与主体的积极性。

国家基层农技推广人员激励政策有待出台。"十三五"规划中要求创新激励机制，鼓励基层农技推广人员适当参与经营性服务获得合法收益。可见国家基层农技推广人员的待遇问题还有待解决，要不断出台新的考评机制，完善基层农技推广人员的薪酬体系，才能不断吸引新鲜血液投入基层农技推广队伍，不断提升基层农技推广服务能力。2017 年为加强新形势下各县、市科技工作，中华人民共和国科学技术部出台工作意见通知，要求鼓励推进科技特派员创业链，针对贫困地区特殊生态环境加强科技培训、实用技术推广等，培育贫困地区自我发展能力。这一要求是继 2009 年出台关于科技特派员农村科技创业拥有相关性优惠政策后，再一次对科技特派员这一参与主体的政策性激励。

三、贫困地区农业技术推广对策

无论是由上至下以科技推动的农业技术推广，还是由下至上依靠需求推动农业技术推广，都包括在多元主体农业技术推广的模式内容中。针对不同主体的不同角色，贫困地区要推动农业技术推广工作更深入一个层次，必须要找准主体，明确定位不同主体，形成多元主体推广网络，补足互相之间的不足，让贫困地区农民真正能依靠农业技术，增强自身发展能力。

(一) 搭建贫困地区"穿针引线"工作队伍

1. 加强中国共产党对农业科技工作的指导

加强省市县乡村各级党委对农村科技发展工作指导。省市负责统筹协调、制定政策规划，县乡村负责实施落实操作，各级党委发挥领导作用，积极协调配合政府保障各层级资源供给和制度倾斜。因此，在政府呼吁各主体参与农业技术推广工作中，党委不仅能发挥领导作用，更能起到贯穿中央至农村的"穿针引线"作用。

各级党委加强对农业科技工作的指导，不仅让县乡两级从负责下达文件的角色变为农技推广一线中心，更优化了农技推广层级结构。因此，加强各级党委对农业科技发展指导不仅符合乡村振兴发展需求，更符合多方主体参与贫困地区农业技术推广工作要求，切实可以完善党委领导、政府牵头、社会协同、各方参与的多元主体农技推广工作模式。

配齐贫困地区驻村第一书记和队员。《中国共产党农村工作条例》中要求，各级党委要做好农村工作队伍建设，工作队伍基本要求是"懂农业、爱农村、爱农民"。

贫困地区贫困村目前都配备了第一书记和驻村工作队员，第一书记和队员在脱贫攻坚战中具有与贫困户直接交流沟通的桥梁作用。他们长期驻守在贫困第一线，最了解贫困农户各方面情况。驻村第一书记工作职责包括向贫困户宣传党的各项扶贫、惠农政策，落实贫困户"两不愁三保障"达标情况，协调村两委班子加强党建工作打造脱贫攻坚队伍，助推贫困地区发展特色产业，提高贫困村内生发展动力。驻村第一书记和干部由于长期驻守贫困村，一方面比较了解贫困户情况，另一方面从情感上能更好地跟贫困户进行沟通交流，因此，国家各项扶贫政策、惠农措施由他们给贫困户进行普及可以让贫困户更容易接受。基于驻村第一书记工作职责和驻村工作队伍在沟通贫困户时扮演的桥梁角色，他们不仅可以把适合当地特色的先进技术、经验引进到贫困村，还能从思想上、情感上发动贫困户增强脱贫内生动力。

2. 培育贫困地区新型职业农民

培育新型职业农民，提升贫困地区农业发展带头人的导向作用。贫困地区的青壮年大多流动去往大城市或县城里打工，而留守在村里的农户大多数属于年纪偏大、身体素质一般的老弱劳动力。这也造成了农业发展劳动力不足且上升空间较小的缺点。2012年，中央"一号文件"首次提出"新型职业农民"，在2013年底开始的精准扶贫工作中，也强调要逐步培养新型职业农民，以带动贫困地区农业发展水平。新型职业农民体现的是从兼业到专业、从传统生产方式到现代生产经营方式的转变。著名经济学家厉以宁先生认为，中国农民将是一种职业而不是身份，将来的农业生产者是懂得农业技术的农场主、农民合作社、涉农企业等。鼓励、吸引农业院校毕业生、农村退伍军人、返乡农民工回乡创业成为新型职业农民。

政府要出台相应政策支持新型职业农民发展，新增强农惠农富农政策措施引导新型职业农民发展。借鉴法国"绿色证书"和日本"农业技术之匠"政策，打造中国新型职业农民绿色证书制度，提高新型职业农民含金量，调动新型职业农民从事农业发展的积极性。除此之外，政府要给当地专业大户、家庭农场领头人、农民专业合作社骨干力量、涉农企业主要负责人建立新型职业农民培育体系。发挥新型职业农民的带动能力，辐射贫困地区农户，吸纳有生力量发展农民合作社。

以政府为主导、企业参与、高校指导，构建广播电视大学、农技职业学校、农技推广中心等机构，提供新型职业农民教育平台。2017年，中央财政投入15亿资金，培育了新型职业农民100余万人，在7个重点贫困地区实施农技推广服务特聘计划，提高农业技术推广效率，增强贫困地区农户内生动力。2019年6月28日，中国农业农村部科技教育司发布关于做好高职扩招培养高素质农民的通知，内容强调要打造100所乡村振兴人才培养优质学校，5年内培养100万乡村发展带头人，鼓励贫困地区"两委"班子符合条件成员参与，这也为新型职业农民的培养提供了新的平台。新型职业农民的培养在给贫困地区引入资源优势的同时，也加大了他们自身在贫困地区的影响力，取得贫困农户的信服力。他们本身对于农民合作社、涉农企业有自身的独到认识，新型职业农民的身份不断推动他们助力发展壮大本地扶贫产业。

(二) 增强科技推力端引擎能力

1. 政府增加对农业技术推广硬件投入

增加对公共农业 R&D 投入。2018 年农业农村部发布十项重大引领性农业技术，希望通过依托技术带动，根据具体项目组建优秀农技教育与推广团队，开展技术推广和示范，便于技术服务对象快速掌握并学会运用。近年来，国家对第一产业投入稳步增加，但投入农业技术科研方面的相对较少。这也是影响我国农业技术推广工作的重要因素之一。公共农业技术更新换代速度上不去，就无法满足农户对公共农业的技术需求。尤其是贫困地区农业发展，除了特色产业所需的关键性技术外，还需要共性技术来维持农户基本农业生产。农业技术源头更新的速度过慢，农户对生产技术所使用的时间越长，对新技术的接纳时间也会越长。当农户使用一项农业生产技术，能保证其与家人过上达标的生活，他就不会轻易采用另一项新的农业技术，因为新的农业技术带有一定的风险性，农户会出现采用新技术是否影响家庭生活稳定性的顾虑，新的农业技术研发投入使用的时间越久，农户对旧的农业技术依赖性越高，这就是公共农业 R&D 投入会影响农业技术推广的原因。

2. 科研院校提升农技推广辐射能力

我们可以发现，国外的科研院校在农技推广中承担的职责有技术示范推广、人才培养和培训、信息咨询服务。我国科研院校在农技推广中的主要内容有科技成果推广、技术支撑服务、信息咨询服务、科技培训等，但是我国科研院校由于有不同的被管辖级别，导致其服务范围受到限制。如一所省属科研院校，其职能涵盖的范围如想要扩大到各市、各县，就需要当地政府主动申请才有可能实现。因此，碎片化的辐射范围是限制各科研院校在农技推广中发挥其职能的重要制约因素。要打破碎片化的制约，当地政府需要主动创造机会与各科研院校合作，链接各科研院校优秀成果辐射至贫困地区。我国科研院校农技推广的典型模式无外乎农业科技专家大院、农村技术承包制、科技特派员制度 3 种模式。基于这几种经典模式，贫困地区政府如何根据本地区实际情况链接科研院校资源下沉至本地，让科研院校发挥主观能动性创新模式带动本地区农业发展，也是考验本地政府发挥穿针引线作用成效如何的一个重要部分。

(三) 培育市场需求拉力端主体

1. 整合壮大农民合作社发展规模

农民合作社依托外生力量引入资源，因地制宜，整合壮大当地合作社，打出品牌效应。贫困地区受限于恶劣的生态环境，无法开展大规模的农业产业化生产。农民合作社把贫困农户聚集起来后可以集中大部分可利用的耕地、人力资源，这是农民合作社发展壮大的前提条件。但是由于当地缺乏技术、缺乏资金等资源，这就需要农民合作社积极寻找可以合作的对象，在合作过程中引入丰富的资金、技术、管理经验等资源流向贫困地区，增强农民合作社发展的硬性条件。在当地政府的支持下，农民合作社开展多方位合作，可以不断形成规模化产业链，在推广农业技术的同时带动贫困地区产业经济的发展，落实精准扶贫中产业扶贫的任务量，增强贫困地区内生发展动力，有利于贫困地区经济可持续发展。精准扶贫中提出要坚持"一村一品""一县一业"的特色，贫困地区农民合作社的发展壮大也需要根据品牌效应方向发展。在农民合作社快速发展的今天，只有坚持产业质量、特色产业才能让农民合作社逐步发展壮大。如四川省南江县某村，全村加入本村农民合作社开展黄羊养殖扶贫产业中，而黄羊产业属于南江县的品牌产业，因此，该村农民合作社得到了当地扶贫政策的优惠倾斜，农民合作社中贫困户可以采用"借羊还羊"的方式参与生产，不仅解决了贫困农户担忧的资金问题和销售问题，吸引更多贫困户加入农民合作社，也扩大了黄羊品牌效应，壮大了农民合作社的发展规模。

2. 挖掘本地涉农企业内生发展力量

积极引进涉农企业，辅助当地扶贫产业。涉农企业本身带有贫困地区所欠缺的技术、资金等资源，引入贫困农村，不仅可以给贫困地区传输技术、资金，还可以把仅限于小农经营的贫困农户组织起来，纳入涉农企业的产业利益链，缓解小农户和大市场的矛盾。涉农企业积极响应当地政府合作需求的同时，亦参与了基层农业技术推广。而农户在学习新的农业技术、增加家庭收入的同时，也逐步参与转向现代化农业集约规模发展方式。贫困地区不仅需要引进涉农企业，还需要不断培育有自身特色的涉农企业，以提升当地产业发展能力。

目前我国各贫困地区由于处于生态环境较为脆弱的地区，在各地独立培育各具特色的涉农企业难度较大，在精准扶贫的大背景下，国家政策极力支持在各贫困农村地区依托外来涉农企业扶助建立起当地涉农企业开展产业扶贫，把分散的农业生产单元组织起来，参与市场竞争，通过农业产业化经营方式组织农民进入市场，不断提升农业生产力。涉农企业与农民合作社都是能把分散贫困农户组织起来的有效形式。因此，无论是"涉农企业＋农户"，还是"农民合作社＋农户"的形式，都在无形之中把贫困地区分散农户组织起来，并把农业生产技术传播至组织中的每一位农户。例如，江西省德安县近年大力发展绿色蔬菜基地产业助力脱贫攻坚，当地采用了"涉农企业＋合作社＋农户＋基地""合作社＋农户""涉农企业＋基地"模式，不仅使蔬菜复种面积逐渐扩大，产品结构出现多元化，而且农民增收明显，建立起了当地蔬菜品牌，形成了规模和效益优势。贫困地区引入涉农企业发展过程中，尤其要注重保障农户利益，增强其面对风险的能力。如四川巴中市某县在扶持农民合作社发展时，出台相应保障政策，由涉农企业提供给贫困户借1只种公羊，20只母羊，两年后还等量羊只且获得5万元以上收入的方式，来提升贫困户内生动力。涉农企业所实行的扶贫方式中，也随之普及了种养技术给贫困农户。

3.扶助发展农业技术推广中介机构

发展贫困地区龙头企业，壮大对农业技术推广中介机构的需求。农业技术推广中介机构的身份就像是"猎头公司"的角色。按照目前的运作方式，技术中介对接最多的是科研机构和企业。因此，要想把技术推广中介的力量吸引过去，贫困地区必须有能够支撑本地产业经济发展的内生龙头企业。精准扶贫工作中要求，龙头企业要对贫困地区的脱贫效果产生明显的作用。这就要求龙头企业积极创新技术与发展壮大产业化规模，把更多的贫困户纳入扶贫产业经济链中。而贫困地区的龙头企业要创新农业生产技术，一般采取技术购买的方式而不是本企业研究技术创新，采取技术购买的方式可以很大程度上减轻企业研究技术创新的成本负担和风险。因此，农业技术推广中介机构此时就可以发挥自身的业务能力，积极寻找与龙头企业技术需求相符合的技术持有者进行对接，给龙头企业带来新的技术力量，供给当地扶贫产业的技术需求。

相关部门出台有效政策，支撑中介机构从考核评估至成功对接全程支持的措施。中介机构在运作上、分配上、承担风险上受到体制束缚较多，难以全身心展开业务发展，刚起步的中介机构大多数时间浪费在跑关系找项目上，层层被筛选过程中所耗费的人力物力等都让技术中介机构难以维持长久的发展，因此，相关优惠的税收、贷款等资金政策的倾斜，可以给这些中介机构周旋的空间，不至于让其在项目对接的过程中出现公司周转困难的情况。除此之外，中介机构不仅要明确甲方与乙方之间的配对需求，也要积极打磨发展自身业务能力，增强自身公信力。农业技术推广中介机构能取得甲方乙方的信任，除了要靠过硬的业务能力外，还需要诚信经营，维护买方与卖方的合法利益，做到公正平等对待双方。我国中介机构发展了20多年，仍然未见明显的发展效果。未来要提升科技中介机构发展效果，还需要政府部门明确其发展导向，出台相应的法律政策，保障引导科技中介机构踏踏实实做好项目对接工作，完善中介机构考核评估和项目对接工作优惠政策措施。

(四) 健全适用多元推广经济系统法律政策

1. 更新保障多元技术推广组织耦合法律

《中华人民共和国农业技术推广法》中规定，国家逐步提高对农业技术推广的投入。要满足新时代农业现代化发展，实现贫困地区脱贫并走向农业产业化发展道路，必须要出台相应的法律法规保障多元参与主体的农业技术推广活动。首先是要出台相应的保障国家基层农业技术推广资源的法律法规。各级人民政府要把财政拨款和农业发展基金中的一部分用于实施农业技术推广项目。此外，要出台保障人力资源的法律法规。各级人民政府要根据当地实际情况，保障国家基层专业农技推广人员的工作、生活条件及工资待遇，有计划地给农业技术推广人员进行技术培训并支持学习进修，不断提高其业务能力，以免出现以农技推广员招聘而被安排去其他工作口的现象。还要保障农业技术推广需要的生产资料、固定场所、推广设备等工作条件，以防物质条件无法满足推广需求。

由于贫困地区缺乏先天自然环境优势与资源开发优势，因此，要更注重以五级推广网络开展的基层农业技术推广工作，借助推广系统法律政策优势补齐贫困农村地区农业现代化发展的短板。政府在多元主体参与农业技术推广的过程中发挥着穿针引线的作用，其他主体需要政府部门进行串联，因此当地政府在与各类主体合作过程中，应出台相应的法律法规，保障并规范各方主体的农业技术推广工作。例如，在精准扶贫过程中，涉农企业或农民合作社把贫困农户聚集起来进行产业化生产，在贷款资金的过程中容易出现"户贷企用"的现象，为了维护贫困农户的合法权益，也为了规范涉农企业的工作，当地政府出台相关规范扶贫小额信贷风险防控政策，切实做好专项督查管理工作，充分维护贫困户权益。目前农业技术推广多元主体模式涉及的参与主体包括政府、农民合作社、科研院校、涉农企业等，政府的牵头主导作用方向明确，在维护贫困户合法权益同时，要根据当地实际情况完善保障各方主体的法律与政策，引导各方主体参与到国家基层农业技术推广体系建设工作中。

2. 制定配套多元技术推广组织激励政策

2017年农业部办公厅发布《2017年全国基层农技推广体系改革与建设补助项目绩效考评实施方案》，注重对补助项目在基层农技人员能力提升、基层农技推广体系建设、农技推广服务信息化建设等方面的考核。考核时间主要在项目实施重要节点进行，重点围绕基层农技推广体系建设方面，进行指标绩效考评。从2012年至今，农业部持续发文强调在补助项目上各基层农技推广体系的考核标准，以激发基层农技推广体系的活力。在贫困地区全面实施农技推广特聘计划，要求完善《特聘农技员考核管理办法》等规章制度，细化特聘农技员的任务及薪酬考核管理。

目前，贫困地区基层农业技术推广机构大多采取在本市、本县、本村村委会建立相应的技术培训学校、夜校，建立农业技术推广队伍，一名技术推广员负责对应的贫困农户，整个队伍覆盖全村从事农业生产的农户。例如，四川巴中市某县成立村政培训学校，依托职业技术学校举办村级后备干部人才专修班培训培养"村官""技术能人"，用3年时间培训村级后备干部和扶贫人才2000多人，确保每个村至少有2个以上经过专业培训的后备干部和技术人才带头人。再者，政府选派156名农技员、42个农业技术巡回服务小组、7个农业专家服务团到贫困村开展农技推广服务。此外，政府还出台相应的专业技术人才参与脱贫攻坚的政策条例，引导各参与主体的专业技术人员到贫困农村一线参与技术指导、技术推广、业务培训等。在提升自身农技推广服务能力同时，政府出台相应的激励政策吸引多元主体技术推广人才参与一线推广工作，弥补了基层农技推广机构工作缺乏创新的短板。以政府为主导，纳入农业科研院校、市场化经济实体等多元主体参与贫困地区农业技术推广工作，不仅可以提升贫困地区精准扶贫成效，也可以给贫困地区链接资源提升其内生动力。除此之外，政府在其中的穿针引线作用，耦合多元主体力量参与农技推广工作的角色也需要当地政府不断加强。当多元主体在政府的联结之下形成合力，无疑给贫困地区的农业技术推广体系增添了活力。

第三节　农业技术推广的强化措施

在全国范围内实施乡村振兴战略，是党的十九大做出的重要部署，是"三农"工作的纲领性、指导性方针，对于推动实现"两个一百年"的奋斗目标、消除绝对贫困、达到共同富裕具有重要意义。

乡村振兴突出农业农村发展的优先地位，从农业发展、生态环境、乡村风貌、区域治理及生活水平等多个方面入手，以"产业、人才、文化、生态、组织"为抓手，促进城乡发展一体化，最终实现农业农村现代化及共同富裕的目标。农村要发展，必须有高度发展的农业为基础，以科技兴农，推动农业技术革新，将新技术应用于农业生产中，是实施乡村振兴战略的重要一环。

一、农业技术推广的意义

农业产业振兴是乡村振兴的物质基础，推动农业产业发展、打牢农业产业基础、提升优势产业力量、引进新型产业思路，是推动农业产业结构模式调整、促进农业科学发展的重要保障。将农业与工业、服务业等融合发展，提升农业的产业链、市场链、交易链等关联效应。

（一）有利于农业结构优化升级

若某一地区的农业产业单一，则其对抵御自然灾害、市场波动及政策调整等不利因素的能力较差，一旦出现风险，就会导致该地区整个农业产业体系遭受严重打击。为促进产业合理化发展，应优化农行结构与空间布局，带动多个产业链的发展，如粮食产业可以将谷物类与蔬菜、食用菌、畜牧养殖等协同发展，使安全、健康、品质等产品质量概念深入人心，向品牌化、集约化发展。农业技术推广可以为农民带来高效的生态农业，这些正是推动农业结构优化升级的强大力量。

（二）有利于做大农业特色产业

多数地区为消除农业发展的桎梏、提高农业发展的动力，需要进行产业领域改革，突破行政区划限制，因地制宜地发展特色产业，减少同类化与同质化的制约。结合各地自身的区域、气候、土壤、市场等特点，制定适合自己发展的特色产业，打造属于本地的地理标识产品，提高产品的知名度，打开销售市场，吸引更多社会力量参与，将产业链做大，把产业红利让更多人分享，带动当地就业与其他产业良性循环，促进产业经济发展。特色产业无论是否成熟，想要打造成特色产品，农业技术推广是必不可少的，技术人员不仅带来先进的培育经验，更是带动特色产业发展的中坚力量。

二、农业技术推广的强化措施

（一）政府发挥好技术推广引导作用

农业技术推广是为了带动本地农业及其他产业发展。为突出农业技术推广的公益性，需要政府做好服务，并加大人力、物力、财力的投入。农业产业的发展，农民是主体和最终执行者，但同时需要政府的引导，才能形成产业链，发挥产业集群的作用。

1.加强组织体系的主导作用

为加强组织体系的主导作用，政府需要做好以下三个方面的工作。

（1）针对当地特色制订乡村振兴规划与农业产业发展规划，将其作为政府持续性的工作任务来抓。

（2）及时做出政策的制定与解读，引导农民向新兴产业、特色产业进军。

（3）鼓励更多的社会资源来到基层，加入农业技术推广的队伍中。

2. 做好人员与资金保障

（1）定期开展评优活动，对在农业技术推广中取得较好社会效益、经济效益等优秀的乡镇农业技术人员给予适当奖励。

（2）为农业相关专业的毕业生创造优惠条件，鼓励他们可以深入基层锻炼，把人才留在农业技术推广单位。为从事农业技术推广的人员设立更多的岗位，提升其待遇水平。

（3）将农业技术推广的相关经费纳入各级财政预算，足额保障，并不断加大投入。

3. 做好产业发展宣传与兜底作用

农业技术推广的应用，需要较长的时间与周期才能发挥明显的作用，政府部门做好相关的宣传工作，带动农民发展产业的积极性，鼓励他们使用高效机器、发展新技术、生产新产品。在农业生产遇到困难时，政府要做好兜底保障工作，确保不因产业调整或其他不利因素影响农民生活，给予他们在使用新技术与新成果时更多的信心。①

（二）用市场机制促进产业发展

农民投身于农产品的生产，对于市场的需求并不掌握，若技术人员也对市场预判不足，会直接影响产品的销售，因此，农业技术推广工作者应将市场机制引入给农业技术革新。

1. 掌握农民的需求

各地的农业发展具有很强的地域特点，之所以形成长期的生产习惯，也是由于农民的需求。农业技术推广人员应提前做好调查，与农民加强沟通，建立畅通的信息收发渠道，在开发研制新技术与新产品时，广泛征求农民的意见，了解农民对新技术、新产品持有的观点，同时让农民清楚产品的生长周期、投入及价格等因素，并根据他们的意见做出适当调整。

2. 以市场行为引导产业发展

当前产业化的形成多由政府引导，但是政府的分析往往存在滞后的弊端，因此，采取市场引导的方式势在必行。把农产品的生产、运输、销售等

① 徐晓龙. 乡村振兴战略背景下农业技术推广的强化措施 [J]. 南方农业，2021, 15 (29)：50-51.

环境引入企业化的模式，让更多的专业技术人员可以参与到产业发展中，创建农村科技一条龙服务，让农民掌握产业发展中自身的责任，在市场的指挥下促进他们及时调整思路，最终遵循市场经济规律形成产品利益共享、市场风险由多方共担的模式。

(三) 加强教育，提升推广人员素质

新品种的研发、新环境的要求、新市场的变化都给专业技术人员带来挑战，在服务机构从事农业技术推广的一线人员，应定期参加学习、培训，不断提升能力，帮助农民解决新的问题。

从事农业新技术研发的多是农业类高校的教师和企业的研发人员，研发需要大量的实验与实践。为贯彻落实乡村振兴对科技创新的要求，高校应组建研发团队，鼓励优秀的教师加入团队中，为他们创建研发的平台，做好与其他专家的沟通，积极联系有关部门，为研发团队创造良好的工作条件，积极争取专项资金支持研发团队的工作，给予他们最好的保障。农产品研发、加工、销售等企业也应立足本单位的工作特点，从满足市场需求出发，邀请专家指导，潜心研发更多科技含量高的产品，对此类企业，政府可以采取对其减免部分税费的方式，鼓励其不断推陈出新。

(四) 推进农业技术推广体系革新

当前农业技术推广的主要运行方式是政府部门设置的专门机构全程负责，是一种公益性行为。这种方式存在以下两个弊端：第一，忽视了市场的作用，对市场的嗅觉不敏感；第二，薪酬制度的不合理，影响了技术人员的积极性。

采取政府主管，全社会共同参与的方式，让农业技术推广工作体现公益性、市场性，促使该项工作更加专业、科学、规范。

改革对人员的考核方式，将绩效考核的方式运用在工作评价中，将其作为薪酬与晋升、职称评审等涉及个人利益的重要依据，这有利于提升推广人员工作的积极性，激发他们的工作动力，发挥其创新工作方式的潜力。在农业技术推广机构合理设置专门岗位以外，还可以聘用更加专业的高校教师或企业研发人员共同来指导工作，让专岗与聘岗人员之间实现多交流，互相

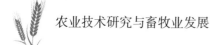

学习。

　　实施乡村振兴战略，是推动我国农业农村发展现代化最重要的途径。农业产业化发展是农产品生产服务高度市场化、融合化和系统化的重要内容。在乡村振兴战略的不断推动下，农业技术推广工作将越发重要，相信在政府的引导下，社会各领域都能共同参与，实现技术推广的联动效应，从而促进乡村振兴政策贯彻到底。

第六章　现代农业推广的管理与服务研究

第一节　农业推广人员的管理

农业推广人员肩负着传播农业科技知识、提高农民科技文化素质、促进科技成果转化的历史使命。推广人员的素质高低是决定推广工作成败的主要因素。农村经济、科技和社会的进步，对农业推广人员的素质相应提出了更高的要求。

一、农业推广人员的素质要求

(一) 农业推广人员的职业道德

1. 热爱本职，服务农民

农业推广是深入农村、为农民服务的社会性事业，它要求推广人员具有高尚的精神境界、良好的职业道德以及优良的工作作风，热爱本职工作，全心全意地为发展农村经济服务，为帮助农民致富奔小康服务，争做农民的"智多星"和"贴心人"，把全部知识献给农业推广事业。

2. 深入基层，联系群众

离开了农民就没有农业推广工作，推广人员必须牢固树立群众观念，深入基层同群众打成一片，关心他们的生产和生活，帮助他们排忧解难，做农民的"自己人"，同时要虚心向农民学习，认真听取他们的意见和要求，总结和吸取他们的经验，与农民保持平等友好关系。

3. 勇于探索，勤奋求知

创新是农业推广不断发展的重要条件之一。要做到这一点，首先要勤奋学习，不断学习农业科学的新理论、新技术，特别在社会主义市场经济日趋发展的今天，还要善于捕捉市场信息，进行未来市场预测，帮助农民不断接受新思想，学习新知识，加速知识更新，在实践中有所发现、有所发明、有所创新、有所前进。

4.尊重科学，实事求是

实事求是是农业推广人员的基本道德原则和行为的基本规范。在农业推广工作中要坚持因地制宜、"一切经过试验"的原则，坚持按科学规律办事的原则，在技术问题上要敢于坚持科学真理。

5.谦虚真诚，合作共事

农业推广工作是一种综合性的社会服务，不仅依靠推广系统各层次人员的通力合作，而且要同政府机构、工商部门、金融信贷部门、教学科研部门协调配合，还要依靠各级农村组织和农村基层干部、农民技术人员、科技示范户和专业户的力量共同努力才能完成，因此，要求农业推广人员必须树立合作共事的观点，严于律己，宽以待人，谦虚谨慎，同志之间要互相尊重、互相帮助。

(二) 农业推广人员的业务素质

1.学科基础知识

目前，我国农业推广人员多为某单一专业出身，所学知识过细过窄，远远不能适应社会主义市场经济发展的需要。要求农业推广人员应具有大农业的综合基础知识和实用技术知识，既要掌握种植业知识，还要了解林、牧、副、渔甚至农副产品加工、保鲜、贮存、营销等方面的基础知识和基本技能。不仅熟悉作物栽培技术(畜禽饲养技术)，还要掌握病虫防治、土壤农化、农业气象、农业机械、园艺蔬菜、加工贮存、遗传育种等基本理论和实用技术，才能适应农村和农民不断发展的需要。

2.管理才能

农业推广的对象是成千上万的农民，而推广最终的目标是效益问题，所以农业推广人员做的工作绝不是单纯的技术指导，还有一个调动农民的积极性和人、财、物的组织管理问题。农业推广人员必须掌握教育学、社会学、系统论、行为科学和有关管理学的基本知识。要学会做人的工作，如人员的组织、指挥、协调，物资的筹措和销售，资金的管理和借贷，科技(项目)成果的评价和申报等，方可更好地提高生产效益和经济效益。

3. 经营能力

在社会主义市场经济条件下，农业推广人员有帮助农民群众尽快走上富裕道路的义务，使广大农民既会科学种田（养殖），又会科学经营。这就要求农业推广人员必须学好经营管理知识和技术，加强市场观念，了解市场信息，学会搜集、分析、评估、筛选经济信息的本领，以便更好地向农民宣传和传授。同时，还要搞好推广本身产、供、销的综合服务，达到自我调节和自我发展不断完善的目标。

4. 文字表达能力

文字是信息传递的主要工具之一，写作是推广工作进程的文字体现，也是成果评价和经验总结的最好手段。农业推广人员必须具备良好的科技写作能力，要掌握科技论文、报告、报道、总结等文字的写作本领。

5. 口头表达能力

口头表达能力和文字表达能力同等重要，是农业推广人员的基本功之一。在某些方面和某些场合，口头表达能力的高低，直接影响着推广进程和效果。特别是我国目前大部分农民文化素质低，口头表达能力就显得特别重要。这是因为，口头表达能力可以增强对农民群众的吸引力，使之更快地接受农业技术并转化为现实生产力。

6. 心理学、教育学等基础知识

农业推广是对农民传播知识、传授技能的一种教学过程。农业推广人员是教师，必须具备教育科学知识和行为科学知识，摸清不同农民的心理特点和需要热点，有针对性地结合当地现实条件进行宣传、教育、组织、传授。只有要求农业推广人员懂得教育学、心理学、行为学、教学法等基本知识，才能更好地选择推广内容和采用有效方法。

二、农业推广人员的职责

各级农业推广组织及人员均有自己的职责范围，以便有效地开展工作，也便于监督检查。

(一) 各级推广人员的职责

1. 全国性及省、地 (市) 级农业推广人员的职责

(1) 主要负责编制全国和本省、本地区的农业推广工作计划、规划, 经农业部领导或有关部门审批后列入国家及省、地 (市) 计划, 并组织实施。

(2) 按财政管理体制编报农业推广的基建、事业等经费和物质计划。

(3) 加强各级农业推广体系和队伍建设, 逐步形成推广网络。

(4) 检查、总结、指导所辖区域的农业推广工作。

(5) 制定农业推广工作的规章制度, 组织交流工作进修和培训。

(6) 加强与科研、教学部门的联系, 参加有关科技成果的鉴定。

(7) 负责组织或主持有关重大科技成果和先进经济的示范推广。

2. 县级农业推广人员的职责

(1) 了解并掌握全县农业推广情况, 做好技术情报工作, 调查、总结并推广先进技术经验, 引进当地需要的新技术, 经过试验、示范, 然后推广普及。

(2) 选择不同类型的地区建立示范点, 采用综合栽培技术, 树立增产增收样板。

(3) 培训农村基层干部、农民技术员和科技示范户, 宣传普及农业科技知识, 提高农民科学种田和经营管理水平, 帮助乡 (镇)、村建立技术服务组织。

3. 乡镇农业推广人员的职责

(1) 负责制定乡镇种植业生产的发展规划、生产计划、生产技术措施。

(2) 开展农业政策、法律法规宣传, 组织农业技术培训, 开展关键技术及新品种、新技术的引进、试验、示范、推广, 农作物病虫害及灾情的监测、预报、防治和处置活动。

(3) 负责农产品生产过程的质量安全检测、监测; 提供农业技术、信息服务; 指导群众性科技组织和农民技术人员的农业技术推广活动。

4. 村级农业推广人员的职责

开展村级农技服务和农民信箱日常工作, 主要负责行政村的农技服务、联络和指导工作。

(二) 各级农业技术职务

按照我国目前情况，农业技术职务 (职称) 分为技术员、助理农艺师、农艺师、高级农艺师和推广研究员五个级别。

1. 农业技术员的职责

参与试验、示范等技术工作，承担试验、示范工作中的技术操作，并在技术推广中指导生产人员按照技术操作要求进行操作，并正确地进行记载和整理技术资料。

2. 助理农艺师的职责

制订试验、示范和技术工作计划，组织并参与实施，对实施结果进行总结分析；指导生产人员掌握技术要点，解决生产中一般的技术问题；撰写调查报告和技术工作小结。

3. 农艺师的职责

负责制订本专业主管工作范围内的技术工作计划或规划，提出技术推广项目，制定技术措施；主持或参与科学试验及国内外新成果引进试验和新技术推广工作，解决生产中的技术问题，并对实验结果和推广效果进行分析，做出结论；撰写技术报告和工作总结；承担技术培训，指导、组织初级技术人员进行技术工作。

4. 高级农艺师的职责

负责制订本部门或本地区主管工作范围内的生产发展规划，从理论和实践上进行可行性分析、论证，并指导或组织实施；提出生产和科学技术上应采取的技术措施，解决生产中的重大技术问题；审定科研、推广项目，主持或参与科学技术研究及成果鉴定；撰写具有较高水平的学术、技术报告和工作总结；承担技术培训，指导、培养中级技术人员。

三、农业推广人员的管理

农业推广人员的管理就是对农业推广人员的发现、使用、培养、考核、晋升以发挥其主动性和积极性，从而提高工作效率，多出成果、快出人才的过程。

(一) 农业推广人员管理的内容

1. 合理规划与编制

规划与编制是培养和选拔农业推广人员、组织和建设农业推广队伍的依据，是农业推广人员管理的首要环节。农业推广队伍的规划要与农业推广事业的发展规划相适应，满足农业推广事业的需要。农业推广队伍的发展规划要通过编制来实现，定编原则如下。首先是编制与任务相适应，即根据任务按一定规模、比例确定人员编制。其次是依据最佳组织结构，确定各人员在质和量上的要求。再次就是精干，以最佳比例、最小规模搭配人员，发挥最大效能。目前我国农业推广单位确定的高、中、低三级农业推广人员的比例以 1 : 2 : 3 为宜；最后，编制要相对稳定，但人才可以合理流动。

2. 合理选配农业推广人员

选拔、调整和配备农业推广人员是管理的重要环节，选配时应遵循下面几条原则：一是要爱惜人才，把人才视为事业中最宝贵的财富，最大限度地发挥人的才能，并且要适当照顾人的情趣；二是调配要有计划，既考虑当前，又考虑长远；三是专业、职责、能级、年龄结构要合理；四是选人要多渠道、多途径，选才广泛，用才适当。

3. 恰当使用农业推广人员

农业推广人员的恰当使用是管理的核心。只有使用恰当，才能调动积极性。必须坚持任人唯贤的原则，不搞任人唯亲。第一，要了解每个农业推广人员的品质、才能、长处和短处，尽量做到扬长避短；第二，了解每个农业推广人员的特点，依据其特点和爱好，恰如其分地安排工作、职务，即知人善任；第三，要做到对农业推广人员不嫉贤妒能，求全责备。只有这样才能做到合理使用，发挥最佳效能。

4. 培养提高

对农业推广人员的培养提高，应成为农业推广人员管理的重要内容。科学技术发展迅速，知识日新月异，知识更新周期越来越短，农业推广人员需要接受再教育，否则不仅适应不了农业发展、农村经济发展的需要，还会造成推广队伍老化、知识老化，直接影响农业推广工作的效率。

5.农业推广人员的考核

考核是对农业推广人员工作的评价，正确的考核可以起到鼓励先进、督促后进的作用，同时也可推动人才合理使用。目前主要的考核是指对农业推广人员的实际水平、能力和贡献作客观科学的评价，即包括水平考核、能力考核和实绩考核三个方面。

（二）农业推广人员管理的方法

1.经济的方法

农业推广人员管理中使用的经济方法，属于微观领域中的经济管理方法，即按照经济原则，使用经济手段，通过对农业推广人员的工资、奖金、福利和罚款等来组织、调节和影响其行为、活动和工作，从而提高工作效率的管理方法。

2.行政的方法

行政的方法就是指依靠行政组织的权威，运用命令、规定、指示和条例等行政手段，按照行政系统、层次的管理方式，以鲜明的权威和服从为前提，直接指挥下属工作。行政方法在某种程度上带有强制性。要想有效地利用行政方法来管理农业推广人员，应将行政方法建立在客观规律的基础上，在做出行政命令之前，必须做大量的调查研究和周密的可行性分析，使所要做出的命令或决定正确、科学、及时和有群众基础。

3.思想教育的方法

思想教育的方法是我们国家在管理中的传统办法。农业推广人员的思想教育方法，就是通过思想教育、政治教育和职业教育的方法，使农业推广人员的思想、品德及时得到改进，使他们成为农业推广目标所需求的合格者。常采用的做法包括正面说服引导法、榜样示范和情感陶冶法等。

4.精神激励法

在许多情况下，人们对工作的兴趣、对自己职业重要性的认识、对自己劳动的社会地位的认识，以及对集体的热爱等，从根本上说要比工资和其他物质性的刺激对他们的影响来得大。尤其是广大农业推广人员，相当数量的人在工作、生活条件艰苦，待遇明显较低的情况下勤劳地为农业推广事业奉献，当他们的工作取得成绩，获得社会承认，受到群众欢迎和尊重时，他们的工作热情会更大限度地发挥出来，再苦再累也心甘情愿，这就是精神激励所致。所谓精神激励，就是通过一些刺激引起人的动机，使人产生一股内在动力，朝着所期望的目标奋发前进。

5. 法律的方法

法律是国家进行管理的重要方法措施之一。农业推广人员管理的法律方法，除要求每个农业推广人员必须严格遵守国家颁布的各项法律外，还包括严格遵守农业推广方面的地方法规。就农业推广组织而言，应该根据国家的法律、法规制定自己的管理措施，保证农业推广工作正常运转，保证农业推广队伍的稳定，使农业推广工作受到法律保护，同时使每个农业推广人员主动做到有章可循、有法可依。

6. 农业推广人员的资格地位

根据联合国粮农组织建议：①农业推广人员的工作资格应和农业科研人员一致；②在专业职称和相应等级的任命上一致；③在给予相应的奖励和表彰方面一致；④在提供专业晋级方面的机会一致。

第二节　农业推广经营服务

一、农业推广经营服务的指导思想和基本原则

(一) 指导思想

农业推广经营服务的主要目的包括：

第一，通过农业推广机构全程系列化服务，解决农民生产和生活中的各种实际问题，以保证农业生产各个环节的正常运转，实现各生产要素的优化组合，获得最佳效益。

第二，增强推广机构的实力与活力，提高推广人员的工作和生活待遇，稳定和发展推广队伍，促进农业推广事业的发展。

农业推广经营服务的指导思想，应以服务农民为宗旨，促使推广机构或人员与农民形成利益共同体，依靠一种新的机制推动农业生产和农村经济的发展。

(二) 基本原则

1. 盈利性原则

作为一个经营性组织，要想在市场中立于不败之地并寻求发展，必须以盈利为第一原则，如果常年亏损，自身都难以维持，就不可能为农业、农民、农村提供良好的服务。

2. 技物结合原则

推广项目的实施需要相应的物资、资金等方面的配套投入，同时也要推广一些物化技术，推广机构应充分利用自身优势，通过技术的物化和技术与物资的配套，实现技术经营中的效益。

3. 农民自愿性原则

推广项目的产出效果在很大程度上取决于实施过程中使用者的能动性，自愿才能自觉，才能按规程操作，达到应有的产出效率。技术的经营服务不能实行强迫命令。

4. 符合地区产业发展政策原则

推广项目因地制宜，与地区经济发展紧密结合，与地区产业发展政策协调一致。

5. 适应农民需求层次原则

推广项目要因人而异，要充分考虑农民素质、经济条件和承受能力，力求简单易行，经济实惠。

二、农业生产经营服务的业务范围

(一) 产前提供信息和物资服务

产前是农民安排生产计划，为生产做准备的阶段。一方面，农民需要了解有关农业经济政策、农产品市场预测 (价格变化、贮运加工、购销量等)、生产资料供应等方面的信息，使生产计划与市场需要相适应。另一方面，农民需要有关服务组织提供种子、化肥、农药、薄膜、农机具、饲料等，以赢得生产的主动权。

推广部门应根据农民的需要，广泛收集、加工、整理有关信息，并及时通过各种方式传递给农民。同时积极组织货源，做到"既开方，又卖药"，向农民供应有关生产资料，并介绍其使用方法。

(二) 产中提供技术服务

产中技术服务就是根据农民的生产项目及时向农民提供新的科技成果和新的实用技术。服务的方式包括规模不等的技术培训、印发技术资料、制定技术方案、进行现场指导、个别访问、声像宣传、技术咨询以及技术承包等。

(三) 产后提供贮运、加工和销售服务

推广部门组织产后服务方式有：

一是采取直接成交或牵线搭桥的办法，帮助农民打通农产品的内外贸易销路。

二是发展以农林牧水产品为原料的农产品加工业，帮助建立龙头企业，延长农业的产业链。发展农产品加工，不仅可以实现产品的增值，同时还是安排农村和城镇剩余劳动力的重要途径。

三是贮藏保鲜，可延长产品的供应期，以调剂余缺，增加收入。

四是运输，把农产品运销出去，变资源优势为商品优势。产后服务的潜力很大，农业商品经济越发达，对产后服务的要求就越高。

三、农业推广经营服务中的营销观念

(一) 用户观念

现代市场观念的核心，就是要树立牢固的用户观念。"用户是上帝"，农业推广机构必须以农民的需要为出发点，改变过去那种只对上级负责，不对农民负责、不对市场负责的做法，把立足点转移到为农民服务、对农民负责方面来，时刻想着农民的需要，按农民的需要安排自己的经营，并对农民提供各种完善的服务，这样的经营服务才有生命力。

(二) 质量观念

质量是经营持续的第一需要，农民要求农业推广机构所提供的项目、技术、商品物美价廉、货真价实。农业推广经营必须靠质量求生存，以质量求发展。

(三) 服务观念

服务既是推广机构向农民履行保证的一种手段，又是生产功能的延伸。通过优质服务，拓宽销售渠道，是推销产品的一种行之有效的方法。

(四) 价值观念

以价值尺度来计算经营活动中的劳动消耗 (包括物化劳动和活劳动等)，并同其产出的成果进行分析比较，个别成本低于社会成本，这时经营服务才会有利可图。

(五) 效益观念

农业推广经营服务的基本点应该是社会"所需"，这样农业推广机构的"所费"才是有效劳动，否则，作为经营者是无效益可言的。效益观念要求农业推广经营服务要体现价值和使用价值的统一，生产和流通的统一，增产和节约的统一，实现了投入与产出的最大化，才算真正体现了效益。

(六) 竞争观念

在市场经济的条件下，任何经营服务都承受着激烈的外部竞争压力，同时也存在参与竞争的广阔领域和阵地。农业推广机构必须牢固树立竞争观念，不断提高自己的竞争能力。只有积极参与竞争，才会争得市场的一席之地。要敢于竞争、善于竞争，主动适应瞬息万变的市场，最终争得更多的用户，以保证经济效益的不断提高。

(七) 创新观念

农业推广机构为了求生存、求发展，必须开动脑筋，多创新意，独辟蹊径。同时，不断地对新的科研成果和技术进行适应性改造，制定出完善的推广配套措施，并通过媒介宣传激发农民兴趣，争取用户，影响市场，开拓市场，创造市场，从而使自己在同行业竞争中处于领先地位。

（八）信息观念

市场经济就是知识和信息经济，很难想象，一个不懂信息的人能在竞争激烈的市场中站稳脚跟。特别是农业推广工作，由于其要承受自然和经济双重风险，把握信息就显得更加重要。

（九）时效观念

农业推广服务要在快、严、高上下功夫。所谓快，指的是对市场的变化反应要快，决策要快，新产品开发要快，老产品的更新要快，产品的销售也要快。快了就主动，快了就能抓住战机，否则，一步跟不上，步步跟不上，永远处于被动地位。所谓严，即要求经营服务计划严密，各要素、各部门、各环节都要按经营计划有序地进行，以便生产出高质量的产品，充分满足社会的需要。所谓高，就是要求工作效率要高，工时利用率要高，工作计划性和准确性要高。同时，对各项工作要求规范化、标准化和合理化。

（十）战略观念

在战略和战术问题上，超前的战略显得更为重要。每一个农业推广机构都应构建独特的战略观念，形成完整而统一的经营思想，这是搞好农业推广经营服务的前提。

四、农业推广经营服务的程序

（一）了解农业发展的法律、法规和政策

法律、法规和政策是政府进行宏观调控的重要手段，是影响和指导经济活动并付诸实施的准则。农业推广经营服务中需要重点了解的法律、法规和政策有：

(1) 关于发展农业和农村经济的一切法律、法规，必须依法经营。

（2）关于农资供应与服务方面的政策，如关于农药、兽药、化肥、种子、农膜、农机等农业生产资料的各种条例、规定等。经营服务者要及时了解并依此指导安排生产和销售，确保消费者的权益。

（3）关于农村信贷、税收方面的政策。政府是按照扶植农业生产、增加农业投入和减轻农民负担的原则制定农村信贷、税收政策的。经营服务部门可以充分利用政策提供的优惠条件，发展那些得到资金扶植和税收减免的推广项目，以取得长期的经济收益。如关于农村信贷资金投向政策、关于农业税征收及减免政策、关于农林特产税的政策等。

（二）认真分析市场环境

市场环境是指影响农业推广经营服务的一系列外部因素，它与市场营销活动密切相关。农业推广经营服务部门根据这些因素来分析市场需求，组织各种适销对路的农业推广项目满足农民需求，并从市场环境中获取各种物化产品，组成各种推广配套措施，再通过外部各种渠道，送到农民手中。对市场环境进行分析，就是对构成市场环境的各种因素进行调整和预测，明确其现状和发展变化趋势，最后得出结论，确定市场机会。市场环境因素很多，通常包括以下六种。

1. 人口因素

人是构成市场的首要因素，哪里有人，哪里就产生消费需求，哪里就会形成市场。人口因素涉及人口总量、地理分布、年龄结构、性别构成、人口素质等诸多方面，处于不同年龄段的人、处于不同地区的人消费就不同。农业推广机构一定要考虑这些变化，按照需求来安排经营服务。

2. 经济因素

在市场经济条件下，产品交换是以货币为媒介的，因此，购买力的大小直接影响人们对产品的需求。在分析经济因素时，应注意多方面考虑各阶层收入的差异性，人们消费结构受价格影响的程度，老百姓储蓄的动机等。在国外，民众可以借钱消费，被称为消费信贷，这种形式在我国目前仅限于住房信贷，估计将来会有发展，也应予以注意。此外，从整个国家看，整体经济形势对市场的影响也很大。经济增长时期，市场会扩大；相反，经济停滞时，市场会萎缩。

3.竞争因素

竞争是市场经济的基本规律，竞争可以使推广经营服务不断改进、提高质量、降低成本，在市场上处于有利地位。竞争是一种外在压力，竞争涉及竞争者的数量、服务质量、价格、销售渠道及方式、售后服务等诸多方面。在经营中，应将竞争对手排队分类，找出影响自己的主要对手，并针锋相对地选取对策来对付竞争，力争在竞争中获胜。从长远看，要不断调整竞争策略，如人无我有，人有我优，人优我廉，人廉我转，人转我创。

4.科技因素

科学技术是第一生产力，农业的发展很大程度上依赖技术进步。例如，地膜覆盖技术与温室大棚的推广应用使得一年四季都能生产蔬菜，保证蔬菜常年均衡供应，使淡季不淡。在科学技术飞速发展的时代，谁拥有了技术，谁就占领了市场。

5.政治因素

政治因素指国家、政府和社会团体通过计划手段、行政手段、法律手段和舆论手段来管理和影响经济。其主要目的有三：一是保护竞争，防止不公平竞争；二是保护消费者的权益，避免上当受骗；三是保护社会利益。农业推广机构必须遵纪守法，合法经营，以求长远发展。

6.文化因素

不同文化环境、不同文化水平的阶层有不同的需求。文化环境涉及风俗习惯、社会风尚、宗教信仰、文化教育、价值观等。

（三）在细分市场中确定目标市场

作为经营服务者，所考虑的只是买主，也就是把购买者当作市场。不同的购买者由于个性、爱好和购买能力、购买目的不同，在需求上存在一定的差异，表现为需求的多样化。如果把需求相近的购买者划分为一类，就是细分市场。

经营者可以根据细分市场的需求，来组织适销对路的推广项目和配套措施，并采取适当的营销方法占领这一市场，以取得较大份额和最好的经营效果。确定目标市场一般分三个步骤。

1. 预测目标市场的需求量

既要预测出现实的购买数量，也要对潜在增长的购买数量进行预测，进而测算出最大市场需求量。其大小取决于购买者——农民对某种推广项目及配套措施的喜好程度、购买能力和经营服务者的营销努力程度。经营服务者根据所掌握的最大需求量，决定是否选择这个市场作为目标市场。例如，某种苗公司在细分市场的基础上，依据农户种植状况将某村农户分为葡萄种植户、养鸡户、种粮户三类。分别对这三类农户进行调查，最后选择需求量较大的葡萄种植户作为目标市场，并以葡萄苗为主销目标，按照市场需求组合推广配套措施，取得了较好的收益。

2. 分析自己的竞争优势

市场竞争可能有多种情况，如品牌、质量、价格、服务方式、人际关系等诸多方面的竞争，但无外乎两种基本类型：一是在同等条件下比竞争者物价低；二是提供更加周到的服务，从而抵消价格高的不利影响。经营服务者在与市场同类竞争者的比较中，分析自己的优势与劣势，尽量扬长避短，或以长补短，从而超越竞争者占领目标市场。

3. 选择市场定位战略

经营服务者要根据各目标市场的情况，结合自身条件确定竞争原则。第一种是"针锋相对式"的定位，即把经营产品定在与竞争者相似位置上，同竞争者争夺同一细分市场，你经营什么，我也经营什么，这种经营战略要求经营服务者必须具备资源、成本、质量等方面的优势，否则在竞争上可能失败。第二种是"填补空缺式"的定位，即经营服务者不去模仿别人，而是寻找新的、尚未被别人占领，但又为购买者所重视的推广项目，采取填补市场空位的战略。第三种是"另辟蹊径"式的定位，即经营服务者在意识到自己无力与有实力的同行竞争者抗衡时，可根据自身的条件选择相对优势来竞争。

五、运用农业推广营销组合，以整体战略参与市场竞争

农业推广的营销组合，即农业市场营销的战略与战术的有机组合，它是市场营销理论体系中一个很重要的概念。推广机构把选定的目标市场视为一个系统，同时也把自己的各种营销策略分解归类，组成一个与之相对应的

系统。在这一系统中，各种营销策略均可看作一个可调整的变量。概括出四大基本变量——产品、地点、促销和价格，这就是著名的"营销4P"，市场营销组合就是"4P"各个变量的组合。经营服务者的营销优势在很大程度上取决于营销策略组合的优势，而不是单个策略的优势。经营服务者在目标市场上的竞争地位和特色则是通过营销组合的特点充分体现出来的。

(一) 产品 (Product) 策略

农业推广经营必须选择适销对路的产品技术物化为产品，用产品去创造市场、引导市场、占领市场。农业推广机构和农技中介机构应该开动脑筋，积极开发出市场需要的、有利于增加农民收入、改善农民生活质量、稳固农业根基、繁荣农村经济的服务项目和产品。

(二) 地点 (Place) 策略

地点策略就是营销的渠道策略，即如何选择产品从制造商转移到消费者的途径。在农业推广营销中，生产、消费、销售在时空上是交错在一起的，尽管推广机构的总部可以放在城市的大学或研究院里，但其工作场所应放在农村经济发展的第一线。

(三) 促销 (Promotion) 策略

过去，人们对促销的概念有一定的偏见，认为它是一种用广告等手段美化产品而让消费者购买他们原本不想买的东西。随着市场经济的不断深化和规范化，农民对促销有了一定程度的认识。实际上，促销就是推广机构运用各种传播信息的媒体，将自己所能提供的服务传送到目标市场，并引起农民的兴趣，激发农民的动机，满足农民的需要，达到服务的目的。

(四) 价格 (Price) 策略

在农业推广的营销组合中，价格可能是最难处理的一个问题。以往农业推广大多是无偿服务，势必造成了推广机构没有成本观念，农民无偿采用，也没有购买观念。引入市场营销价格策略后，尽管我国知识产品、信息服务、智能服务的价格构成还不规范，但有偿的本身就具有一定的意义。这样，不但推广机构会提高工作效率、充实内容、选择合适项目，对于参与的农民也是一种促进。这一策略必须考虑目标市场上的竞争性质、法律政策限制、购买者对价格的可能反应，同时也要考虑折扣、折让、支付期限、信用条件等相关问题。定价是具有重要意义的决策，需要审慎认真。

我们在讨论这四个 P 时，可以有不同的顺序，这里的排列顺序反映出这样一种思维逻辑：首先开发出一种能满足目标市场需求的项目，随后寻找合适的项目执行地点；接着运用各种手段唤起农民注意，激发兴趣，消除疑虑，促进购买；最后，根据农民的预期反应和执行结果来确定费用补偿型或正常盈利型"价格"。

以上四项策略都是市场营销组合的四个可变因子，在动态的推广环境中，它们相互依存、相互促进，处于不同地位。虽然它们单独说来都是重要的，但真正重要的在于它们的组合，在于它们组合起来所形成的独特方式。

六、依据经营决策的科学程序，实施决策方案

决策是从为了达到同一目标的多种可供选择的方案中，选定一种比较满意的方案的行为（或过程）。经营决策是指对农业推广机构所从事的生产经营活动最终要达到的奋斗目标，以及为实现这一目标需要解决的问题而做出的最佳选择和决定。做出符合目标要求的最佳选择和决定是一个复杂的行为过程，包括提出问题、确定目标、拟订方案、分析评价，直到选定方案并组织实施的一系列活动。正确的经营决策，要求整个决策过程必须具有合理性和科学性。要搞好经营决策，必须清楚应该做哪些工作，先做什么工作，后做什么工作，这就是决策的一般程序问题。它可以分为四个基本步骤。

（一）发现问题，确定决策目标

这里所说的问题主要是指现实状况与正常标准之间的差距。正常的标准如国家政策法令、合同要求、计划标准、先进水平等。农业推广机构所从事的生产经营活动，经常会遇到各种各样的问题需要解决，如某项生产计划没有完成，产品质量不符合要求，经济合同不能按期履行等。这就需要服务者通过调查研究，发现问题，找出差距，并查明问题存在的真实原因，收集和掌握大量的信息资料，作为决策的依据。通过分析研究，找出问题的症结

所在及其产生的原因，并提出解决问题的目标，即确定决策目标。决策目标必须是众多问题中影响最大、迫切要求解决的问题，而且决策目标必须具体明确，不能模棱两可，必须有个衡量目标达到什么程度的具体标准，以便知道目标是否达到和实现的程度。由于决策目标体现了行动方案的预期结果，故决策目标是否合理，直接影响经营目标的实现。目标错了，决策就会失误；而目标不清楚或者没有目标，则无从决策。确定明确的决策目标是决策过程中的关键问题。

(二) 拟订各种备选方案

决策目标明确以后，就要根据目标和所掌握的各种信息，提出各种可供选择的可行性方案，简称备选方案。备选方案越多、越详尽，从中选出比较满意方案的把握程度就越大。备选方案的拟订，首先要从不同角度和途径进行设想，为决策提供广泛的选择余地。在这个基础上，再对已拟订的方案进行精心论证，确定各个环节的资源用量，估算实施效果，作为以后评价方案优劣的依据。为了使决策合理，在拟订备选方案时，还要求它们具备两个条件：一是整体详尽，要求备选方案应该把所有的可行方案（最大限度地）包括进来，防止漏掉某些可行方案，否则不利于选优；二是所拟订的备选方案之间要相互排斥，也就是说，执行甲方案就不能执行乙方案，只有这样才有可能进行选择和必须进行选择。由此可知，决策方案产生的过程，就是一个设想、分析、淘汰的过程。它取决于决策人员、参谋人员的知识能力以及对信息资料把握了解的程度。而任何一个决策人员所拥有的知识、信息总是有限的，这就有必要充分征求多方面的意见，调动大家的积极性和创造性，集思广益，大胆创新，集中正确的意见，精心设计出多种可供选择的备选方案。

(三) 评价和选择方案

各种备选方案拟订以后，要通过分析、比较、评价，最终选出一个符合决策目标要求的比较满意的方案作为决策方案。评价决策方案的方法主要是根据决策者的经验和分析判断能力，同时还要借助一些数学方法，即将定性分析方法和定量分析方法结合起来。如果条件允许，还可以通过局部性的试验。选择方案的标准可以从技术、经济、社会三个方面去考察，尽量使所选择的方案技术上先进、经济上合理、生产上可行，符合党和国家的方针政策要求，有利于保护生态环境，同时又适应农民现有的经济条件、文化水平和技术水平，并确保有足够的资金来实施这一方案。

(四) 决策方案的实施

方案一经确定，就要付诸实施。为使决策方案落实，就要拟订具体的实施计划，明确执行者，以及执行者的权利和责任，并加强检查，以便进行控制。在执行过程中出现新问题要及时采取措施加以解决；如果政策失误，或实际情况发生了很大变化，影响决策目标的实现，就需要对决策目标和决策方案进行适当调整，这一过程称为反馈。以上所谈的四个步骤并非机械地按从头到尾的顺序进行，可以根据研究问题的需要，做适当调整。

第七章　畜牧业发展的现状与未来趋势

第一节　我国畜牧业的发展现状

一、畜牧业发展取得的成就

(一) 主要畜产品有效保障了国内需求

随着我国经济的快速发展和人民生活水平的不断提高，畜牧业在国民经济中的地位越来越重要。近年来，我国畜牧业发展取得了显著成就，主要畜产品有效保障了国内需求，为保障国家粮食安全、促进农民增收、推动经济社会发展作出了重要贡献。

1. 畜产品产量持续增长

近年来，我国畜牧业规模不断扩大，畜产品产量持续增长。据统计，我国肉类、禽蛋、奶类等主要畜产品的产量均位居世界前列，成为全球最大的畜产品生产国之一。这一成就得益于我国政府对畜牧业的重视和支持，以及我国畜牧业的科技创新和产业升级。

2. 畜产品结构不断优化

随着人们生活水平的提高和消费观念的转变，畜产品消费结构也在不断优化。近年来，我国畜牧业在保证传统畜产品供应的基础上，积极发展高端、绿色、健康的畜产品，如有机肉类、奶制品、鸡蛋等。同时，畜牧业也在积极探索新兴产业，如宠物食品、高端乳制品等，以满足不同消费群体的需求。

3. 畜产品质量安全水平不断提高

畜产品质量安全是畜牧业发展的基础。近年来，我国政府加大了对畜牧业的监管力度，加强了畜产品质量安全监测体系建设，提高了畜牧产品质量安全水平。同时，畜牧业也在积极推进标准化生产、品牌建设等工作，提高畜产品的质量和信誉。

4.畜牧业产业链不断完善

畜牧业产业链包括饲料、养殖、加工、销售等多个环节。近年来，我国畜牧业产业链不断完善，形成了较为完整的产业链体系。畜牧业也在积极推进产业融合发展，加强与相关产业的合作，提高畜牧业的综合效益。

（二）畜产品供给结构逐步趋于合理

我国畜牧业在过去的几十年中取得了显著的成就，尤其在畜产品供给结构方面，逐步趋于合理，满足了市场对优质蛋白、生态环保型产品以及多样化畜产品的需求。

首先，优质蛋白的供应能力不断增强。随着养殖技术的提高和规模化养殖的发展，我国畜牧业在生产优质蛋白方面取得了重大突破。通过科学合理的饲料配方，以及高效、环保的养殖方式，我国畜牧业成功地提高了畜产品的质量，满足了消费者对高质量畜产品的需求。

其次，生态环保型产品的比例逐步升高。我国畜牧业在逐步转向生态环保型生产模式。通过推广生态养殖、有机饲料等新型养殖方式，畜牧业正在逐步降低对环境的影响，提高畜产品的环保性。同时，这也为畜牧业提供了新的发展机遇，为消费者提供了更加健康、安全的畜产品。

最后，多样化的畜产品供应满足了市场需求。随着消费者需求的多样化，我国畜牧业也在逐步调整其生产结构，以满足市场的多样化需求。从传统的猪肉、牛肉、羊肉，到禽肉、禽蛋、奶制品等多样化的畜产品，我国畜牧业已经能够满足不同消费者的需求。这种多样化的供应不仅满足了市场需求，也为畜牧业的发展提供了新的动力。

（三）畜牧业规模化程度稳步提升

1.规模化程度稳步提升

近年来，我国畜牧业规模化程度稳步提升，主要体现在以下几个方面：

（1）养殖企业数量增多。随着国家对农业的支持力度加大，越来越多的养殖企业开始涌现，这些企业通过规模化养殖，提高了生产效率，降低了成本，也为市场提供了更多的优质产品。

（2）养殖场建设升级。随着环保政策的加强，许多养殖场开始升级改造，采用更加环保、高效的养殖方式。同时，一些现代化的养殖场还采用了智能化的管理系统，大大提高了生产效率。

（3）产业链的整合。规模化养殖场的出现，推动了整个畜牧产业链的整合。从饲料生产、养殖、屠宰、加工到销售，各个环节都得到了有效的整合和优化，进一步提高了生产效率和市场竞争力。

2. 畜牧业发展的成就

在规模化程度稳步提升的背景下，我国畜牧业发展取得了显著的成就：

（1）产量增长。随着规模化养殖的发展，我国畜牧产品的产量逐年增长，满足了国内市场的需求，同时也为出口提供了更多的机会。

（2）产品质量提高。规模化养殖使畜牧产品的质量得到了显著提高。通过采用更加科学、环保的养殖方式，畜牧产品的安全性和营养价值得到了保障。

（3）农民收入增加。规模化养殖的发展，使农民的收入得到了显著提高。养殖场的出现，为农民提供了更多的就业机会，同时带动了相关产业的发展，促进了农村经济的繁荣。

（四）种养结合、农牧循环养殖模式的推广

种养结合、农牧循环养殖模式是一种将种植业与养殖业有机结合，实现资源循环利用、环境保护和经济效益的优化组合的养殖方式。

种养结合、农牧循环养殖模式的应用提高了农牧业生产效率。在传统的养殖模式中，养殖场的废弃物通常会被随意排放，不仅污染环境，还容易导致疾病的传播，而种养结合、农牧循环养殖模式则将养殖场与种植地相结合，将废弃物转化为有机肥料，既解决了废弃物污染问题，又提高了土地的肥力，进而提高了农作物的产量和质量。这种模式的应用，不仅减少了养殖场的成本投入，还提高了农牧业生产效率，为农民带来了更多的收益。这种模式对生态环境保护起到了积极的作用。传统的养殖模式往往会对环境造成严重的污染，而种养结合、农牧循环养殖模式则将废弃物转化为有机肥料，减少了环境污染。同时，这种模式还可以促进生态系统的循环，有助于提高土壤质量，促进生态环境的良性发展。

主要成就如下：

（1）养殖业产值增长。随着种养结合、农牧循环养殖模式的推广，我国畜牧业产值持续增长。据统计，该模式在某些地区的畜牧业产值增长率达到了两位数，显示出强大的市场潜力和发展前景。

（2）环保效果显著。通过种养结合、农牧循环养殖模式，畜禽产生的粪便和农作物秸秆得到了有效的利用。同时，这种模式还能够降低疾病的传播风险，提高了养殖业的卫生安全水平。

（3）农业结构优化。种养结合、农牧循环养殖模式的推广，促进了农业结构的优化。种植业与养殖业的有机结合，提高了土地的综合利用率，推动了农业的可持续发展。

（4）技术创新推动。为了推广种养结合、农牧循环养殖模式，我国加强了相关技术的研发和推广。技术创新为该模式的推广提供了有力的支持，提高了养殖业的科技水平。

（五）有效壮大了农业农村经济，提升了农民收入

1. 畜牧业产值持续增长

人们对肉蛋奶等畜产品的需求量不断增加，畜牧业产值也随之增长。据统计，我国畜牧业产值已占农业总产值的近三分之一，成为农业农村经济的重要支柱产业。这一成就得益于政府对畜牧业的政策支持和科技创新的推动，以及畜牧业的规模化、标准化、现代化的发展。

2. 畜牧业对农民增收贡献显著

畜牧业的发展不仅壮大了农业农村经济，也为农民增加了收入。一方面，畜牧业的快速发展带动了相关产业链的发展，如饲料、兽药、兽医等产业的发展，创造了更多的就业机会；另一方面，畜牧业的发展也带动了农民的养殖技术水平的提高，促进了农民增收。据统计，畜牧业已成为农民增收的重要来源之一。

二、我国畜牧业发展的困境

我国畜牧业在近年来取得了长足的发展，然而，在发展的过程中，也面临着一些困境。

首先，部分农区畜牧业产业结构单一，这是一个普遍存在的问题。这些地区的畜牧业主要依赖于传统养殖业，例如养猪、养鸡等，产业结构相对单一，缺乏多元化的产品种类和产业链延伸。这不仅限制了农区畜牧业的产值和效益，也使得这些地区的畜牧业发展缺乏足够的竞争力。为了解决这个问题，需要引入现代化的畜牧业经营模式，通过技术培训、信息引导等手段，推动畜牧业产业结构的优化升级，逐步形成多元化的产业布局。

　　其次，部分农区畜牧业发展资源配置不合理，这主要表现在畜产品质量安全方面。由于畜产品的生长环境、饲料、兽药等方面的监管不到位，导致部分地区的畜产品质量安全问题频发。这不仅影响了消费者的信心，也给畜牧业的发展带来了巨大的风险。解决这个问题，需要加强畜产品质量安全的监管力度，建立完善的畜产品质量安全追溯体系，同时，也需要引导养殖户合理配置资源，提高畜产品的质量安全水平。

　　最后，部分农区畜牧业发展的商业化体系不够完善，这主要表现在市场营销和品牌建设方面。一些地区的畜牧业虽然有丰富的产品资源和良好的品质，但由于缺乏有效的市场营销手段和品牌建设意识，导致产品销售渠道不畅、市场占有率低。为了解决这个问题，需要加强畜牧业的市场营销和品牌建设意识，通过有效的宣传和推广手段，提高产品的知名度和美誉度，进而促进畜牧业的发展。

第二节　国外生态畜牧业现状与发展经验借鉴

一、世界生态畜牧业的发展现状

　　随着经济发展和社会进步，世界生态畜牧业的发展成就颇丰，研究世界生态畜牧业的发展规律，总结发达国家生态畜牧业发展的可借鉴经验，对推动我国生态畜牧业的发展具有重要意义。

（一）畜禽产品产量

　　据联合国粮食及农业组织（FAO）相关统计数据显示，近年来，肉类、蛋类和奶类等主要畜禽产品的产量一直呈稳定上升趋势。奶类的产量一直维持在一个较高水平，在肉类、蛋类、奶类三者中产量最高，其次是肉类、蛋类，三者的产量以平稳的速度逐年增加。

(二) 结构的变化

人们对畜禽产品的需求在不断变化，其中最主要的变化就是改变了过去欧美国家以牛肉为主要肉类的饮食结构，而增加了对禽肉的需求，世界主要肉类产品结构变化不大，保持稳定上升的发展趋势。

(三) 畜禽产品单产水平

近年来，世界主要畜禽产品单产均维持在较稳定的状态，除牛奶的单产增速较快以外，其他世界主要畜禽产品的变化幅度不大，尤其是鸡和鸡蛋，近几年的单产几乎没有变动，说明世界主要的畜禽产品已经进入一个相对稳定的发展时期。

二、国外生态畜牧业的发展经验

(一) 美国生态畜牧业的发展经验

美国的家禽饲养业发展十分迅速，禽肉产量位列世界第一，禽蛋产量位居世界第二，畜牧业产值占国内农业总产值的一半左右，畜禽产品总量位居世界首位。目前，美国拥有畜禽产品加工企业约8000家，畜产品出口量也居世界首位，且近年来牛肉和猪肉的出口量不断增加。

美国生态畜牧业的发展特点为畜牧业集约化和规模化水平不断提高，这不仅大大提高了畜禽产品的生产效率，同时也促进了产品质量和数量的提升。随着科技研发投入的增加，畜牧业科研及成果推广体系进一步完善，形成了集畜禽产品加工、处理和销售为一体的机械化自动化发展道路。

美国发展生态畜牧业的主要措施：一是充分利用资源，坚持低投入发展。通过高新技术推进资源的合理转化，对现有饲料等资源进行合理规划，通过实行 HACCP 管理认证来确保饲料的安全性，从源头把控；加大抽查力度，坚决抵制各种不合格的饲料投入市场并使用；推动发展节粮型畜牧业，合理利用农副产品加工成发展畜牧业所需的饲料，减少对精细型饲料的依赖和对环境的破坏；合理利用草地资源，实行科学放牧制度，及时清除杂草，规定合理的放牧数目，定期对草场进行播种。二是加强对因畜牧业造成的环境污染的治理，推进畜禽粪污资源化利用。由于养殖规模较大，所带来的畜禽粪便等造成的环境污染问题加重，为缓解这一现象，美国因地制宜推行畜禽粪污治理以及资源化利用，该种方式基于种养结合，由于美国各区域的地域条件和养殖方式不同，发展方式也各有不同。对于规模较小的养殖场，可以在畜禽养殖处下方铺设钢筋混凝土，并在中间留有缝隙，方便直接将畜禽粪便排至地下，同时每年进行一到两次的清理，将清理出来的粪便作为肥料直接还田，既减少了对环境的污染，又推动了种植业发展。三是完善畜牧业管理体系。政府通过补贴、财政政策、加强科研投入和基础设施补贴等，支持、引导和扶持畜牧业的发展，例如，建立进出口畜禽产品检疫标准、畜禽产品等级标准等，通过落实上述政策，极大地推动了美国畜牧业发展，尤其是美国的有机牛奶产业，一跃成为美国畜牧业中发展最为迅速的产业之一。

（二）日本生态畜牧业的发展经验

日本地域包括北海道、本州、四国和九州四个大岛和周边近 7000 个小岛，国土总面积 37.8 万平方千米，耕地面积 6.8 万平方千米，仅占国土总面积的 17.99%，而总人口为 1.26 亿左右，人均耕地面积少，在一定程度上制约了日本生态畜牧业的发展，使得日本的生态畜牧业向集约型方向发展。

日本的畜禽产品进口需求很大，且都向发达国家进口，其中美国是日本进口畜禽产品数量最多的国家，日本进口的牛肉、家禽、肉等近一半都来自美国。目前，日本主要的畜禽品种有鸡、牛、猪等，虽然养殖户数量在逐年减少，但是畜禽产量却在逐年增加，这说明日本畜牧业的集约化发展程度越来越高。

日本集约型生态畜牧业发展的有利条件：一是经营规模较小，由于日本的畜牧业以家庭经营模式为主，畜牧业生产和经营规模都比较小，近年来日本畜牧业的养殖户越来越少，但产量逐年增加。二是日本畜牧业的区域化布局比较明显，肉鸡的饲养场主要分布在九州和宫崎，数量达到全国的近一半；肉牛的饲养场主要分布在九州和熊本；奶牛的饲养主要分布在北海道和关东地区；生猪的饲养场主要分布在鹿儿岛和四国。三是日本的畜牧业服务体系比较发达，拥有数量众多的畜牧业民间服务机构，其中日本农业协同工会在全世界畜牧业民间服务机构中名列前茅，其服务范围几乎覆盖了日本所有地区，其主要活动包括指导事业、经济事业、信用事业、共济事业、厚生事业、老年人福利事业、乡村建设及资产管理事业、设施公用事业、加工事业、委托经营事业和土地改良事业等。日本这些民间服务机构不仅可以保护养殖户的利益，还可以保证畜禽产品的质量，维持畜禽市场的平稳运行。

日本发展生态畜牧业的主要措施：一是重视畜牧业产生的环境污染，发展环保型生态畜牧业。20世纪70、80年代，日本环境污染比较严重，为改善这一局面，政府不仅通过加强立法、出台相关政策来保护环境和治理污染，还投入了大量的财政补贴推动环保事业，针对畜禽粪便所造成的污染，政府加强对畜禽产品的管控，严格管理畜禽产品的生产环境。按相关规定，畜禽粪便须在排放后经过三个月的发酵后进行利用，同时政府加强了不定期抽查力度，对于违反畜牧业清洁发展条例的养殖户给予严重处罚。二是发展生态休闲旅游畜牧业。从20世纪60年代开始，日本的生态休闲畜牧业开始盛行，平均每天有近万人去畜牧业园区玩耍。为了推动日本畜牧业和第二、三产业的协同发展，同时也为了让人们增加对畜牧业的了解，日本政府决定将畜牧区与山川、湖泊这些自然景观结合起来发展生态旅游休闲畜牧业。人们可以利用节假日走进畜牧园区，融入大自然，这些畜牧园区的设施一应俱全，还有完善的畜禽产品加工处理设备，人们可以在畜牧园区烧烤、炒菜等，还可以亲自饲养动物、参观奶制品的制造过程、购买畜禽产品，感受不一样的乡村风情。这些大大吸引了日本乃至全球的消费者前往旅游，极大地推动了日本生态畜牧业的发展。三是科技的推广应用。政府在畜牧业科研方面投入较多，所取得的科研成果都得到了比较好的推广和应用，其中，自动化管理和机械化操作是日本畜牧业科技水平的代表，此外电子信息技术和现代信息技术都在畜牧业生产和加工等过程中被广泛应用，通过生物技术手段改善畜禽良种体系、饲喂方式、加工方法等，极大地提高了产业效率。

（三）澳大利亚生态畜牧业的发展经验

澳大利亚地广人稀，得天独厚的地理优势和适宜的气候为澳大利亚发展畜牧业提供了良好环境，澳大利亚的农牧用地约有5亿公顷，畜牧业用地占农牧用地的一半左右，农牧场平均面积为3000公顷，是美国的近15倍，畜牧业产值占到农业总产值的60%以上，优势畜牧业是养羊业和养牛业，其中养牛业的年产值可达18.3亿澳元，养羊业的年产值可达到88亿澳元，羊毛出口量在世界名列前茅，羊毛的出口产值占本国农产品总产值的44%，牛、羊肉以及各种奶制品的出口量也较大，可以占到本国产量的一半以上。澳大利亚的畜牧业以放牧型为主，充分利用地广人稀的地理条件带来的草场资源，同时也十分注重对草场的保护，因时因地选草合理放牧。

澳大利亚发展生态畜牧业的有利条件：一是科技水平较高。政府加大对畜牧业的科技投入力度，联合企业研发畜禽良种体系，其中毛质优良、抵抗力较强的美利奴羊就是代表，还培育了采食后可以增加羊毛和奶产量的优质苜蓿，研制出了可以修剪羊毛并使羊毛保持一定长度的剪毛机和清洗机。二是法律法规健全。澳大利亚采取灵活的畜牧业政策，在发展畜牧业的同时对畜牧业采取直接价格补贴和间接价格补贴，其中直接价格补贴所占比例远不如间接价格补贴。此外，政府还出台了一系列政策保障畜牧业的平稳运行和健康发展，如对用于畜禽产品的先进技术和农业物资一律免税，并对遭受自然灾害的养殖户给予补贴。三是畜牧业的社会化服务体系比较完善。澳大利亚拥有种类繁多的农业合作社组织，合作社不以营利为目的，是连接农户和消费者的重要纽带，内部实行民主化管理，实现统一加工、存储和销售。

澳大利亚发展生态畜牧业的主要措施：一是重视畜牧业的可持续发展。政府采取了一系列措施，如对积极主动参与植树造林、保护草场发展的企业或养殖户给予一定的税收减免和财政补贴；对草场进行科学管理和合理布局，将草场划分为多个区域，通过季节和区域的轮牧来加强对草场的保护；选取适宜当地环境、品质优良的牧草，并对这些牧草进行合理搭配，分散在各养殖区，制定合理的载畜量，同时扩大人工草场面积，加强对人工草场的保护（人工草场可以有效规避自然风险，在灾害发生时仍能提供一定数量的牧草，确保牛羊饲草饲料的稳定供给）。此外，澳大利亚的农场主们拥有很强的生态保护意识，也会根据草场的实际使用情况进行定期维护，自觉地将畜禽进行分类，合理利用草场资源。

二是建立畜禽产品安全体系，注重畜禽产品的安全和卫生。澳大利亚现行的畜禽安全管理制度可分为两类：第一类是依靠政府强制力来保证实施的，主要是国家销售者声明（NVD）制度，NVD制度几乎覆盖了澳大利亚所有的畜禽产品厂商，该制度承诺所检测的畜禽产品不含化学残留物，给予消费者了一定的保障；第二类是不依靠强制力、由生产者来自主选择的畜禽产品质量安全制度，这类制度的要求要高于第一类，主要有国家畜产品认证计划（NILS）、牛羊特别质量保证计划（CC/FC）和奶业质量保证（DAIRY QA）等，这些制度不仅有利于生产者提供更多更高质量的畜禽产品，迎合市场的需求，还有利于澳大利亚的畜牧业朝着更高标准发展。

三是积极发展畜禽良种体系，通过引进优良的品种，即具有较强抗疾病能力和繁殖能力的品种，并进行本土化改良和培育，来提高畜牧业的市场竞争力和发展水平。

第三节 畜牧业发展方式及其未来发展趋势

一、畜牧业的发展方式

（一）进行严格统一的管理

在任何行业中，管理方法都是非常重要的，因为管理方法决定着这个行业的生产效率以及未来，要想在畜牧业行业中具有一定的竞争优势和一个良好的发展前景，就必须对畜牧业实行严格统一的管理制度。

畜牧业这个行业是和"生命"打交道的行业，猪、牛、羊等牲畜的健康直接或间接影响着人类的健康，所以畜牧业的管理方法必须做到严格统一。非严格化的管理容易造成员工积极性降低，导致出现各种疏漏，造成不必要的损失。畜牧业在发展过程中进行严格的管理，及时并定期对牲畜和养殖环境进行消毒和杀菌，并对来往人员及牲畜种类进行严格的管理，这样就会大大减少某些传染性疾病发生的概率，从而减少不必要的损失。进行严格统一的管理方式，能够在提高自身竞争力的同时为人们带来更加安全健康的产品。

(二) 采用循环经济的发展模式

在任何生产过程中，无浪费产生，把所有的"产物"都充分利用起来，这样才能获得更高的经济效益，使用循环经济的发展模式，畜牧业在发展中可以节约成本，改善环境，建立良性的发展方向。

畜牧业在生产的过程中，本身就有很多环节是可以进行循环的，如果能够利用好这些环节进行循环式经济的发展，对于畜牧业本身是十分有利的。例如，某专家之前提出水稻—鱼塘—鸭子生态链，将生态链中产生的废料充分利用起来，这就运用了循环经济的发展模式。在畜牧业中采用循环经济的发展模式，种植的饲料、牲畜和牲畜的排泄物形成一个循环发展模式，能够降低畜牧业的生产成本，促进畜牧业经济效益的提高，并且能产生一定的生态效益，促进绿色发展。

在牛、羊饲养的环节当中，可以让牛、羊在吃了所种植的饲料而产生排泄物后，将这种排泄物通过畜禽粪便处理机来进行处理，使原本要产生空气污染的牲畜排泄物变废为宝成为化肥进行二次利用，用于种植牛、羊所需要的嫩草，也可以将这些排泄物二次处理成肥料进行售卖，既能够获取更多的经济效益，又使牲畜的排泄物不会对空气和土地造成污染。采用循环经济的发展方式使得畜牧业不会破坏自然生态，也能获得经济效益，实现共赢，这种不易破坏生态的发展才是良性的发展，这样的发展才符合当代我国所提倡的发展模式。

二、现代机械的畜牧业发展趋势

在我国不断朝着现代化前进的大背景下，无论是制造业，还是服务业，都已经有了全机械生产代替人力劳动的雏形，相信畜牧业在之后的发展也必然会与现代化、机械化挂钩，形成更大的发展规模，形成更加机械化、更加现代化的生产模式，从而大力促进畜牧业的发展，使畜牧业的发展进入一个全新的阶段。

畜牧业在我国是一个比较重要的大型产业，要想这个产业在未来获得更好的发展前景，就必然对其进行现代化的发展。这种发展就是要用现代化的管理模式为指导思想去发展畜牧业，就必然离不开机械，因为机械在现在的产业中得到了广泛的应用，机械生产在节省人力财力的同时，也减少了对劳动力等资源的浪费。在畜牧业的发展中，机械生产可以有效地节约时间，使畜牧业在生产中变得更加方便化、更加系统化、更加便于管理。例如，西方一些发达国家实现了牲畜从接生到变成食物和日用品的全自动化过程，相信我国的畜牧业在不久的将来也会如此，甚至在生产效率上超过它们。

一些地区在发展畜牧业时，牲畜的排泄物无法得到有效的处理，这就给环境造成了污染。要解决这个问题就要使用畜禽粪便处理机，利用机械将牲畜的排泄物进行干湿分离，从而解决排泄物对环境的污染，在养殖牲畜方面自动化机械可以解决畜牧业生产的一些问题。

经过网络和现实中的走访调查，在畜牧业的生产过程需要的自动化机械设备的种类及作用如下。

1. 人造草场智能机械

随着我国畜牧业的发展，饲养牲畜的食物不可避免地会存在不足的问题，天然的草场如果过度食用，必然带来土地荒漠化，致使环境遭到破坏，食物短缺，越来越不能满足食草牲畜的需求。草料是畜牧业发展的基础，草场是牛、羊等牲畜赖以生存的园地，因此，必须加快人工草场的建设和使用，从而得到大量的草料来源，而人造草场智能机械可以帮助人们进行草场的建设。

2. 饲草料智能收割机械

这种机械可以自主收割牲畜（牛、羊等）所需的各种牧草，具有收获时间短、速度快、质量高的特点，使用此类机械可以完全解放劳动力，降低成本。使用饲草料智能收获机械进行收割可以精准控制收割距离地面的长度，以此保证草料可以再次快速生长起来，并且杜绝了因放牧引起的土地荒漠化。

3. 饲草料智能加工机械

饲草料是畜牧业的物质基础。饲草料智能加工机械可以根据不同的指令进行不同饲料的加工，在加工过程中，此类机器可以进行自动配比来保证加工出来的饲料是最适合牲畜的。这个智能机械很适合刚刚从事畜牧业的人群，可以保证牲畜健康地喂养。

4. 畜禽智能饲养机械

机械自动化必然成为畜牧业发展的趋势，而畜牧智能饲养机械就是打造一个完全智能化、自动化的饲养环境。在此饲养环境内可以划分不同种类牲畜的生活区间，在各个区间内分别调整不同的生活环境并且打造最适宜的生活环境。在不同的区间内可以进行智能化的喂料，打扫环境，室内通风，及时检测牲畜的身体健康，并对每个区间内的每个牲畜进行编号，以此达到监控每个牲畜的目的，这样养育出来的牲畜肯定是更加健康的，生产出来的产品质量也会是更好的，更符合消费者的需要。

5. 畜禽粪便处理机

畜禽粪便处理机在前文中提到过，牲畜的喂养以及生活环境得到了保证，但是其排泄物也应该得到处理，若不能得到有效处理，就会带来环境污染。而畜禽粪便处理机可以将牲畜的排泄物进行干湿分离，甚至有些可以将牲畜的排泄物直接转化为可以用于耕地的有机肥，这样做可以完美解决牲畜排泄物污染环境的问题。

在未来，畜牧业这个行业必然会使用到上述机械设备，畜牧业未来的发展会和这些机械设备交织在一起，而畜牧业在这些设备的帮助下会达到一个新的高度，它为人们带来更高利益的同时伴随着的不再是污染环境和人力劳累，而是保护环境和人力轻松。在未来，畜牧业的发展是智能化的、自动化的、干净卫生的。

第八章 绿色畜牧生态养殖理论研究

第一节 绿色生态养殖的基本概念

一、农牧结合

"农"指种植业，"牧"指养殖，所谓农牧结合，就是新型种植业与现代养殖业之间的一切对立统一的联系，农业与畜牧业两个生产部门结合，种植业为养殖业提供物质基础，而养殖业又为种植业提供有机肥，彼此间互为供养关系。农牧结合为高效合理利用土地、生产资料和劳动力提供了必要条件，为提高农牧业的经济效益提供了有利条件，可以增加农民收入、满足城乡居民消费需求。这种结合遵循生态经济学原理，与新农村建设结合，加快了畜牧业转型升级，可以着力构建资源循环、安全优质、集约高效、可持续发展的现代生态畜牧业生产体系。

农牧结合旨在全面提升种植业生产能力和畜产品供给能力，促进畜牧业与种植业、生态环境的协调发展，促使农村种植业与畜牧业相互适应与协调，畜牧业的规模和种类与种植业提供的饲料相适应。种植业生产也适应于畜牧业的需要，可使两者平衡并协调发展。农牧结合的生态化处理技术，其目标是使种植业的结构、产品、种植方式、产量安排、季节安排、品种安排都能适应一定水平畜牧业产品的数量、质量和种类，通过农牧结合的方式合理消化和处理相关废弃物，从而达到生态化处理的目的。

农牧结合、绿色循环一定是将来大农业、现代农业的根本出路。

二、生态农业

生态农业是以生态学为理论依据，合理地利用和控制农业系统物质循环过程，建立经济效益和生态效益高度统一的农业生产结构。生态农业的主导理念是促进物质的循环利用，充分合理利用自然资源，使再循环渠道更加通畅。生态农业的表现是农、林、牧、副、渔各业并举，相互连接，成为一个有序的、循环畅通的、高度组织化的立体网状农业生产系统。

三、生态养殖

生态养殖是生态农业发展中的重要组成部分，是实现种植业能量高效利用和循环利用的重要通道。畜禽生态养殖要求以生态经济学和生态学为理论指导，在维持生态平衡的前提下，在畜牧养殖规划、设计、管理组织过程中做到因地制宜，减少废弃物、污染物的产生，提高资源利用率，保持畜禽养殖业平衡、可持续发展，积极改善、提高生态环境质量和畜牧产品质量的生产方式。

四、生态优先

生态优先是根据不同区域的地形地貌、生态类型以及不同养殖动物、生物污染的特点，突出环境保护和循环利用，如粪污处理采用雨污分流、固液分离的工艺；根据环境的承载能力，在生产过程中贯彻生态优先、清洁生产的理念；制订方案，因地制宜地应用不同模式、工艺、技术，实现多种形式的改造与提升，提高资源的利用率和生产效率，实现养殖业健康可持续发展。

五、生态化建设

生态化建设是利用养殖场周边的农田、蔬菜地、果园等，通过建立管网输送系统，将处理后的沼液、粪尿污水作为有机肥料输送到种植业基地，全部还田返林，实现综合利用。

六、绿色畜牧业

绿色畜牧业是指按照绿色食品的生产标准，集饲料基地、养殖、加工、包装、运输、销售于一体的畜牧产品生产经营链。其核心是通过对生产经营全过程的控制，最终为消费者提供无污染、健康、安全的绿色畜产品。绿色畜产品生产是在未受污染、洁净的生态环境条件下进行的，在生产过程中，通过先进的养殖技术，最大限度地减少和控制对产品和环境的污染和不良影响，最终获得无污染、安全的产品和良好的生态环境。

七、有机畜牧业

有机畜牧业是在畜禽的饲养过程中，禁止使用化学饲料或含有化肥、农药成分的饲料；在预防和治疗畜禽疾病时尽可能地不使用具有残留性的药物，以免人们因食用畜禽肉类及其制品后损害身体健康。有机畜牧业的根本目的是有利环境，保证动物健康的持续性，关注动物福利，生产高质量的产品。

八、生态隔离

在畜牧养殖中，生态隔离主要指养殖场地理位置远离居民区，有利于疫病隔离，同时避免造成居民生活环境的污染。

九、三区三线

"三区"指生态、农业、城镇三类空间；"三线"指的是根据生态空间、农业空间、城镇空间划定的生态保护红线、永久基本农田和城镇开发边界三条控制线。

生态空间：指具有自然属性、以提供生态服务或生态产品为主体功能的国土空间，包括森林、草原、湿地、河流、湖泊、滩涂、荒地、荒漠等。

农业空间：指以农业生产和农村居民生活为主体功能，承担农产品生产和农村生活功能的国土空间，主要包括永久基本农田、一般农田等农业生产用地，以及村庄等农村生活用地。

城镇空间：指以城镇居民生产生活为主体功能的国土空间，包括城镇建设空间和工矿建设空间，以及部分乡级政府驻地的开发建设空间。

生态保护红线：指在生态空间范围内具有特殊重要生态功能、必须强制性严格保护的区域，包括自然保护区等禁止开发区域，具有重要水源涵养、生物多样性维护、水土保持、防风固沙等功能的生态功能重要区域，以及水土流失、土地沙化、盐渍化等生态环境敏感脆弱区域。这些区域是保障和维护生态安全的底线和生命线，即生态保护红线。

十、禁养区

畜禽养殖禁养区是指按照法律、法规、行政规章等规定，在指定范围内禁止任何单位和个人养殖畜禽。禁养区范围内已建成的畜禽养殖场，由相关部门依法责令限期搬迁或关闭。

十一、限养区

畜禽养殖限养区是指禁养区和适养区的过渡区域，是对禁养区的保护，按照法律、法规、行政规章等规定，在一定区域内限定畜禽养殖数量，禁止新建规模化畜禽养殖场。限养区内现有的畜禽养殖场应限期治理，污染物处理要达到排放要求；无法完成限期治理的，应搬迁或关闭。

十二、适养区

畜禽养殖适养区是指除禁养区、限养区以外的区域，原则上作为畜禽养殖适养区。在畜禽养殖适养区内从事畜禽养殖的，应当遵守国家有关建设项目的环境保护管理规定，开展环境影响评价，其污染物排放不得超过国家和地方规定的排放标准和总量控制要求。

十三、资源化利用

资源化利用就是把养殖场的粪便污水收集起来，通过生物技术及机械加工处理，加工成固体有机肥或沼液肥水，用于农作物施肥，改善土壤肥力。

十四、无害化处理

无害化处理是指养殖场粪尿及污水通过沼气净化、生物发酵、氧化塘沉淀等技术处理，实现无害化达标排放；病死畜禽通过无害化处理池或集中收集送至县级病死动物无害化处理厂进行规范化处置，确保不发生滥丢或出售病死畜禽事件。

十五、粪污零排放

粪污零排放是指采用人工干清粪工艺，实现雨污分流、干湿分离，通过粪污综合净化处理系统及技术工艺，建立治污生态循环链，实现养殖场粪污利用、无害化处理，达到零排放目标。

十六、绿色农业

绿色农业是指将农业生产和环境保护协调起来，在促进农业发展、增加农户收入的同时保护环境、保证农产品的绿色无污染的农业发展类型。绿色农业涉及生态物质循环、农业生物学技术、营养物综合管理技术、轮耕技术等多个方面，是一个涉及面很广的综合概念。

十七、养殖粪污

养殖粪污是规模养殖场产生的废水和固体粪便的总称。

十八、干清粪工艺

干清粪工艺指将生产过程中产生的粪和水、尿分离并分别清除的生产工艺。

十九、堆肥

堆肥是将含有肥料成分的动植物遗体和排泄物加上泥土和矿物质混合堆积，在高温、多湿的条件下，经过发酵腐熟、微生物分解而制成的一种有机肥料。堆肥所含营养物质比较丰富，且肥效长而稳定，同时有利于促进土壤团聚结构的形成，能提高土壤保水、保温、透气、保肥的能力；堆肥与化肥混合使用可弥补化肥所含养分单一，长期单一使用会使土壤板结，保水、保肥性能减退的缺陷。

二十、沼液

沼液是以牛、猪、鸡、兔粪便为原料（无烧碱、无沙土），经长时间恒温厌氧发酵所产生的液体。沼液中养分种类较原料和普通化学合成肥料高10

倍以上，养分极其丰富，含有丰富的氮、磷、钾、氨基酸，以及丰富的微量元素、B族维生素、各种水解酶、有机酸和腐殖酸等生物活性物质。沼液是很好的有机肥料，能刺激作物生长，增强作物抗逆性及改善产品品质，常作为绿色生态种植的首选肥料。

第二节　绿色生态养殖的模式分析

一、绿色生态养殖模式的构建

绿色生态养殖模式所涉及的领域，不仅包含畜牧业，也包括种植业、林业、草业、渔业、农副产品加工、农村能源、农村环保等。绿色生态养殖模式实际上是由多个有机农业企业组成的综合生产模式。在相对封闭的农业生态系统内，通过饲料和肥料把种植生产和动物养殖合理地结合在一起，对建立系统内良性物质循环、保持和增强土壤肥力有重大意义。

绿色生态养殖模式把种植、养殖、安全防控合理地安排在一个系统的不同空间，既增加了生物种群和个体的数目，又充分利用了土地、水分、热量等自然资源，有利于保持生态平衡。通过植物栽培、动物饲养、牧地系统组合，充分利用了可再生资源，变废为宝，为土壤改良、农业可持续发展提供了新思路。但要注意在实施过程中应尽量减少畜禽对外部物质的依赖，强调系统内部营养物质的循环过程中，把农业生产系统中的各种有机废弃物重新投入系统内的营养物质循环，把动物、植物、土地和人联结为一个相互关联的系统。绿色生态养殖模式不仅仅考虑经济效益，更注重经济、生态、社会效益的共赢，谋求生态、经济与社会的统一。

二、绿色生态养殖模式的类型

（一）田间养殖模式

中国自古就有利用水田、池塘等湿地发展种养结合的传统，在原有的农田基础上实现植物、动物、微生物、环境之间物质和能量循环，具有"一地双业、一水双用、一田双收"的效果。目前常见的田间种养结合模式主要有稻花鱼、虾、蟹的养殖和稻鸭（鸡）共育等。

模式一：稻花鱼、虾、蟹的养殖。

模式简介：稻花鱼、虾、蟹互生互长，稻田为鱼、虾、蟹提供丰富的食物来源和生活栖息场所，鱼、虾、蟹为水稻耘田、除虫草、积肥和改善田间小气候，促进水稻提质增产增收。

该模式优点：稻花鱼、虾、蟹养殖不仅可以丰富田间的生物种类，还能促进水稻的增产丰收，是一项粗放型、投资少、见效快、风险低、无污染、收入高的水产养殖项目。与常规水稻种植相比，在稻鱼、稻鳅养殖模式下，亩均纯收益可提高 500~1800 元；在稻虾和稻蟹养殖模式下，亩均纯收益可提高 2000 元以上。稻田综合种养的生态效益显著，对南方十省份的稻田养鱼调查显示，亩均化肥使用量减少 15% 左右，农药使用量减少约 40%，同时通过田埂加高、加固，开挖鱼沟，每亩稻田可多蓄水 200 余立方米，还可起到抗旱保水、调节气候的作用。

模式二：稻鸭（鸡）共育。

模式简介：鸭（鸡）与稻互生互长，稻田为鸭子（鸡）提供了丰富的食物来源和生活栖息场所，鸭子（鸡）为水稻耘田、除虫草、积肥和改善田间小气候，并作为害虫的天敌保护水稻，促进水稻提质增产增收。

该模式优点：

（1）投资少、简便、省事。

（2）充分利用自然资源，水稻收割后，掉落的稻穗和未成熟的稻粒及各种草籽，还有稻田内的鱼虾和虫子、虫卵等都是家禽的好饲料。

（3）减少作物来年病虫害。

（4）禽粪可以肥田，减少化肥造成的环境污染。

（5）鸭（鸡）以稻粒、虫虾等为食，不但可以减少饲料的投入，还可以提高鸭（鸡）的肉质风味。

（二）畜、禽－沼、肥－果、蔬生态模式

生态养殖模式所饲养的畜禽日增重和饲料利用率都很高。这是由于畜禽可及时利用果园青绿多汁的饲料，补充其所需的维生素和矿物质；另外，果园饲养的鸡可采食虫、草，营养来源比庭院饲养的鸡更丰富；同时果园环

境空气清新，适于动物的生长，使其生产潜力得以充分发挥。

养牛场可采取"奶牛场＋粪便处理生态系统＋废水净化处理生态系统＋耕地还原系统"的人工生态畜牧场模式。粪便固液分离，固体部分进行沼气发酵，建造适度的沼气发酵塔和沼气贮气塔以及配套发电附属设施，合理利用沼气产生电能。使用发酵后的沼渣可以改良土壤的品质，保持土壤的团聚结构，使种植的瓜、菜、果、草等产量颇丰，池塘水生莲藕、鱼产量增加，田间散养的土鸡肉质风味鲜美。利用废水净化处理生态系统，将畜牧场的废水及尿水集中起来，进行土地外流灌溉净化，使废水变成清水并循环利用，从而达到畜牧场的最大产出。这样的绿色生态系统，既能改善养殖场周围的环境，减少人畜共患病的发生，又使养殖环境无污染无公害，处于生态平衡中。循环经济有利于畜牧业的持续发展，可以为其他大型养殖场起到示范带动的作用。

模式一：牛羊 - 有机肥 - 果草、作物 - 饲料。

模式简介：由养牛、羊的多个龙头企业牵头带动，结合农户主体自身资源条件，实施"牛羊 - 有机肥 - 果草、作物 - 饲料"多种循环模式养殖。用牛、羊粪发酵生产的有机肥，可作为农作物、蔬菜、水果生产的基肥，果树下实施饲草作物间作套种，牧草、农作物、果蔬渣用作牛、羊的饲料，促进养殖、种植和环境的有机结合，生态绿色循环发展。

特色：基于区域土地的承载消纳能力，规划区域畜牧业发展，出台政策扶持文件，由龙头企业牵头，带领多个种养农户和小型企业成立牛 / 羊产业联合体，依据联合体成员现有资源开展绿色循环分工协作，将牛、羊粪收集处理成有机肥，种植青贮饲料喂羊，体现"N+1"联合体循环。

模式二：鸡 - 有机肥 - 蔬果。

模式简介：将鸡粪发酵成有机肥，作为蔬菜、果木生产的基肥，促进鸡粪的资源化利用。

特色：以一个企业为主体开展养殖，将鸡粪发酵有机肥，进行蔬菜、果木生产的自主循环消化 (或多企业农户参与循环消化)，体现"1+1"自主循环。

(三)山、林地养殖模式

山、林地养殖模式在多山或地貌复杂地带应用比较成功，有荒山坡果园和河滩果园两种形式。以此种方式饲养，养殖规模一般在 1000～2000 只之间，其优点如下：

(1) 果农以果木为主，以养殖为辅，规模小、投资少、风险小。

(2) 禽类可食用草籽、害虫及虫卵，以节约饲料。

(3) 禽粪可肥园，既减少了投资又保护了环境。

(4) 成禽运动多，体质好，肉质鲜嫩，味道鲜美。以此种方式放牧，一般采取轮牧方式，牲畜采食完一块林地的杂草后轮转至另一处；前一块林地休牧一年后再次利用，不但可以恢复土地活力，还有效利用了资源，并防止疫病传播。

模式：林牧结合。

模式简介：利用树林中杂草（牧草）草种、野果、昆虫以及土壤矿物质等天然资源，开展林下肉鸡、猪等的散养和轮牧养殖，为林土除虫草、积肥和改善林间小气候，促进畜产品增产增收。

特色：以一个企业为主体，利用林下饲料资源，为林土除草、积肥和改善林间小气候，既促进了绿色畜产品增产增效，又改善了生态环境，体现"1+1"自主循环。

(四)渔业养殖模式

鱼塘养鸭，鱼鸭结合（即水下养鱼、水面养鸭）是广泛推广的一种生态养殖模式。无论在哪种鱼塘养鸭，都要以鱼为主。鱼鸭结合的方式主要有三种：

(1) 直接混养。

(2) 塘外养鸭，即离开池塘，在鱼塘附近建较大的鸭棚，并设活动场和活动池。

(3) 架上养鸭，即在鱼塘上搭架，设棚养鸭，这种方法多用于小规模生产。

这种养殖模式的优点如下。

（1）增加肥料。每只鸭日排粪 130～200 克，其中尚有 26% 未被消化的营养物质。鸭粪排入池中，兼具肥料和饲料双重作用。

（2）增加饲料。鸭群吃漏的饲料约占总投饲量的 10%，能为鱼所食。

（3）增氧促肥。鸭群嬉戏、潜水掘泥觅食，将上层高溶氧水层搅入中下层，使整个水体的总氧量有所提高、分布均匀；同时鸭搅动底泥，加速了淤泥中无机盐的释放，利于肥水。

（4）促鱼增产。据无锡市河埓乡养殖场试验，每亩鱼塘放鸭 122～128 只，鱼可增产 17%～32%。

（五）生态园区模式

生态园区是值得推广的一个人造的大自然生态群落。生态园区内动物、植物和微生物应有尽有。生态园内的养殖是一种立体养殖，模式有猪、鸡、鱼或牛、鸭、鱼或羊、鸡、鱼等饲养园，此外还有野生动物园、珍禽园以及各种珍稀林木等。这种养殖模式的优点如下。

（1）可供人们旅游、观光、娱乐、休闲，享受高山流水、闲云野鹤式的田园风光。

（2）为科研提供实习基地，有利于探索更先进的畜牧理念。

（3）科学地利用荒山、绿化、美化环境，创造独特的人文景观。

（4）生态园内由于养殖种类多、投资大，可吸引一批高素质的专业技术人员和科研人员，由他们提供技术服务，更有利于园区内生物的疫病控制和科学管理。

（5）生态园虽然投资较大，但由于经营种类和项目多，且都是一环套一环，既充分利用了自然资源，又节约了成本，更有利于宏观调控，市场风险较小。

三、绿色生态养殖模式构建的意义

（一）减少畜禽粪污污染，改善环境

数据显示我国养殖规模是巨大的，各养殖场生产过程中产生的畜禽粪污数量更是巨大，如果全部直接排放到环境中，将会对环境造成很大的危

害。构建绿色生态养殖，能够有效地减少畜禽粪污的产生。畜禽 - 沼、肥 - 果蔬的生态模式将畜禽产生的粪污进行固液分离，固体部分进行沼气发酵，产生的沼气用于发电，沼渣沤肥土壤；废水经净化处理，可用于外流灌溉等，既减少了粪污排放，甚至能做到零排放，降低对环境的污染，又能有效改善动物和人类的生活环境。据韩秋茹报道，在养殖场采用干清粪、凹槽式饮水器模式，实现了雨污分离、干湿分离，污水量有效减少 2/3，通过将污水发酵降解，改善了污水颜色和气味。

（二）资源循环利用，降低生产成本

通过植物栽培、动物饲养、牧地系统组合，充分利用可再生资源，变废为宝。将畜禽产生的粪污通过干湿分离、沼气发酵等方法变成有机肥料，改良土壤，增加肥力，使种植的瓜、菜、果、草等产量颇丰；又可兼作饲料，使鱼、虾、蟹肥美。种植的农作物、果蔬、苗木加工利用后的果渣，可加工成饲料饲喂畜禽，使种、养、牧相互结合，降低畜禽养殖企业、农户的生产成本，减少养殖户肥料费用支出。

（三）减少疾病，保障食品安全

运用现代生态养殖技术，可以使养殖设施、饲料、粪污、产品、投入品实现标准化、生态化、微生物化、资源化、有机化及无害化，使在良好生长环境中形成的养殖、种植业更加健康。对现代生态养殖技术进行合理的应用能降低动物发病率，提高其成活率，并可采用益生微生物对动物体内残留的有害物质进行清理，为动物产品提供安全保障。利用现代生态养殖技术能减少农作物、果蔬、苗木的化肥、农药的使用量，为人们提供绿色、有机、无害化的食品，保障食品安全。

（四）创建品牌，提高经济效益

绿色生态养殖技术能为畜禽提供优质的饲料和良好的生长环境。动物吃得好、睡得好，长得就好。生态的牛、羊、猪、鸡、鱼、虾、蟹等养殖模式都基本回归自然，养殖的动物产品肉质肥美、口味佳，营养价值高，深受广大人民的喜爱；生态种植出来的果蔬、作物产量丰、品质佳，绿色健康，

同样深受广大人民的喜爱。依赖产品质量，形成自己的品牌，绿色生态养殖技术使种、养殖的经济效益得到迅速的提升。

（五）助力脱贫致富，带动农村经济

由政府统筹，当地的龙头企业牵头，带领种养农户成立畜禽（牛／羊／猪／鸡）产业联合体，再依据联合体成员现有资源开展绿色循环分工协作，开展养殖、畜禽粪收集处理生产有机肥、种植青贮饲料饲喂畜禽模式。该模式能很好地利用联合体成员各自的资源优势，一方面企业能给当地的贫困农户提供优质畜禽种子资源、饲料、启动资金等，帮助农户就业、创业，增加农民收入，脱贫致富；另一方面农户可以解决企业用工、管理问题等，使企业获得长足有效发展；而企业发展必定带动当地经济快速发展，当地经济发展，农民生活就会越来越幸福，最终实现共同富裕。

（六）加快生态产业发展，营造新式生活

生态园区养殖可供人们旅游、观光、娱乐、休闲，也可为科研提供实习基地，有利于探索更先进的畜牧理念，建造人、畜、环境和谐发展的生活模式。同时以多功能生态园区产业发展带动农业升级、农村建设和农民增收，促进农村劳动力转移，缩小城乡差距，达到多功能生态园区反哺农业、带动城市发展的作用。

第三节　乡村绿色生态养殖项目的分析与选择

一、乡村畜牧产业振兴的关键

（一）加强畜种多元化

就目前全国畜产品市场供给现状来看，猪肉产品的市场基本趋于饱和。生猪和肉鸡等肉类在畜禽产品中生产份额占值较高。市场需要更加有特色、更加优质化的畜禽产品，这就需要从养殖端重新调整产业的结构类型。在稳定当前的畜产品结构类型的同时，让新型的驴、土鸡、蜜蜂、黑山羊、梅花

鹿、放养黑猪、草食类牛羊等特色种类动物也被养殖户认识和发掘。只要给养殖户一定科学设计的引导，就可以形成规模化的养殖业或生产一定的产品，提升生产比重。同时可以结合当地特色产业发展，在新乡村的建设中做精心规划，将畜牧产业与特色养殖、观赏驯养、餐饮品鉴、特色礼包等推介活动结合起来，增加畜种的多元化、畜产品的特色化，满足人们对畜产品差异化的消费需求。

(二) 促进三产融合发展

构建农村一、二、三产业融合发展，延长产业链、提升价值链、完善利益链，既是畜牧养殖产业的发展方向，又是助力精准脱贫的有效路径。在运行方式上采取"公司＋农户""公司＋合作社＋农户"订单养殖，通过保底分红、股份合作、利润返还等多种形式，让农民合理分享全产业链的增值收益。积极培育新型经营主体，并扶大扶强，引导他们从单一养殖向服务加工、市场营销、全程社会化服务方面转型，提高产品档次和附加值，拓展增收空间。运用现代互联网信息技术，宣传推荐产品，对接农超、农社，解决销售难题。统筹兼顾培育新型农业经营主体和扶持小农户，提升小农户抗风险能力，把小农生产引入现代农业的发展轨道。

(三) 环境生态化

认真落实草原生态保护补助奖励政策，严格按照规定划定畜禽养殖禁养区、限养区红线，强化畜牧养殖生产全过程中排放污染治理，全面推进畜禽养殖生产中废弃物的资源化利用，加快构建种养结合、自繁自养的养殖方式，制定农牧业循环的可持续发展新格局；在畜牧产业发展中，积极推行"升级进档"，严格落实政府关于畜禽养殖禁、限、适养三区规划，认真开展养殖场动物防疫许可、环保审批等准入条件的审批工作，查漏补缺，整改提升。在养殖设施方面，积极采用现代化装备，加强环境控制，提高自动化生产能力和工作效率，最大限度地提供畜禽养殖福利。完善养殖场大门、生产区、畜舍"三级"综合消毒防控措施，切断疫病传播环节，降低畜禽发病率，减少药物使用量和抗生素残留。积极开展养殖场绿化、硬化、亮化、美化改造，将养殖场建设成"场在林中、绿在场中"、具有现代气息的绿色生态产业基地或园区。对有条件的养殖场推行煤改气、煤改电和新能源利用，实现生态环保。产业兴旺是乡村振兴的工作重点，必须坚持质量兴农、绿色兴农，以农业供给侧结构性改革为主线，加快构建现代农业产业体系、生产体系、经营体系，提高农业创新力、竞争力和全要素生产率，加快实现畜产品高质量、高效益的转变。

(四) 管理规范化

产品优质是质量振兴农村的前提条件，也是养殖管理规范的内在体现。要实现规范化管理，一是健全管理措施，必须建立质量管控措施、各类岗位工作职责及畜种在不同阶段的饲养操作技术规范，确保生产人员到位、生产措施到位、技术标准到位；二是人员持证上岗，聘用的从业人员需有年度健康体检证、技能鉴定资格证(如疫病防治员、繁育员、检验化验员、饲养员)，条件允许也可聘请行业专家、学校教授担任技术指导或顾问，提产品高科技含量；三是使用安全饲料，购买或使用饲料(预混料、浓缩料、全价料及饲料添加剂)必须索取饲料生产许可证、查验标签、产品质量检验合格证、生产批号、GMP 认证等，并存留档案，确保来源清楚、渠道安全；四是保障兽药质量，购买兽药时须索取兽药生产许可证、兽药 GMP 认证书、产品质量证明文件等，有禁用药、限用药、适用药名录，严格禁用原料药、人用药、激素药，严禁将治疗用药作为促生长剂药使用，出栏畜禽严格执行休药期规定；五是科学防控疫病，制定适宜本场生产实际的免疫程序，并遵循"以监促防，防检结合"，健全抗体检验或病原监测记录。采取发酵、化制等方式处理病死畜禽，采用有机肥加工、沼气能源利用等方式，使粪污实现资源化利用。多管齐下，确保畜牧产业向绿色化、优质化、特色化、品牌化迈进。

(五) 粪污资源化

加强养殖场污染防治，落实污染物无害化处理设施是前提，种养结合、循环利用是目的。设置粪污设施时应根据生产能力配套建设。目前国家主要推广有机肥和沼气能源生态利用模式，实现有机肥和沼液还田，为此，养殖场需要配套一定的土地面积予以消纳处理。按规模养殖场粪肥养分供给量

（对外销售部分不计算在内）除以单位土地粪肥养分需求量，得出配套土地面积，实现清洁生产，种养平衡，资源利用。关于病死畜禽无害化处理，小型养殖场多采用化尸井（池）自然腐化；有条件的规模养殖场采取堆积发酵或化制，将病死畜禽加工成有机肥或工业柴油，这样既彻底消除了病原携带，又实现了资源化利用。

二、乡村绿色生态养殖方式构建的意义

长期以来，乡村生态环境问题成了农村农业发展的"短板"，是农民群众追求美好乡村生活路上的"绊脚石"。乡村振兴战略的重要目标和任务是切实改善农村的生产生活条件，建设人与自然和谐共生的美丽宜居乡村。

中国传统农业具有的发展模式是"天地合一、因地制宜、用养结合、良性循环、持续利用"，长期以来这个模式保持着农业的长盛不衰。近年来，小规模养殖业的种养结合逐步分离，逐渐形成了大规模的种养业专业化、规模化生产，并且快速发展起来。但这样的养殖方式种养衔接还不够紧密，畜禽粪便、作物秸秆还田率下降，化肥、农药过度施用，导致养殖业对生态环境造成严重污染。因此，提出"生态养殖"这个新的概念，需要重建种养循环的养殖生产体系，实现物质和能量在种植业和养殖业间的循环利用，减少农业废弃物的产生，提高整个系统的资源利用效率。

"生态养殖"是近年来在我国农村大力提倡的一种生产模式，其最大的特点就是在有限的空间范围内，人为地将不同种类的动物群体以饲料为纽带串联起来，形成一个循环链，目的是最大限度地利用资源，减少浪费，降低成本。利用无污染的水域如湖泊、水库、江河及天然饵料，或者运用生态技术措施，改善养殖水质和生态环境，按照特定的养殖模式进行增殖、养殖，投放无公害饲料，也不施肥、撒药，目标是生产无公害绿色食品和有机食品。生态养殖的畜禽产品因其品质高、口感好而备受消费者欢迎，产品供不应求。

相对于集约化、工厂化的养殖方式来说，生态养殖是让畜禽在自然生态环境中按照自身原有的生长发育规律自然地生长，而不是人为地制造生长环境和用促生长剂让其违反自身原有的生长发育规律快速生长。如农村一家一户少量饲养的不喂全价配合饲料的散养畜禽，即为生态养殖。因为畜禽是

在自然的生态环境下自然地生长，生长慢、产量低，因而其经济效益也相对较低，但其产品品质与口感均优于由集约化、工厂化的养殖方式饲养出来的畜禽。

三、乡村绿色生态养殖方式构建的途径

按照十九大提出的"产业兴旺、生态宜居、乡风文明、治理有效、生活富裕"的总要求，聚焦乡村振兴战略，以"优供给、强安全、保生态"为发展方向，加快畜牧养殖业的发展步伐。转变生产方式，提高生产效益；加快产业融合发展，提升产业价值；加快种养结合（自繁自养）循环，促进生态环境发展。持续提升劳动生产率、资源利用率、畜禽生产率，推动畜牧业高质量发展，在农业中率先实现现代化。

(一) 优供给

引导和鼓励畜牧龙头企业参与和投资畜禽育种、精深加工、市场开拓等领域的开发建设，培育新型畜牧业经营主体，大力推广"龙头企业＋合作社＋农户"等多种经营模式，提高养殖主体市场竞争力和抗风险能力。

(二) 保生态

确保草原生态保护补助奖励政策得到有效执行，严格依据规定明确畜禽养殖的禁止区和限制区界限，加强对畜牧养殖各环节的排放污染治理力度，全面推动畜禽养殖废弃物的资源化转化利用，加速形成种植与养殖相结合、自我繁殖自我饲养的养殖模式，以制定畜牧业可持续发展的新布局。

(三) 强安全

严格落实基础免疫，建立免疫程序。健全重大动物疫情应急机制，积极推进基层兽医社会化服务，强化对畜禽饲养、屠宰、经营、加工、运输、储藏动物及其产品的监督管理，确保不发生区域性重大畜产品安全事故，保证养殖动物福利，使其健康生长生产。

(四) 重培训

结合政府实施精准扶贫、新型职业农民培育、畜牧业重点项目建设和畜牧兽医实用技术推广，采取多种形式进村到场开展培训工作。有针对性地开展贫困群众养殖技术培训，增强贫困农户的发展能力。

第九章　畜牧业发展中的动物疫病防控技术

第一节　流行病学采样技术

一、采样前应当准备的用品、材料和试剂

1. 器械

采样箱、保温箱或保温瓶、解剖刀、剪刀、镊子、酒精灯、酒精棉、碘酒棉、注射器及针头等；样品容器包括小瓶、玻片、平皿、离心管及易封口的样品袋、塑料包装袋等；试管架、铝盒、瓶塞、无菌棉拭子、胶布、封口膜、封条、冰袋等。

2. 采样记录用品

不干胶标签、签字笔、油性记号笔、采样单、采样登记表等。

3. 样品保存液

阿氏液、30%甘油生理盐水缓冲液、肉汤、PBS液、双抗、抗凝剂等。

4. 防护用品

一次性手套、乳胶手套、口罩、防护服、防护帽、胶鞋等。

二、采样时间

在日常工作中，进行动物的免疫效果监测时，应在动物接种疫苗后且产生的抗体达到高峰时（一般在接种后 20～30 天）进行采样。如在家禽接种禽流感灭活疫苗后 21 天，随机采集家禽血清样品进行抗体监测。

采用比较抗体效价变化法进行血清学诊断时，通常采集两份血清进行检测：第一份血清于病的初期采集，第二份血清应与第一次采集时间间隔 2～3 周采集。

采集死亡动物的内脏作为病料样品时，最迟应不超过动物死亡后 6h。

三、样品的采集

(一) 实验室检测时经常采集的样品种类

血液样品：全血、血清。

拭子样品：眼拭子、呼吸道拭子、咽拭子、肛拭子。

分泌物样品：食道-咽部分泌物（OP 液）、乳汁。

组织样品：淋巴结、肝脏、脾脏、肺脏等脏器样品；脑、脊髓样品。

其他样品：胚胎样品、粪便样品、尿液样品等。

(二) 猪采样类型

（1）猪活体采样主要采集扁桃体、鼻拭子、咽拭子。

扁桃体采集方法：从活体采取扁桃体样品时，应使用专用扁桃体采集器。先用开口器使被采集的猪只嘴部保持张开状态，通过打开的口腔可以看到突起的扁桃体，把采样钩放在扁桃体上，快速扣动扳机取出扁桃体放入 1.5mL 离心管中，编号，冷藏送检。

鼻拭子、咽拭子采集方法：应使用灭菌的棉拭子采集鼻腔、咽喉的分泌物。在蘸取分泌物后，立即将拭子浸入保存液中，密封低温保存或送检。

（2）猪病进行 RT-PCR 检测时，可采集的样品有：肺、扁桃体、淋巴结和脾等组织样品；新鲜精液或冷冻精液；血清、血浆、全血或细胞培养物。在实际工作中，应根据检测的病种不同，采集不同的样品。

(三) 活体牛、羊 OP 液的采集

被检动物需在采样前禁食（可饮少量水）12h；采样探杯在使用前需经装有 0.2% 柠檬酸或 1%～2% 氢氧化钠溶液的塑料桶中浸泡 5min，再用与动物体温一致的清水冲洗后使用；每采完一头动物，探杯都需要重复进行消毒并充分清洗。

采样时，动物应采取站立保定，将探杯随吞咽动作送入食道上部 10～15 cm 处，轻轻来回抽动 2～3 次，然后将探杯拉出。若采集的 OP 液被胃内容物严重污染，要用生理盐水或自来水冲洗口腔后重新采样。取出 5～7mL

OP 液，倒入含有等量细胞培养液或磷酸缓冲液的 15mL 离心管中，拧紧离心管盖后充分摇匀，放冷藏箱及时送检，未能及时送检的应置于 -20℃保存。

（四）畜禽消化系统病料的采集

1.肠管的采集

用线将病变明显处（长 5 ~ 10 cm）的两端双结扎，从结扎的两端外侧剪断肠管，置于灭菌容器中，冷藏送检。

2.肠内容物样品的采集

选择肠道病变明显部位采集内容物。用灭菌的生理盐水轻轻冲洗表面，也可烧烙肠壁表面，经过无菌处理后用吸管扎穿肠壁，从肠腔内吸取肠内容物，放入盛有灭菌的 30%甘油生理盐水中冷藏送检。

（五）禽病原学采样

高致病性禽流感进行病原学检测时，禽病料应包括喉气管拭子和泄殖腔拭子，最好是采集喉气管拭子。小珍禽用拭子取样易造成损伤，可采集新鲜粪便。死禽采集气管、脾、肺、肝、肾和脑等组织样品。

当疑似有新城疫发生时，发病禽采集气管拭子和泄殖腔拭子(或粪便)，死亡禽病料采集以脑为主，也可采集脾、肺、气囊等组织检测。

采集的样品应尽快进行检测，如果没有检测条件，样品可在 4℃保存 4 天；若超过 4 天，需置于 -20℃保存。

（六）血液样品的采集

采集血液样品前一般被采集对象应禁食 8h 以上。采集血样时，应根据采样对象、检验目的及所需血量确定采血方法与采血部位。

1.采血部位

马、牛、羊从颈静脉、尾静脉、乳房静脉采血；猪从前腔静脉、股静脉、隐静脉采血，用量少时也可以从耳静脉抽取；家禽从翅静脉或心脏用注射器抽取血液。

2.全血的采集

全血样品必须是脱纤血或是抗凝血。抗凝剂可选用肝素或乙二胺四乙酸（EDTA），枸橼酸钠对病毒有微毒性，一般不宜采用。以冷藏状态立即送实验室。

必要时，可在血中按每毫升加入青霉素和链霉素各 500 ~ 1000IU，以抑制血源性或采血中污染的细菌。

3. 血清的采集

采集血清用于实验室检测，样品的质量对最终的测定结果具有显著的影响。

合格的血清样品应是清亮透明、无明显沉淀物的，避免使用腐败、溶血的样品（深红色）或严重脂血样品。血清的采集量要足够进行检测与样品备份。血清样品在 2 ~ 7℃冷藏不可超过 3 ~ 5 天，或在 -20℃冷冻不超过 30 天，反复冻融不能超过 3 次。

四、采样注意事项

凡是血液凝固不良、鼻孔流血的病死动物，应耳尖采血涂片，首先排除炭疽。

炭疽病死的动物严禁剖检。

急性死亡的家畜解剖、采样之前，必须用显微镜检查其血液涂片中是否有炭疽杆菌存在。

死亡动物的内脏病料采取，最迟不超过死后 6h（尤其在夏季），否则，随着时间的推移，尸体腐败严重，将会难以采集到合格的病料。

采样时，应从胸腔到腹腔。先采实质器官，采集过程中应做到无菌，避免外源性的污染；其后采集污染的组织，如胃肠组织、粪便等。

采取的病料必须有代表性，采取的组织器官应选取病变明显的部位。采取病料时应根据不同的疫病或检验目的，采集血样、活体组织、脏器、肠内容物、分泌物、排泄物或其他材料。病因不明时，应系统地采集病料。

采集组织病料样品供做病理切片时，应将典型病变部分及相连的健康组织一并采集。

用组织脏器样品材料制作抹片时，先用镊子夹持局部，然后以灭菌或洁净剪刀取一小块，夹出后将其新鲜切面在玻片上压印或涂成一薄片。

脏器样品抹片做吉姆萨染色，可用甲醇固定。

做组织学检查的样品不能冷冻。

需要进行细菌的分离鉴定时，病料应在使用治疗药物前采集，用药后会影响病料中微生物的检出。

实质脏器样品在短时间不能送到实验室的，如为供细菌检查的，应放于灭菌流动石蜡或灭菌的30%甘油生理盐水中冷藏保存。

进行动物结核病的细菌性检查时，死畜可采淋巴结及其他组织；活畜可采其痰、乳、精液、子宫分泌物、尿和粪便等进行检测。

检测狂犬病病原时，应采集唾液和脑样品。

牛海绵状脑病病原检测时，采取脑组织样品。

怀疑发生口蹄疫时，水疱液样品必须采自未破的水疱，不加任何保存液。

用于病毒分离的样品材料，最好在冷藏的条件下（装有冰块或干冰的冷藏瓶），立刻送到实验室。

若检查消化系统寄生虫，需采集5～10 g新鲜粪便样品。

用于寄生虫检验的粪便样品以冷藏不冻结状态保存。

采集乳汁样品时，不能采集最初所挤的3～4股奶，且进行血清学检验的乳汁不可以冻结、加热或强烈震动。

液态样品包装时，样品量不可超过容量的80%，也不应低于容量的70%。

采样时还应考虑动物福利，并做好个人防护，预防人畜共患病的感染。

防止污染环境，防止疫病传播，做好环境消毒和废弃物的处理工作。

第二节 免疫接种实用技术

一、免疫接种前的准备

(一) 疫苗的领取

动物强制免疫疫苗由省级动物疫病预防控制中心统一组织，实行省（自治区直辖市）、市、县逐级供应制度，并分别建立台账，其他任何单位和个人不准经营。

防疫时，可到所在地动物疫病预防控制中心或乡镇动物卫生监督所领取，领取时做好台账登记。

普通动物疫苗可到当地正规兽用生物制品经营单位购买。

(二) 免疫物品的准备

根据不同疫苗、不同免疫方法、不同畜禽做相应准备。

1. 疫苗

包括免疫用疫苗、稀释液或生理盐水。

2. 器械

注射免疫：灭菌注射器 (一般注射器或连续注射器)、针头、搪瓷盘、镊子、剪毛剪。

饮水免疫：饮水器或饮水盘、刻度水桶、搅拌棒。

滴鼻免疫：滴管、量筒或量杯。

喷雾免疫：专用喷雾器、量筒。

刺种免疫：刺种针、量筒或量杯。

口服免疫：量筒或量杯、口服投药器。

保定器械：牛鼻钳、耳夹子、保定架、网兜等。

3. 药品

注射部位消毒药：75%酒精棉球、2% ~ 5%碘酊、消毒干棉签。

人员消毒药：手洗消毒液、75%酒精等。

急救药品：0.1%盐酸肾上腺素、地塞米松磷酸钠、盐酸异丙嗪、5%葡萄糖注射液、生理盐水等。

4. 防护用品

工作服或防护服、胶靴、橡皮手套、口罩、工作帽、护目镜、毛巾等。

5. 其他物品

疫苗冷藏箱、冰块、免疫登记表、免疫证。

（三）注射器、针头的选择

1. 注射器

（1）金属注射器

有 10mL、20mL、30mL、50mL 等规格。特点是耐用，不易损坏、装量大、剂量较准，但构造烦琐，调整麻烦，不易清洗。适用于猪、牛、马、羊、犬等大、中型动物。

（2）玻璃注射器

1～50 mL 各种规格均有。特点是规格齐全，使用方便，易于清洗消毒，但容易损坏，操作不当药液易流失。适用于各种畜禽的免疫注射。

（3）一次性注射器

规格齐全，使用方便。不需要提前消毒。一畜一针，不易人为感染。使用后要收回，无害化集中销毁。

（4）连续注射器

最大装量为 2mL。特点是轻便，效率高，剂量准。适用于家禽、小动物注射。

2. 针头

针头的大小要适宜。针头过短、过粗，注射后疫苗易流出；针头过长，易伤骨膜、脏器；过细，药液不易流出，影响注射。

家禽用 7 号针头（冻干苗）或 12 号针头（灭活苗）。

2～4 周龄猪用 16 号针头（2.5cm 长），4 周龄以上猪用 18 号针头（4.0cm 长）。羊用 18 号针头（4.0cm 长）。牛用 20 号针头（4.0cm 长）。

（四）免疫接种用品的清洗和消毒

将注射器、针头、刺种针、滴鼻（点眼）滴管、量筒等所需接种用具用清水冲洗干净，玻璃注射器针芯、针管分开用纱布包好，如为金属注射器，拧松调节螺丝，抽出活塞，取出玻璃管，用纱布包好，镊子、剪刀用纱布包好，针头插在多层纱布夹层中，在高压灭菌器中 121℃高压灭菌 15min，或加水淹没器械 2cm 以上，煮沸消毒 30min。消毒器械当日使用，超过日期或怀疑有污染要重新消毒。禁止使用化学消毒药浸泡消毒。一次性无菌接种用品要检查包装是否完整以及是否超过有效期。

(五) 免疫人员消毒和个人防护

1. 消毒

免疫人员接种前要剪短指甲，用肥皂洗手后，清水洗净，消毒液洗手，再用75%酒精消毒手指。

消毒液要选取可用于皮肤的消毒溶液，如来苏儿、新洁尔灭、聚维酮碘等溶液，按使用说明配成消毒洗手液。

2. 个人防护

免疫人员要穿好工作服或防护服、胶靴，戴好帽子、口罩、护目镜、橡胶薄手套，特别是在进行人畜共患病（如布鲁氏菌病）免疫和气雾免疫时，严格做好个人防护。

(六) 接种动物外观健康检查

检查动物精神状况、体温、食欲、被毛，询问饲养员近期有无发病情况。不正常的畜禽不能接种或暂缓接种。

发病、瘦弱、部分日龄较小的牲畜不能接种。

怀孕后期动物不予接种或暂缓接种。孕期动物按疫苗说明书决定是否进行接种。

对不能接种动物进行登记，以后补种。

(七) 疫苗的检查和稀释

详细阅读疫苗使用说明书，了解其用途、使用方法、用量、注意事项等。

检查疫苗外观质量，发现疫苗瓶破裂、瓶盖松动、漏液、标签不完整、超过有效期、破乳或分层、有异物、霉变、冻干块萎缩、无真空等，不得使用。

注射用的灭活疫苗要先进行预温，使其恢复到室温（15~25℃）。可放到适度的温水中或温度适合的室内自然升温。

按说明书要求和接种方法，用疫苗稀释液、生理盐水或注射用水等稀释疫苗，配比一定要准确。

如果疫苗需要稀释，要用酒精棉球消毒瓶塞后，用注射器抽取稀释液，注入疫苗瓶内，振荡，使疫苗完全溶解。如需配制在其他容器内，要用稀释液或生理盐水等将疫苗瓶内的药物完全清洗取净。

灭活疫苗或油乳剂疫苗轻摇后，消毒瓶塞，直接抽取使用。

稀释后的疫苗如不立即使用或未用完，要先放在带有冰块的冷藏箱内，避免高温或阳光直射，在 1～2h 内用完。如果接种畜禽量过大，应采取随用随稀释的方法，以免时间太长影响疫苗效价。

(八) 动物的保定

接种疫苗前要做好动物的保定，良好的保定可保障人畜安全，使免疫顺利进行，确保免疫质量。

动物保定注意事项：

(1) 了解动物习性和有无恶癖，保定要在畜主的协助下完成。

(2) 不要粗暴对待动物，要有爱心和耐心。

(3) 选用器械要合适，绳索要结实、粗细适宜，绳要打活结，以便危急时刻迅速解开。

(4) 根据动物大小选择适宜场地，地面要平整，没有碎石、瓦砾等，防止损伤动物。

(5) 无论是接近单个动物或动物群体，都应适当限制参与人数，以防惊吓动物。

(6) 切实做好参与保定人员的个人防护，保证人员安全。

二、免疫接种方法和操作

为保证动物在免疫接种后产生预期的免疫效果，在使用疫苗时，应按照疫苗使用说明书的要求采用正确的免疫接种方法。弱毒疫苗尽量模仿自然感染途径接种，灭活疫苗一般应在皮下或肌肉注射接种。

(一) 注射免疫法

1. 皮下注射

(1) 禽类皮下注射

适用范围：雏禽、幼禽。

操作方法：左手握住幼禽保定好，在颈背部下 1/3 处，用大拇指和食指捏住颈中线的皮肤并向上提起，针孔向下与皮肤呈 45° 角从前向后方向刺入皮下 0.5~1cm。推动注射器活塞，缓缓注入疫苗，注射完毕后快速拔出针头。

注意事项：多数使用连续注射器操作，疫苗剂量较小，不需要皮肤消毒。注射过程中要经常检查注射器是否正常。保定时，一定要捏住皮肤，不能只捏羽毛。确保针头刺入皮下。注射速度不要太快，防止疫苗外溢。

(2) 家畜皮下注射

适用范围：牛、马、羊、猪、犬等。

操作方法：注射部位要选择皮薄毛少、皮肤松弛、皮下血管少的部位。马、牛、羊等宜在颈侧中 1/3 处，猪宜在耳根后或股内侧，犬宜在股内侧。保定好动物后，用 2%~5% 碘酊棉球以螺旋式的方式由接种部位的中心向外围进行消毒，随后，用已经挤干的 75% 酒精棉球擦去残留的碘酊，完成脱碘步骤。左手拇指与食指捏住消毒处皮肤提起呈三角形，右手持注射器，沿三角形基部快速刺入皮下约 2cm，左手放开皮肤 (如果针头刺入皮下，则可较自由拨动)，回抽针芯，如无回血，缓慢注入药液，注射完毕后用消毒的干棉球按住注射针眼部位，拔出针头。最后涂以 2%~5% 碘酊消毒。

注意事项：用 75% 酒精脱碘，待酒精干后再注射。插针时，要防止刺穿皮肤注射到皮外。避免将药液注射到血管。

2. 肌肉注射法

(1) 禽类肌肉注射

适用范围：鸡、鸭、鹅、鸽子等禽类。

操作方法：可选择胸部、腿部或翅根部位肌肉。保定好禽类后，用 75% 酒精棉球擦拭注射部位，酒精干后进行注射。胸部肌肉注射时，要将疫苗注射到胸骨外侧 2~3cm 的表面肌肉内，进针方向与机体保持 45° 角，倾斜向前进针；腿部肌肉注射时，应选择在无血管处的外侧腓肠肌，顺着腿骨方向与腿部保持30°～45°角进针，将疫苗注射到外侧腓肠肌的浅部肌肉内。2月龄以上的鸡可选择翅根肌肉注射，要选择翅根部肌肉多的地方注射。

注意事项：胸部肌肉注射时，进针方向要掌握好，避免刺穿体腔或刺伤肝脏、心脏等，尤其是体格较小的禽类。注射时要先看有无回血再注射，避免伤及血管。要选择大小适宜的注射器和针头。

（2）家畜的肌肉注射

适用范围：猪、牛、马、羊、犬、兔等家畜。

操作方法：应选择肌肉丰满、血管少、远离神经干的部分。马、牛宜在臀部或颈部，猪宜在耳后、臀部，羊、犬、兔宜在颈部。保定好动物后，用2%～5%碘酊棉球由内向外螺旋式消毒接种部位，再用挤干的75%酒精棉球脱碘。左手固定注射部位，右手拿注射器，针头垂直刺入肌肉内，然后用左手固定注射器，右手回抽针芯，如无回血，慢慢注入药液，发现回血要变更刺入位置。如果动物不安定或皮厚不易刺入，可将针头取下，用右手拇指、食指和中指捏紧针头尾部，对准注射部位迅速刺入肌肉，然后接上注射器进行注射。肌肉注射时，进针方向要与注射部位皮肤垂直。注射完毕拔出针头后，涂以2%～5%碘酊消毒针眼部位。

注意事项：要根据动物大小和肥瘦程度掌握刺入深度，避免刺入太深，伤及骨膜、血管、神经等，或因刺入太浅将疫苗注入脂肪而不易吸收。要选择大小适宜的注射器和针头，防止针头折断，禁止打飞针，注意更换针头。

3. 皮内注射法

（1）适用范围

家畜、家禽的皮内免疫接种。如绵羊痘活疫苗和山羊痘活疫苗。

（2）操作方法

选择皮肤致密、被毛稀少部位。羊宜在尾根部或颈部，马、牛宜在颈侧、尾根、肩胛中央，猪宜在耳根后，鸡宜在肉髯部位。保定动物后，注射部位消毒，用左手将皮肤夹起一皱褶或用左手绷紧固定皮肤，右手持注射器，在皱褶上或皮肤上斜着使针头几乎与皮面平行轻轻刺入内约0.5cm，放松左手，左手在针头和针管连接处固定针头，右手持注射器，徐徐注入药液。如果针头确在皮内，则注射时感觉有较大阻力，同时注射处形成一个圆球状凸起。注射完毕后拔出针头，用2%～5%碘酊消毒注射部位。

（3）注意事项

针头不要太粗。药液不宜过多，一般在0.5mL以内。部位选择要正确，不要注入皮下。

(二) 口服免疫法

1.适用范围

猪、牛、羊等一些菌苗的免疫，如布鲁氏菌病活疫苗、仔猪副伤寒活疫苗、链球菌活疫苗等。

2.操作方法

将疫苗用生理盐水或清洁凉开水稀释后拌入料中口服或直接稀释后灌服。有条件的可用疫苗投放器按说明书要求进行操作。

3.注意事项

口服时，疫苗剂量一定要充足，稀释用的水和饲料温度不能高，饲料中或水中不能含有影响疫苗效果的药物、添加剂等。

第三节　兽医消毒实用技术

兽医消毒是指用物理的、化学的或生物的方法清除或杀灭畜禽体表及其生活环境和相关物品中的病原微生物的过程。消毒的目的是切断传播途径，预防和控制传染病发生与传播。做好兽医消毒工作，对发展畜牧业生产，保障人民健康具有十分重要的意义。

一、消毒方法

(一) 物理消毒法

物理消毒法是利用物理因素杀灭或清除病原微生物或其他有害微生物的方法，用于消毒灭菌的物理因素有高温、紫外线、电离辐射、超声波、过滤等。常用的物理消毒方法有机械消毒、煮沸消毒、焚烧消毒、火焰消毒、阳光/紫外线消毒等。

1. 机械消毒

机械消毒是指用清扫、洗刷、通风和过滤等手段机械清除病原体的方法，是最普遍、最常用的消毒方法。它不能杀灭病原体，必须与其他消毒方法配合使用，才能取得良好的杀毒效果。

2. 煮沸消毒

大部分芽孢病原微生物在100℃的沸水中迅速死亡。各种金属、木质、玻璃用具和衣物等都可以进行煮沸消毒。蒸汽消毒与煮沸消毒的效果相似，在农村一般利用铁锅和蒸笼进行。

3. 焚烧消毒

焚烧是直接点燃或在焚烧炉内焚烧的方法。主要适用于传染病流行区的病死动物、尸体、垫料、污染物品等的消毒处理。

4. 火焰消毒

火焰消毒是以火焰直接烧灼杀死病原微生物的方法，它能很快杀死所有病原微生物，是消毒效果非常好的一种消毒方法。

5. 阳光/紫外线消毒

阳光是天然的消毒剂，一般病毒和非芽孢性病原菌在直射的阳光下几分钟至几小时可以杀死。阳光对于牧场、草地、畜栏、用具和物品等的消毒具有很大的实际意义，应充分利用；紫外线对革兰氏阴性菌、病毒效果较好，革兰氏阳性菌次之，对细菌芽孢无效，常用于实验室消毒。

(二) 化学消毒法

化学消毒法是指应用各种化学药物抑制或杀灭病原微生物的方法，是最常用的消毒法，也是消毒工作的主要内容。常用的化学消毒方法有刷洗、浸泡、喷洒、熏蒸、拌和、撒布、擦拭等。

1. 刷洗

用刷子蘸取消毒液进行刷洗，常用于饲槽、饮水槽等设备、用具的消毒。

2. 浸泡

将需消毒的物品浸泡在一定浓度的消毒药液中，浸泡一定时间后再拿出来。

如将饲槽、饮水器等各种器具浸泡在 0.5%～1% 新洁尔灭中消毒。

3. 喷洒

将消毒药配制成一定浓度的溶液 (消毒液必须充分溶解并进行过滤，以免药液中不溶性颗粒堵塞喷头，影响喷洒消毒)，用喷雾器或喷壶对需要消毒的对象 (畜舍、墙面、地面、道路等) 进行喷洒消毒。

4. 熏蒸

常用福尔马林配合高锰酸钾进行熏蒸消毒。其优点是消毒较全面，省工省力，但要求动物舍能够密闭，消毒后有较浓的刺激气味，动物舍不能立即使用。

5. 拌和

(1) 拌和的用途

在对粪便、垃圾等污染物进行消毒时，将粉剂型消毒药品与其拌和均匀，堆放一定时间，可达到良好的消毒效果。如将漂白粉与粪便以 1∶5 的比例拌和均匀，进行粪便消毒。

(2) 拌和的步骤

称量或估算消毒对象的重量，计算消毒药品的用量，进行称量。

按《兽医卫生防疫法》的要求，选择消毒对象的堆放地址。将消毒药与消毒对象进行均匀拌和，完成后堆放一定时间即达到消毒目的。

6. 撒布

将粉剂型消毒药品均匀地撒布在消毒对象表面。如将消石灰撒布在阴湿地面、粪池周围及污水沟等处进行消毒。

7. 擦拭

擦拭是指用布块或毛刷浸蘸消毒液，在物体表面或动物、人员体表涂擦消毒。如用 0.1% 的新洁尔灭洗手，用布块浸蘸消毒液擦洗母畜乳房，用布块蘸消毒液擦拭门窗、设备、用具和栏、笼等，用脱脂棉球浸湿消毒药液在猪、鸡体表皮肤、黏膜、伤口等处进行涂擦，用碘酊、酒精棉球涂擦消毒术部等，也可将消毒药膏剂涂布在动物体表进行消毒。

（三）生物学消毒

生物学消毒就是利用动物、植物、微生物及其代谢产物杀灭去除外环境中的病原微生物。主要用于土壤、水和动物体表面消毒处理。目前常用的是生物热消毒法。

生物热消毒法是利用微生物发酵产热以达到消毒目的的一种消毒方法，常用的有发酵池法、堆粪法等，常用于粪便、垫料等的消毒。

二、影响消毒效果的因素

（一）消毒药的种类

在使用消毒剂时，应因地制宜，根据所要杀灭的病原微生物特点、消毒对象的特点、环境温度、湿度、酸碱度等，选择对病原体消毒力强、对人畜毒性小、不损坏被消毒物体、易溶于水、在消毒环境中比较稳定、价廉易得、使用方便的消毒剂。如饮水消毒常选用漂白粉等；消毒畜禽体表时，应选择消毒效果好而又对畜禽无害的0.1%新洁尔灭、0.1%过氧乙酸等。如室温在16℃以上时，可用乳酸、过氧乙酸或甲醛熏蒸消毒；高锰酸钾与40%甲醛配合使用可用于清洁空舍的熏蒸消毒。

（二）消毒方法

根据消毒药的性质和消毒对象的特点，选择喷洒、熏蒸、浸泡、洗刷、擦拭、撒布等适宜的消毒方法。

（三）消毒剂的浓度与剂量

选择可有效杀灭病原微生物的消毒浓度，而且是达到要求的最低浓度。一般来说，消毒剂的浓度和消毒效果成正比，即消毒剂浓度越大，其消毒效力越强（但是70%～75%酒精比其他浓度酒精的消毒效力都强）。但浓度越大，对机体、器具的损伤或破坏作用也越大。因此，在消毒时，应根据消毒对象、消毒目的的需要，选择既有效而又安全的浓度，不可随意加大或减小药物的浓度。熏蒸消毒时，应根据消毒空间大小和消毒对象计算消毒剂用量。

科学地交替使用或配合使用消毒剂。根据不同消毒剂的特性、成分、作用原理，可选择多种消毒剂交替使用或配合使用。但在配合使用时，应注意药物间的配伍禁忌，防止配合后反应引起的减效或失效。如苯酚忌配合高锰酸钾、过氧化物；新洁尔灭忌与碘化钾、过氧乙酸等配伍使用。

(四) 环境温度、湿度

环境温度、湿度对消毒效果都有明显的影响，必须加以注意。一般来说，温度升高，消毒剂杀菌能力增强。湿度对许多气体消毒剂的消毒作用有明显的影响，直接喷洒消毒干粉剂消毒时，需要有较高的相对湿度，使药物潮解后才能充分发挥作用。

(五) 有机物的影响

饲料残渣、污物、排泄物 (如粪便)、分泌物等对病原微生物有机械保护作用，从而降低消毒剂的消毒作用。因此，在使用消毒剂消毒时必须先将消毒对象 (地面、设备、用具、墙壁等) 清扫、洗刷干净，再使用消毒剂，使消毒剂能充分作用于消毒对象。

(六) 接触时间

消毒剂与病原微生物接触时间越长，杀死的病原微生物越多。因此，消毒时，要使消毒剂与消毒对象有足够的接触时间。

(七) 消毒操作规范

消毒剂只有接触病原微生物，才能将其杀灭。因此，喷洒消毒剂一定要均匀，每个角落都喷洒到位，避免操作不当，影响消毒效果。

三、器具消毒

(一) 饲养用具的消毒

饲养用具包括饲槽、饮水器料车、添料锹等，应定期进行消毒。

1. 操作步骤

根据消毒对象不同，配制消毒药。

清扫（清洗）饲养用具，如饲槽应及时清理剩料，然后用清水进行清洗。

根据饲养用具的不同，可分别采用浸泡、喷洒、熏蒸等方法进行消毒。

2. 注意事项

（1）注意选择消毒方法和消毒药。饲养用具用途不同，应选择不同的消毒药，如笼舍消毒可选用福尔马林进行熏蒸，饲槽或饮水器一般选用过氧乙酸、高锰酸钾等进行消毒，金属器具可选用火焰消毒。

（2）保证消毒时间。消毒药的性质不同，因此在消毒时，应注意不同消毒药的有效消毒时间，给予保证。

（二）运载工具的消毒

运载工具主要是车辆，一般根据用途不同，将车辆分为运料车、清污车、运送动物的车辆等。车辆的消毒主要是应用喷洒消毒法。

1. 操作步骤

（1）准备消毒药品。根据消毒对象和消毒目的不同，选择消毒药物，仔细称量后装入容器内进行配制。

（2）清扫（清洗）运输工具。对运输工具进行清扫和清洗，去除污染物，如粪便、尿液、洒落的饲料等。

（3）消毒。运输工具清洗后，根据消毒对象和消毒目的，选择适宜的消毒方法进行消毒，如喷雾消毒或火焰消毒。

2. 注意事项

根据消毒对象，选择适宜的消毒方法。

消毒前一定要清扫（清洗）运输工具，保证运输工具表面黏附的污染物的清除，这样才能保证消毒效果。

进出疫区的运输工具要按照动物卫生防疫法要求进行消毒处理。

（三）医疗器具的消毒

1. 注射器械的消毒

将注射器用清水冲洗干净。如为玻璃注射器，将针管与针芯分开，用纱布包好；如为金属注射器，拧松调节螺丝，抽出活塞，取出玻璃管，用纱布包好。针头用清水冲洗干净，成排插在多层纱布的夹层中。将清洗干净包装好的器械放入煮沸消毒器内灭菌。煮沸消毒时，水沸后保持 15～30 min。灭菌后，放入无菌带盖搪瓷盘内备用。煮沸消毒的器械当日使用，超过保存期或打开后，需重新消毒后，方能使用。

2. 刺种针的消毒

用清水洗净，高压或煮沸消毒。

3. 饮水器的消毒

用清洁卫生水刷洗干净，用消毒液浸泡消毒，然后用清洁卫生的流水认真冲洗干净，不能有任何消毒剂、洗涤剂、抗菌药物、污物等残留。

4. 点眼、滴鼻滴管的消毒

用清水洗净，高压或煮沸消毒。

5. 喷雾器的清洗

喷雾免疫前，首先要用清洁卫生的水将喷雾器内桶、喷头和输液管清洗干净，不能有任何消毒剂、洗涤剂、铁锈和其他污物等残留；然后用定量清水进行试喷，确定喷雾器的流量和雾滴大小，以便掌握喷雾免疫时来回走动的速度。

第四节　动物疫病诊断实用技术

一、高致病性禽流感

由正黏病毒科流感病毒属 A 型流感病毒中的高致病性毒株引起的以禽类为主的一种急性、高度致死性传染病。

（一）流行病学特点

多种禽类易感，特别是鸡。传染源主要为病禽或带毒禽。一年四季均可发生，但多发生于季节交替之时。

(二)临床症状

急性发病死亡或不明原因死亡，潜伏期为几小时到数天，最长可达21天。

病鸡脚部鳞片有红色或紫黑色出血。鸡冠出血或发绀，头部和面部水肿。眼结膜发炎，眼、鼻腔有较多浆液性、黏液性或脓性分泌物。水禽可见神经和腹泻症状，有时可见角膜炎甚至失明。产蛋突然下降。

(三)病理变化

内脏器官和皮肤有各种水肿、出血和坏死。出血在心外膜、胸肌、腺胃和肌胃的黏膜尤为突出。腺胃黏液增多，心冠及腹部脂肪出血，胰腺、脾脏和心肌组织常见坏死灶。

(四)实验室诊断

1. 病原学诊断

反转录聚合酶链式反应（RT-PCR）、荧光反转录聚合酶链式反应。

2. 血清学诊断

血凝及血凝抑制试验、间接酶联免疫吸附试验。

二、口蹄疫

口蹄疫是由口蹄疫病毒引起的一种急性、热性、高度接触性传染病。该病的临诊特征是传播速度快、流行范围广。

(一)流行病学特点

口蹄疫病毒以偶蹄动物的易感性较高。家畜以牛易感，其次是猪，再次为绵羊、山羊。仔猪和犊牛不但易感且死亡率高。马属动物不会感染口蹄疫。

传染源主要为潜伏期感染及临床发病动物。感染动物呼出物、唾液、粪便、尿液、乳、精液及肉和副产品均可带毒。康复期动物可带毒。

易感动物可通过呼吸道、消化道、生殖道和伤口感染病毒，通常以直接或间接接触（飞沫等）方式传播，或通过人或犬、蝇、蜱、鸟等动物媒介，或经车辆、器具等被污染物传播。如果环境气候适宜，病毒可随风远距离传播。一年四季均可发生。

(二) 临床症状

成年动物感染后体温升高，口腔黏膜、蹄部和乳房等处的皮肤形成水疱，发生糜烂，但死亡率低；幼龄动物感染后多因心肌炎突发死亡且死亡率高。

1. 猪的症状

临床以蹄冠、蹄叉、蹄踵、鼻端发生水疱，体温升高至 41～42℃，拒食，跛行，进行性消瘦为主要特征。愈大愈肥的猪跛行和消瘦愈明显，常表现卧地不起，不能站立，跪地爬行。病情严重者蹄壳脱落。

2. 牛的症状

体温升高，精神抑郁，脉搏加快，结膜潮红，反刍减弱或数量减少。继之口腔黏膜潮红、干燥、发热，出现全身症状，随即迅速发生口腔病变，呆立流涎。

3. 羊的症状

绵羊常成群发病，多数呈一过性，症状轻微，有时不易被察觉。仔细检查时，可见唇和颊部有米粒大小的水疱。山羊患病也较轻微，症状和绵羊相同，偶尔也可见到严重病例。奶山羊口蹄疫常出现典型口蹄疫症状。

(三) 病理变化

在口腔、蹄部有水疱和烂斑；消化道可见水疱、溃疡；胃肠有出血性炎症；肺呈浆液性浸润。

幼龄动物可在心肌切面上见到灰白色或淡黄色条纹与正常心肌相伴而行，如同虎皮状斑纹，俗称"虎斑心"。

(四) 实验室诊断

1. 病原学诊断

反转录聚合酶链式反应（RT-PCR）。

2. 血清学诊断

正向间接血凝试验（IHA）、液相阻断 ELISA。

三、小反刍兽疫

小反刍兽疫俗称羊瘟，是由小反刍兽疫病毒引起的一种急性病毒性传染病。

（一）流行病学特点

主要感染山羊、绵羊、美国白尾鹿等小反刍动物，病畜的分泌物和排泄物是传染源。一年四季均可发生。

（二）临床症状

自然发病仅见于山羊和绵羊。一些康复山羊的唇部形成口疮样病变。感染动物临诊症状与牛瘟病牛相似。

急性型体温可上升至41℃，并持续3~5天。感染动物流黏液脓性鼻漏，呼出恶臭气体。在发热的前4天，口腔黏膜充血，颊黏膜进行性广泛性损害，导致多涎，随后出现坏死性病灶，开始口腔黏膜出现小的粗糙的红色浅表坏死病灶，以后变成粉红色，感染部位包括下唇、下齿龈等处。严重病例可见坏死病灶波及齿垫、腭、颊部及其乳头、舌头等处。

后期出现带血水样腹泻，严重脱水，消瘦，随之体温下降。出现咳嗽、呼吸异常，发病率高达100%。在严重暴发时，死亡率为100%；在轻度发生时，死亡率不超过50%。幼年动物发病严重，发病率和死亡率都很高。

（三）病理变化

口腔和鼻腔黏膜糜烂、坏死。支气管肺炎。坏死性和出血性肠炎，呈斑马状条纹。淋巴结水肿，脾脏可出现坏死性病变。

（四）实验室诊断

1. 病原学诊断

反转录聚合酶链式反应（PT-PCR）。

2. 血清学诊断

酶联免疫吸附试验。

四、高致病性猪蓝耳病

高致病性猪蓝耳病是由猪繁殖与呼吸综合征病毒变异株引起的一种急性高致病性传染病。

(一) 流行病学特点

传染源主要为感染猪及康复猪。一年四季均可发生，高热高湿季节发病率较其他时节有明显增高。

(二) 临床症状

以高度接触性传播、全身出血、肺部实变和母猪繁殖障碍为特征，仔猪、育肥猪和成年猪均可发病和死亡，育肥猪也可发病死亡是其特征。猪群突然发病，精神沉郁，食欲下降或废绝；体温明显升高，可达41℃以上；有眼结膜和呼吸道症状；母猪流产，产弱仔、死胎、木乃伊胎。

(三) 病理变化

肺水肿、出血、淤血，以心叶、尖叶为主的灶性暗红色实变；扁桃体出血、化脓；脑出血、淤血，有胶冻样物质渗出；心肌出血、坏死；脾脏边缘或表面出现梗死灶；淋巴结出血；肾脏土黄色，表面可见针尖至小米粒大出血斑点。

(四) 实验室诊断

1. 样品采集

(1) 血清学检测

可采集被检猪血液，分离血清。

(2) 病原学检测

可采集肺、扁桃体、淋巴结和脾等各种组织样品。

2. 常用诊断方法

酶联免疫吸附试验。

五、猪瘟

猪瘟是由猪瘟病毒引起的一种急性、热性、接触性传染病，俗称"烂肠瘟"，具有高度传染性和致死性。

（一）流行病学特点

本病在自然条件下只感染猪，不同年龄、性别、品种的猪和野猪都易感。一年四季均可发生。病猪是主要传染源，病猪的排泄物和分泌物都可散播病毒。猪瘟的传播主要通过接触，经消化道感染。此外，患病和弱毒株感染的母猪也可以经胎盘垂直感染胎儿。

（二）临床症状

潜伏期一般为 5～7 天，根据临床症状可分为急性型、慢性型和温和型三种类型。

1. 急性型

病猪常无明显症状，突然死亡，一般出现在初发病地区和流行初期。病猪精神差，发热，体温在 40～42℃之间，呈现稽留热、喜卧、拱背、寒战及行走摇晃。食欲减退或废绝，喜欢饮水，有的发生呕吐。结膜发炎，流脓性分泌物，将上、下眼睑粘住，不能张开。鼻流脓性鼻液。初期便秘，干硬的粪球表面附有大量白色的肠黏液，后期腹泻，粪便恶臭，带有黏液或血液。病猪的鼻端、耳后根、腹部及四肢内侧的皮肤及齿龈、唇内、肛门等处黏膜出现针尖状出血点，指压不褪色，腹股沟淋巴结肿大。公猪包皮发炎，阴鞘积尿。小猪可出现神经症状，表现磨牙、后退、转圈、强直、侧卧及游泳状，甚至昏迷等。

2. 慢性型

多由急性型转变而来，体温时高时低，食欲不振，便秘与腹泻交替出现，逐渐消瘦、贫血，衰弱，被毛粗乱，行走时两后肢摇晃无力，步态不稳。有些病猪的耳尖、尾端和四肢下部呈蓝紫色。病程可长达一个月以上，最后衰弱死亡，死亡率极高。

3. 温和型

温和型猪瘟又称非典型猪瘟，主要发生于断奶后的仔猪及架子猪，症状表现轻微，不典型，病情缓和，病理变化不明显，病程较长。体温稽留在40℃左右。皮肤无出血小点，但有淤血和坏死。食欲时好时坏，粪便时干时稀。病猪十分瘦弱，致死率较高，也有耐过的，但生长发育严重受阻。

(三) 病理变化

全身皮肤、浆膜、黏膜和内脏器官有不同程度的出血。全身淋巴结肿胀、多汁、充血、出血，外表呈现紫黑色，切面如大理石状。肾脏色淡，皮质有针尖至小米状的出血点。脾脏有梗死，以边缘多见，呈色黑小紫块。喉头黏膜及扁桃体出血。膀胱黏膜有散在的出血点。胃、肠黏膜呈卡他性炎症。大肠的回盲瓣处形成纽扣状溃疡。

(四) 实验室诊断

1. 样品采集
（1）血清学检测
可采集被检猪血液，分离血清。
（2）病原学检测
活体采样要用扁桃体采样器采集扁桃体；病死猪可采集肺、扁桃体、淋巴结和脾等各种组织样品。
2. 常用诊断方法
酶联免疫吸附试验。

第十章　促进畜牧业健康发展的策略

第一节　加强牧区水利建设

一、加强牧区水利建设的必要性与可行性

（一）加强牧区水利建设是保护天然草原，维护国家生态安全的必要之举

牧区是我国重要的生态区域，拥有丰富的天然草原资源。然而，由于气候变化、过度放牧、水资源短缺等因素，牧区草原生态系统的健康状况备受关注。为了保护天然草原，维护国家生态安全，加强牧区水利建设显得尤为重要。本节将从以下几个方面阐述加强牧区水利建设的必要性。

1. 水资源短缺与生态恢复

牧区普遍存在水资源短缺的问题，这直接影响天然草原的生态平衡。过度放牧导致草场退化，水源枯竭，生物多样性减少，进而加剧了草原生态系统的恶化。通过加强水利建设，可以合理调配和利用水资源，保障草场灌溉，促进草地的生态恢复。

2. 促进天然草原保护

水利建设是天然草原保护的重要手段之一。通过修建水库、引水工程等水利设施，可以改善草场的供水条件，提高草地的生产力，从而有效保护天然草原。同时，水利建设还可以引导牧民改变传统的过度放牧方式，实现草畜平衡，降低草原退化的风险。

3. 维护国家生态安全

牧区草原是国家的生态安全屏障，对于保持生物多样性、调节气候、防治沙漠化等具有重要作用。加强牧区水利建设，有助于改善草原生态状况，提高草原的生态服务功能，从而维护国家的生态安全。

4. 经济效益与社会效益

加强牧区水利建设不仅有利于生态保护，还有着显著的经济效益和社会效益。一方面，水利建设可以促进当地经济发展，增加就业机会；另一方面，改善草场环境，可以提高农牧民的生活水平，实现可持续发展。

（二）加强牧区水利建设是改善畜牧业生产条件，提高综合生产能力的必要之举

1. 改善畜牧业生产条件

首先，水利设施的加强将显著改善牧区的生产条件。灌溉系统的完善，可以确保在干旱季节为牧草提供充足的水分，从而提高牧草的产量和质量。同时，排水系统的优化也能有效防止涝灾，为牲畜提供一个安全、稳定的生存环境。

此外，水利设施的建设还能提高水质，提高饮水的质量。这对于保障牲畜的健康，降低疾病的发生率具有重要意义。

2. 提高综合生产能力

加强牧区水利建设不仅有助于改善生产条件，还能显著提高牧区的综合生产能力。水利设施的完善，将有助于实现畜牧业的规模化、集约化生产，从而提高单位面积的产出。这对于缓解牧区人口的水资源短缺问题，提高牧民的生活水平具有重要作用。

同时，水利设施的建设还能带动相关产业的发展，如建材、施工、环保等产业，从而为当地创造更多的就业机会，促进经济的多元化发展。

（三）加强牧区水利建设能够促进牧区经济发展，提高牧民生活水平

1. 促进牧区经济发展

牧区经济的发展离不开水利设施的建设。水利设施的建设不仅可以提供牧民生产和生活所需的水源，还可以为牧区提供灌溉和养殖等支持。通过加强水利建设可以改善牧区的生产条件，提高农牧业的生产效率，从而促进牧区经济的发展。

2. 提高人民生活水平

加强牧区水利建设不仅可以促进牧区的经济发展，还可以提高人民的生活水平。首先，水利设施的建设可以改善牧民的生活环境，提供更加安全、清洁的水源。其次，水利设施的建设可以为牧民提供更多的就业机会，增加收入来源。最后，水利设施的建设还可以优化牧区的交通状况，提高牧民的出行便利性，从而提高其生活质量。

二、促进畜牧业健康发展的水利建设策略

(一) 加强牧区水利基础设施建设，提高防洪抗旱能力

1. 合理规划，科学布局水利设施

合理规划是水利基础设施建设的前提和基础。在牧区水利建设中，应根据地形地貌、气候条件、水资源分布等实际情况，科学规划水利设施布局。一方面，要充分考虑水资源的可持续利用，合理确定水利设施的建设规模和数量；另一方面，要充分考虑防洪抗旱的需求，优化水利设施的功能配置。同时，还要加强与畜牧业的结合，确保水利设施能够满足畜牧业发展的实际需求。

2. 加大资金投入，改善现有水利设施条件

资金是水利基础设施建设的重要保障。当前，我国牧区水利设施普遍存在设施老化、功能退化等问题，严重制约了防洪抗旱能力的提升。必须加大资金投入，改善现有水利设施条件。一方面，政府应加大财政投入，支持牧区水利设施建设；另一方面，要拓宽融资渠道，吸引社会资本参与水利建设。同时，还要加强项目管理和资金使用监管，确保资金使用的有效性和安全性。

3. 加强技术培训，提高水利设施管理水平

水利设施的管理水平直接影响其功能的发挥和效益的实现。必须加强技术培训，提高水利设施管理水平。一方面，要加强对水利设施管理人员的培训，提高其专业技能和管理水平；另一方面，要加强对居民的水利知识普及和技能培训，使其能够正确使用和维护水利设施。同时，还要建立健全水利设施管理制度和运行机制，确保水利设施长期稳定运行并发挥最大效益。

（二）建立完善的水资源管理体系，保障畜牧业用水需求

1. 加强水资源监测，保障供水安全

为确保畜牧业用水的稳定供应，必须加强对水资源的监测。这包括定期对水源地、水质、水量进行监测，及时发现和解决水源污染、水量减少等问题。同时，建立完善的监测网络和预警机制，确保在紧急情况下能够迅速采取措施，保障供水安全。

2. 合理调配水资源，实现水资源的优化利用

畜牧业水资源的管理应遵循"节水优先、空间均衡、系统治理、两手发力"的原则。通过科学规划、合理调配，实现水资源的优化配置和高效利用。例如，根据畜牧业生产的季节性特点，合理安排灌溉时间和灌溉量，避免水资源浪费。同时，加强水资源与畜牧业发展的协调规划，确保畜牧业发展与水资源承载能力相协调。

3. 加强节水意识宣传，推广节水技术和设备

提高畜牧业从业者的节水意识是保障水资源可持续利用的关键。通过宣传节水知识、普及节水技术，让从业者认识到节水的重要性。同时，积极推广节水灌溉技术、节水养殖设备等节水技术和设备，降低畜牧业生产中的水资源消耗。

在推广节水技术和设备方面，可以采取以下措施：

（1）政策扶持。政府应出台相关政策，对采用节水技术和设备的畜牧业企业给予一定的政策扶持和资金补贴，降低其采用节水技术的成本。

（2）技术研发。鼓励科研机构和企业加大节水技术的研发力度，推动节水技术的创新和应用。

（3）示范推广。建立节水示范点和节水示范区，展示节水技术的实际效果和优势，带动周边地区畜牧业从业者积极采用节水技术和设备。

（三）加强牧区水利设施的维护和管理，确保设施长期稳定运行

1. 建立完善的维护管理制度

为确保水利设施的有效运行，首要任务是建立一套完善的维护管理制度。这一制度应涵盖设施的日常检查、维修、保养、更新以及应急预案等方

面，明确各项工作的责任主体、工作内容和工作标准。同时，还应建立相应的考核机制，对维护工作进行定期评估，确保各项制度得到有效执行。

2.加强技术培训，提高维护管理水平

水利设施的维护和管理需要专业的技术支撑。提高维护管理人员的专业技能水平至关重要。可以通过组织定期的培训课程、邀请专家进行技术指导、开展技能竞赛等方式，提高维护管理人员的业务能力。同时，还应注重培养一支稳定、专业的维护管理团队，为水利设施的稳定运行提供有力保障。

3.引入社会力量，共同参与水利设施的维护和管理

水利设施的维护和管理需要全社会的共同参与。可以积极引入社会力量，如企业、社会组织、志愿者等，共同参与水利设施的维护和管理。通过政府购买服务、企业捐赠、志愿者参与等方式，形成多元化的维护管理格局。这不仅可以减轻政府的财政负担，还可以提高水利设施的维护管理水平，实现资源的优化配置和有效利用。

在具体实施过程中，可以采取如下措施：

（1）建立政府、企业、社会组织等多方参与的协调机制，共同商讨水利设施的维护管理问题。

（2）制定具体的引入社会力量参与的政策措施，如税收优惠、资金扶持等，吸引更多的社会力量参与水利设施的维护和管理。

（3）加强对社会力量的培训和管理，确保他们能够有效地参与水利设施的维护和管理。

三、实施策略的建议

（一）加强部门协作

1.加强部门协作的必要性

畜牧业水利建设涉及多个部门，如水利、农业、环保等。各部门之间的工作内容相互关联，相互依存。加强部门协作，形成工作合力，可以确保水利建设项目的顺利实施，提高项目质量和效益。同时，部门协作还能有效避免工作重复和资源浪费，提高工作效率。

2.加强部门协作的具体措施

（1）建立协调机制。建立由相关部门参与的畜牧业水利建设协调机制，定期召开联席会议，共同研究解决水利建设中的重大问题。

（2）明确职责分工。各部门要明确自身在畜牧业水利建设中的职责和任务，形成分工明确、责任到人的工作机制。

（3）加强信息共享。建立畜牧业水利建设信息共享平台，实现各部门之间信息的互联互通和共享共用。

（4）强化联合执法。针对畜牧业水利建设中的违法违规行为，各部门要加强联合执法力度，形成合力打击违法行为的态势。

（5）加大投入力度。各级政府要加大对畜牧业水利建设的投入力度，提高水利设施的建设标准和质量。同时，要引导社会资本参与水利建设，形成多元化投入机制。

通过加强部门协作，可以有效推动畜牧业水利建设的快速发展。一方面，水利设施的建设和完善将为畜牧业提供更加稳定、可靠的水源保障；另一方面，水利设施的现代化、智能化水平将得到提高，进一步提升畜牧业的用水效率和生产效益。同时，加强部门协作还能有效促进畜牧业与环保、农业等其他产业的融合发展，推动农村经济结构的优化升级。

加强部门协作形成工作合力是促进畜牧业水利建设健康发展的关键所在。各级政府和相关部门要高度重视畜牧业水利建设工作，加强沟通协调和合作配合，共同推动畜牧业水利建设的快速发展。同时，要加大对畜牧业水利建设的宣传力度和政策支持力度，引导广大农牧民积极参与水利建设和管理维护工作，共同推动畜牧业的持续健康发展。

（二）注重实践效果，不断完善和优化水利建设策略

1.深入调研，了解畜牧业发展需求

水利建设应以畜牧业发展需求为导向，深入了解畜牧业生产过程中对水资源的需求、利用及排放情况。通过实地调研，掌握畜牧业用水现状，为水利建设提供科学依据。

2.科学规划，优化水利建设布局

根据畜牧业发展需求和区域水资源状况，科学规划水利建设布局。在保障畜牧业用水需求的同时，充分考虑水资源的可持续利用，合理布局水库、水渠、泵站等水利设施，确保水资源的优化配置和高效利用。

3. 加强技术创新，提升水利建设水平

注重水利技术创新，积极引进国内外先进的水利技术和设备，提高水利建设的技术含量和工程质量。同时，加强水利建设人才队伍建设，培养一支高素质、专业化的水利建设队伍，为畜牧业健康发展提供有力支撑。

4. 完善管理机制，确保水利设施高效运行

建立健全水利设施管理机制，明确管理职责和任务，加强设施的日常维护和保养。同时，建立完善的监测和预警系统，及时发现和处理水利设施运行中的问题，确保水利设施的高效运行和长期稳定供水。

(三) 积极推广成功经验，带动周边地区畜牧业发展

1. 总结经验，形成可复制可推广的模式

在水利建设实践中，积极总结成功经验，形成具有地方特色的水利建设模式。这些模式应具有较强的可操作性和可复制性，便于在周边地区推广和应用。

2. 加强宣传，提高畜牧业从业者对水利建设的认识

通过多种渠道和方式，加强对水利建设在畜牧业发展中重要作用的宣传，提高畜牧业从业者对水利建设的认识。同时，积极宣传水利建设的成功案例和典型经验，激发畜牧业从业者参与水利建设的积极性和主动性。

3. 加强合作与交流，促进区域畜牧业协同发展

加强与周边地区的合作与交流，共同研究探讨水利建设在畜牧业发展中的应用和推广。通过合作与交流，共享水利建设成果和成功经验，促进区域畜牧业的协同发展。

4. 提供政策支持与资金保障，推动水利建设快速发展

政府应加大对水利建设的支持力度，制定相关政策和措施，为水利建设提供资金保障和政策支持。同时，鼓励社会资本参与水利建设，形成多元化投入机制，推动水利建设的快速发展。

第二节　完善草原承包制度

一、草原承包制度的定义

草原承包制度，作为一种特殊的土地管理制度，特指在充分了解和掌握草原生态系统中植物、动物、微生物之间及其与生境相互关系的基础上，通过法律手段将草原资源的使用权、经营权明确授予特定的农牧民或企业，实行有偿承包经营的一种制度。这一制度的实施，旨在通过对草原资源的科学管理和合理利用，促进草原生态系统的健康发展，同时保障农牧民的经济利益，推动畜牧业的可持续发展。

草原承包制度的核心在于明确草原资源的产权关系，将草原资源的经营权和使用权与所有权相分离，实现草原资源的优化配置和高效利用。在承包期内，承包者享有对草原资源的经营权和使用权，同时也承担相应的保护和建设责任。这种制度安排既保证了草原资源的合理利用，又激发了承包者保护草原、建设草原的积极性。

二、草原承包制度对畜牧业发展的积极作用

(一) 优化资源配置，提高畜牧业生产效率

草原承包制度的实施，使得草原资源的配置更加合理。承包者可以根据自己的经营能力和市场需求，合理安排畜牧业生产活动，实现资源的优化配置。同时，承包者为了获得更好的经济效益，会积极采用先进的养殖技术和管理方法，提高畜牧业的生产效率。

(二) 激发农牧民的积极性，促进畜牧业发展

草原承包制度将草原资源的经营权和使用权赋予农牧民，使他们成为草原资源经营的主体。这种制度安排激发了农牧民保护草原、建设草原的积极性，他们会更加注重草原的生态保护，积极投入资金和技术进行草原建设。同时，草原承包制度也保障了农牧民的经济利益，使他们有了稳定的收入来源，从而更加积极地投入畜牧业生产。

（三）促进草原生态保护，实现畜牧业可持续发展

草原承包制度的实施有利于加强草原生态保护。承包者在经营过程中，需要遵循草原生态规律，合理利用草原资源，避免过度放牧、过度开垦等破坏草原生态的行为。同时，草原承包制度也鼓励承包者积极参与草原植被的保护和恢复工作，推动草原生态环境的修复和重建。这种制度安排有助于实现畜牧业与生态环境的和谐发展，促进畜牧业的可持续发展。

综上所述，草原承包制度对畜牧业的发展具有积极的推动作用。未来，应进一步完善草原承包制度，加强草原生态保护和恢复工作，推动畜牧业与生态环境的和谐发展。

三、促进畜牧业健康发展的草原承包制度优化策略

（一）提高草原承包合同的执行力度

1. 加强宣传教育，提高农牧民对合同重要性的认识

提高农牧民对草原承包合同重要性的认识，是加强合同执行力的基础。要充分利用各种宣传渠道，如广播、电视、报纸、网络等，广泛宣传草原承包合同的相关法律法规和政策，使农牧民深刻认识到合同的重要性和必要性。同时，通过开展培训班、讲座等形式，提高农牧民对草原承包合同的认知和理解，增强他们的法律意识和合同意识。

2. 完善合同内容，明确双方的权利和义务

草原承包合同的内容应当完善、明确，确保双方的权利和义务得到清晰界定。在合同中，应当明确草原的承包期限、承包面积、承包费用、草原保护和管理要求等内容，以及双方的权利和义务。通过明确合同内容，可以避免因合同条款模糊而引发的纠纷和争议，提高合同的执行力和约束力。

3. 强化执法力度，打击合同违规行为

强化执法力度，打击合同违规行为，是确保草原承包合同得到有效执行的关键。要建立健全草原承包合同监管机制，加强合同执行情况的监督检查。对于违反合同规定的行为，要依法依规进行严肃处理，形成对合同违规行为的强大震慑力。同时，要加强执法队伍建设，提高执法人员的素质和能

力，确保执法工作的公正、公平、有效。

（二）完善草原承包制度的监督和管理机制

1.建立健全草原承包管理制度，明确各级监管机构的职责和权限

草原承包制度是实现草原资源可持续利用、促进草原生态环境保护的重要手段。通过明确草原的承包经营权，可以激励承包者更加积极地投入草原的保护和建设。然而，由于草原资源的特殊性，草原承包制度在实施过程中面临着诸多挑战，如承包者权益保护、草原生态保护与利用的矛盾等。完善草原承包制度，建立健全监督和管理机制，对于促进草原资源的合理利用、保护草原生态环境具有重要意义。

（1）建立健全草原承包管理制度

①明确草原承包经营权。草原承包经营权是草原承包制度的核心。要完善草原承包制度，首先要明确草原承包经营权，确保承包者的合法权益得到保障。同时，要规范草原承包经营权的流转，防止草原资源的无序流转和破坏。

②制定草原承包经营规范。制定草原承包经营规范，明确草原承包经营的原则、目标、任务和责任。通过规范草原承包经营行为，促进草原资源的合理利用和草原生态环境的保护。

③加强草原承包合同管理。草原承包合同是草原承包经营的法律依据。要加强草原承包合同的签订、履行和监督管理，确保草原承包合同的合法性和有效性。同时，还要加强对草原承包合同的纠纷调解和仲裁工作，维护草原承包经营者的合法权益。

（2）明确各级监管机构的职责和权限

①国家级监管机构。国家级监管机构负责制定全国性的草原承包政策和管理制度，监督指导地方各级监管机构的草原承包管理工作。同时，国家级监管机构还要负责协调处理跨地区的草原承包纠纷和争议。

②地方级监管机构。地方级监管机构负责具体实施草原承包管理制度，监督指导草原承包经营者的行为。地方级监管机构要建立健全草原承包管理队伍，加强对草原承包经营者的培训和指导。同时，地方级监管机构还要加强对草原承包经营行为的监督检查，及时发现和纠正违法违规行为。

③社会监督。社会监督是草原承包管理制度的重要组成部分。要建立健全社会监督机制，鼓励社会各界积极参与草原承包管理的监督工作。通过设立举报电话、建立举报平台等方式，接受社会各界对草原承包管理工作的监督和建议。

2.加强草原承包权的确权登记工作

草原承包权的确权登记是明确草原承包权归属、防止权属纠纷的基础。首先，要建立健全草原承包权的确权登记制度，明确登记的范围、内容和程序，确保每一块草原都有明确的承包权归属。其次，要加强草原承包权的调查核实工作，确保登记信息的真实性和准确性。最后，要完善草原承包权的变更和注销制度，对草原承包权的流转、转让、继承等行为进行规范，防止因权属变更而引发的纠纷。

3.建立草原承包信息公示制度

草原承包信息的公示是接受社会监督、提高草原承包透明度的重要途径。应建立草原承包信息公示制度，定期公示草原承包情况，包括承包人、承包面积、承包期限、承包用途等关键信息。通过公示，可以让公众了解草原承包的实际情况，发现问题及时反映，促进草原承包的公平、公正和透明。同时，也可以促使承包人更加珍惜草原资源，合理利用草原。

4.引入第三方监管机制

为了提高草原承包监督管理的专业性和公正性，应引入第三方监管机制。第三方监管机构应具备专业的草原管理和法律知识，能够对草原承包活动进行独立、客观、公正的监管。同时，要建立健全第三方监管机构的选聘、考核和监督机制，确保其依法依规履行职责。通过第三方监管机构的参与，可以及时发现和纠正草原承包中的违法违规行为，保障草原资源的合理利用和生态安全。

5.加强草原执法队伍的建设

草原执法队伍是草原保护和管理的重要力量，其建设水平直接关系到草原保护的效果。为了加强草原执法队伍的建设，我们可以从以下几个方面入手：

（1）提高执法人员的素质和能力。通过加强执法人员的业务培训和法律法规学习，提高他们的专业素养和执法能力，确保在执法过程中能够严格依法行政，保护草原生态资源。

（2）完善执法制度和流程。建立健全草原执法的各项规章制度和操作流程，规范执法行为，防止执法过程中出现的滥用职权、玩忽职守等现象。同时，加强对执法行为的监督和考核，确保执法工作的公正性和有效性。

（3）加强执法装备和设施建设。为草原执法队伍配备必要的执法装备和设施，如车辆、通信设备、检测仪器等，提高执法工作的效率和质量。同时，加强执法基地和办公场所的建设，为执法人员提供良好的工作环境和条件。

6. 建立健全草原监测体系

草原监测体系是草原保护和管理的重要支撑，通过监测可以及时了解草原资源的数量、质量、生态状况等信息，为草原保护和合理利用提供科学依据。为了建立健全草原监测体系，我们可从以下方面入手：

（1）加强草原资源调查。定期开展草原资源调查工作，全面掌握草原资源的分布、面积、权属、质量等情况，为草原保护和管理提供基础数据。同时，加强草原资源调查数据的分析和利用，为草原保护和合理利用提供科学决策支持。

（2）建立草原生态监测站。在草原重点区域建立生态监测站，对草原生态状况进行长期、连续的监测和评估。监测内容包括草原植被盖度、生物量、土壤状况、水资源状况等，为草原保护和合理利用提供实时、准确的数据支持。

（3）推广遥感监测技术。利用遥感技术开展草原监测工作，可以快速、准确地获取草原资源的信息，提高监测效率和质量。同时，通过遥感技术还可以对草原退化、沙化等生态问题进行及时预警和评估，为草原保护和治理提供科学依据。

（4）加强监测数据的共享和利用。建立健全草原监测数据共享机制，促进监测数据的共享和利用。通过数据共享可以加强不同部门之间的协作和配合，提高草原保护和管理的整体效果。同时，加强监测数据的分析和利用，可以为草原保护和合理利用提供科学决策支持。

四、实施策略

(一) 加强政策宣传和培训，提高农民的政策意识和参与度

政策宣传是实施和完善草原承包制度的基础。各级政府应加大宣传力度，利用广播、电视、报纸、网络等媒体，广泛宣传草原承包政策的目标、意义和内容，让农民深刻认识到草原承包制度对于促进畜牧业可持续发展的重要性。同时，加强政策培训，组织专家深入农村，对农民进行面对面的政策解读和指导，提高农民的政策理解能力和实际操作水平。

提高农民的参与度是完善草原承包制度的关键。应鼓励农民积极参与草原承包制度的改革和完善，充分听取他们的意见和建议，确保政策更加符合农民的实际需求。此外，还应加强对农民的政策引导和激励，通过提供政策咨询、技术指导、资金扶持等措施，激发农民参与草原承包制度改革的积极性和主动性。

(二) 鼓励地方试点，逐步推广优化后的草原承包制度

地方试点是完善草原承包制度的重要途径。各地应根据自身实际情况，选择具有代表性的地区进行草原承包制度改革试点，探索符合当地实际的草原承包制度模式。在试点过程中，应注重总结经验教训，及时发现问题并加以解决，确保试点工作的顺利进行。

通过地方试点，可以形成一批可复制、可推广的草原承包制度模式。这些模式既体现了当地的特色和需求，又具有一定的普适性和可操作性。在试点成功后，应及时总结经验教训，将成功的模式进行推广和普及，促进草原承包制度在全国范围内的优化和完善。

(三) 加强多方面协调配合，形成促进畜牧业健康发展的合力

完善草原承包制度需要多方面的协调配合。各级政府应加强对草原承包制度改革工作的组织领导，明确责任分工和任务要求，确保各项政策措施得到有效落实。同时，各相关部门应加强沟通协作，共同推进草原承包制度的改革和完善。

推进草原承包制度改革时，应注重发挥市场机制的作用。通过建立健全草原流转市场、加强草原承包经营权流转管理、推动草原畜牧业规模化经营等措施，促进草原资源的优化配置和合理利用。同时，还应加强草原生态保护和环境监管，确保草原资源的可持续利用和生态环境的稳定。

总之，完善草原承包制度是一项长期而艰巨的任务。只有在加强政策宣传和培训、鼓励地方试点、加强多方面协调配合等措施的共同推进下，才能形成促进畜牧业健康发展的强大合力，实现草原资源的可持续利用和畜牧业的可持续发展。

第三节　完善草原生态保护补偿机制

党的二十大报告中明确指出，要"建立生态产品价值实现机制，完善生态保护补偿制度"。生态保护补偿是我国生态文明制度的一个重要组成部分，自党的十八大以来，我国陆续出台了《关于健全生态保护补偿机制的意见》《建立市场化、多元化生态保护补偿机制行动计划》《关于深化生态保护补偿制度改革的意见》，旨在加大生态保护补偿力度，并探索适合我国国情的生态保护补偿制度体系。在实践中，各地在开展生态保护补偿方面进行了积极探索，建立了森林生态保护补偿制度，并将国家级公益林全部纳入补偿范围；实施了草原生态保护补助奖励，推动禁牧封育和草畜平衡；在主要生态功能区域建立转移支付，对限制开发和禁止开发区域予以支持；实施湿地生态效益补偿，推动沙化土地封禁保护，开展耕地轮作休耕制度试点工作等。这些措施加速推进了各领域生态保护补偿的步伐，为建设美丽中国提供了全面的推动力。

一、完善草原生态补偿框架体系

构建和完善生态保护补偿机制框架体系是制度建设的基础。按照生态补偿理论，草原生态保护补偿制度框架要素应包含补偿主体、补偿对象、补偿方式和补偿标准。补偿主体主要明确"谁补偿"，根据"受益者付费""破坏者付费""保护者受益"原则，草原生态保护补偿主体应包括中央及各级政府，草原开发者、消费者和破坏者，公益性生态保护组织，受益地区的居民及政府等。补偿对象应包括牧民、村（嘎查）集体、地方政府和作出贡献的企业、组织或个人等。对于部分牧区放弃发展机会以保护草原导致经济社会发展缓慢，地方财力紧缺的，应加大对县域的转移支付，因此，地方政府既是补偿主体，有时也是受偿对象。补偿标准主要解决"补偿多少"。一般来说，生态保护补偿标准的确立可参考几种方法，如草原生态系统服务价值增量、生态保护者成本投入或经济损失、生态受益者的收益或被破坏草原生态治理的成本等。补偿方式主要解决"如何补偿"，补偿方式可以是单一方式，也可以是组合方式。从目前的实践来看，政府补偿和市场补偿是最常见的方式。补偿机制主要是解决"补偿怎么才能被保证"的问题，是制度实操的基础。保障措施包括完善的法律法规保障、奖惩机制、上下游补偿关联关系、完备的生态系统监测评价技术体系、生态保护补偿标准的核算体系、生态补偿实施的制度评价体系等。

二、加快推进重点任务建设

（一）建立健全相关法律法规和配套政策

针对草原生态保护补偿权利和义务的主体与内容不明确等问题，抓住《生态保护补偿条例》出台的契机，结合实际对草原生态保护补偿的基本原则、标准、范围、对象、资金、工作职责、监督评估等做出全面系统的规定，并细化各项实施细则。尽快将草原生态保护补偿制度写入《中华人民共和国草原法》，着力解决现有草原概念定义范围不清晰、行政处罚依据不充分、行政处罚过轻，以及某些监管领域缺乏监管和处罚条款等问题。积极争取在我国宪法中明确生态保护补偿的基本内涵，在《中华人民共和国环境保护法》中对草原生态补偿做出概括性规定，明确对未按照法律法规要求落实草原生态保护补偿所应承担的法律责任等。加快推进配套法律法规的修订和相关制度的完善，推进《草畜平衡管理办法》等修订进程，积极推动地方立法，鼓励地方出台和完善配套法规、规章或规范性文件，保障草原资源在生态保护、生产利用、资源开发、监督管理以及实施生态保护补偿制度中有明确、充分的法律依据。另外，要以《关于全面推行林长制的意见》《关于加强草原保护修复的若干意见》等的意见落实作为契机，尽快深化草原资源监督管理体制机制改革，协调好草原生态保护和资源开发利用的关系，处理好保护和受益两个群体的利益关联，推进草原生态保护补偿制度的建立、健全和深入落实。

(二) 强化草原生态监测及监管体系建设

完善草原监测评价预警技术体系，建立基于自动监测与人工辅助监测相结合的网络体系，针对草地生态健康、生态系统服务功能、草原生态系统碳通量等生态指标进行空间高密度、时间高频度的监测，科学评估草畜平衡状况、草地退化现状、草原碳储量分布、草原碳汇增量等，对牧户、县域、流域乃至区域或全国尺度的草原生态健康预警、生态破坏损失量估算、生态服务产品供给量核算等提供基础信息，为研定草原生态保护补偿标准提供重要依据。应加强草原监测成果的决策服务功能，充分发挥草原生态监测全覆盖、高频次、可预测等优势，将结果充分运用到草原决策管理全过程。通过监测及早发现过度放牧利用或其他破坏草原的行为，做到及时有效制止。另外，基于完备的草原生态监测，推动草原生态保护补助奖励政策实施考核方法的转变，即从核定牧户饲养牲畜数量向考核草原生态转变，可相对客观地评价牧户草畜平衡或禁牧落实情况，并明确予以牧户量化分级奖惩，从而为建立更加公平高效的制度机制提供充分依据。

(三) 优化草原生态保护补助奖励政策

草原生态保护补助奖励政策实施两轮又两年以来，总体上看，超载率大幅减低，大部分区域草原生态不同程度地向好发展，但相对"均等化"的补奖政策已经难以解决牧民保护草原的代价付出及效果的差异化问题，应本着"奖优扶劣"原则，推动补奖政策向体现更加公平高效的差异化生态补偿机制转变。考虑到政策的连续性和过渡性，可在未来一至两轮政策期内，实施"生态补奖＋生态补偿"的"双效政策"。明确奖惩主体，划定生态质量标线，对草场质量评估等于或优于标线的区域实施生态补偿机制，按照质量评价等级对经营主体给予差异化补偿，正向激励受偿主体持续加大草原保护力度。对草场现状质量总体较差的按照一定的补贴标准严格落实禁牧，草场质量稍差的，实施严格的奖励性草畜平衡，如果在一定时间内，保护效果仍未能达到区域质量标线的，草场经营权可暂由集体代管保护和经营。明确科学合理的补偿标准，确保"补助""奖励"激励作用的实现。要重视协调解决好部分农牧民的生计问题。针对草原资源较少的社区或牧户群体，在"生态优先"的总原则下，对于草场质量等于或优于标线的牧户，应建立"保底补偿"机制，尽量补至当地农牧民人均可支配收入水平。

（四）完善草原保护和退化草原生态修复治理体系

在全国范围内，已建成的自然保护地共计1.18万个，其中草原类型的自然保护地仅有40多个，所覆盖的草原面积仅为165万公顷，占全国自然保护区总数的0.33%和面积的0.16%。即使将三江源国家公园等也计算在内，总保护面积也仅占全国草原面积的2.5%左右，这与各类自然保护地占国土陆域面积的比例相比显然存在较大的差距。应完善草原保护地体系建设，加强纵向生态保护补偿，通过中央预算内投资对草原保护地基础设施和公共服务设施建设予以倾斜。构建跨区域联防联治，推进草原横向生态保护补偿机制。探索毗邻区域间草原生态保护联防联控联治机制，开展联合生态监测和退化草原共同治理，共享生态恢复成效。对于其他在经济、社会发展中获益于草原区能源、资源支持或人文关怀的地区，要在草原生态保护修复和牧民生计等方面积极争取建立对口支援帮扶机制，推动建立区域间横向生态保护补偿。鼓励其他发达省区通过横向转移支付补偿中西部地区的生态利益，以经济利益引导区域间生态利益的再调配。优化重点生态工程项目管理，鼓励集体或牧民参与，探索草原生态修复治理的实施主体多元化，打破企业在工程实施中的垄断性，试行工程项目实施先建后补等方式，让主动参与者获得更多补助或补偿。鼓励社会资本投向草原生态修复治理，鼓励社会资本投入草原碳汇开发项目，通过出资开展草原生态保护修复治理，可获得一定份额的碳汇交易资格和收益权。在国土空间规划、生态红线、基本草原等允许的草原区段，利用沙地、沙漠等资源进行新能源产业开发，通过多产业融合发展筹集草原生态治理资金，加快生态脆弱区修复治理，并保障农牧民在产业开发的过程中获得地租补偿、就业机会及区域经济发展红利。积极引导公益性草原生态保护事业发展。推动成立草原生态保护修复公益基金，鼓励愿意参与建设或回报草原的企业或个人参与草原保护修复，鼓励科研院所、高等院校的智力资源参与草原生态保护修复的公益事业。

(五)促进产业发展并保障优质产品高附加值实现

通过加大对草牧业发展的全方位扶持，包括草牧业生产投入、科技研发、生产场地改善、畜种改良、基础设施建设、劳动力培训等，提升草牧业生产综合水平，优化和调整草原生产经营模式，有效降低草原超载率，建立草地农业生态治理补贴制度，保障牧民收入稳定提高。推动建立草畜产品优质优价机制，保障附加值的实现。引导发展特色优势产业，走产业生态化道路，扩大绿色产品供给，促进优质产品高附加值的实现。推动草原优质草畜产品参与到绿色采购中，主管部门要协调草畜产品进入绿色采购清单，有序引导政府、社会力量和广大消费者参与绿色采购供给。支持政府和社会资本按照市场化原则发起区域性绿色发展基金，支持以PPP模式规范操作的绿色草牧业发展项目，鼓励银行金融机构通过绿色信贷服务支持绿色草牧业项目，保险机构加大创新绿色保险产品力度，积极参与草原生态保护补偿。推动生态产业发展，促进生态优势向强化草原保护转变。充分利用草原的自然资源、人文社会资源等优势，进行保护性开发、服务性增值，尤其是在生态功能重要、生态资源富集的经济欠发达、群众收入偏低的地区，要加大产业开发投资力度，提高区域经济社会发展投资比重，将生态优势转化为经济优势，将获益实惠补偿给开发者、地方政府和本土牧民。推动草原碳增汇为主的生态产品价值兑现，助力实现"双碳"目标。推进草原碳汇产品纳入全国碳市场，探索建立草原碳汇交易平台，联合全国草原重点省区，建设草原碳汇市场交易试点。探索建立草原碳汇收储机制，以核证发放的草原碳票为纽带，委托行业部门进行真负碳保护价收储。拓展草原碳汇价值实现多样化路径，出台国家碳汇产品抵押贷款管理办法，评估碳汇产品抵押融资潜力，合理设计抵押贷款流程环节及保障措施，促进金融机构碳汇信贷产品创新，引导社会资本介入碳汇产品开发与交易。广泛推行草原牧区碳普惠机制，建立"碳普惠制"鼓励个人和小微企业的低碳行为，推动实现牧民碳减排的"可记录、可衡量、有收益、被认同"。

(六)探索多元化补偿，助力草原生态保护和高质量发展

生态保护补偿除了货币补偿之外，还有实物补偿、智力补偿、政策补

偿、项目补偿等方式[①]。草原生态保护补偿制度应该充分利用多元化的补偿方式，多方面、全方位构建补偿体系。具体来讲，可重点考虑加强国家和地方在草原生态保护、退化沙化草原治理、草牧业发展、应对气候变化等领域的科技研发投入，提高牧区发展的科技和智力支撑，促进科技成果转化，提高草原生态保护建设的技术水平和效益。加大对牧民技能培训力度，通过生态保护建设技能、畜牧业生产技能以及转产就业相关技能的培训，提高牧民的综合素质和增产、转产能力，促进牧民增产增收。在惠农政策上，如牧机购置补贴、畜牧良种推广、奶业振兴支持、粮改饲、畜产品增量提质、新型农业经营主体高质量发展、农业信贷担保服务、动物疫病防控以及保险保费补贴等方面要重点向牧区倾斜。要积极加快推进牧区基本公共服务均等化，在看病就医、子女入学、创业就业、社会保险、住房保障等方面给予更多优惠政策，尤其是通过建立社会信用体系，对为草原生态保护作出贡献的牧民个体、群体或集体给予更多优惠。此外，应加强对生态脆弱区和贫困地区的投入力度，扩大实施范围，创新资金使用方法，如通过生态保护补偿和生态修复治理工程等措施，使当地有劳动能力的低收入群体得到劳动收入，或转为生态保护人员。

第四节　完善牧区发展政策，转变畜牧业发展方式

一、完善牧区发展政策

畜牧业作为我国农业的重要组成部分，不仅关系到广大农牧民的经济利益，更与国家的粮食安全、生态安全紧密相连。然而，随着现代化进程的加快，传统畜牧业面临着诸多挑战，如资源短缺、环境污染、生产效率低下等。完善牧区发展政策，促进畜牧业健康发展，已成为当前农业发展的重要任务。

---

① 葛少芸. 强化肃南县草原生态补偿制度的思考和建议［J］. 社科纵横，2017，32（1）：60-63.

（一）完善牧区发展政策的重要性

（1）保障农牧民利益。完善牧区发展政策能够确保农牧民在畜牧业发展中的主体地位，保障他们的合法权益，提高他们的生产积极性和生活水平。

（2）提升畜牧业生产效率。通过政策引导，优化畜牧业生产结构，推广先进技术和管理模式，提升畜牧业生产效率，满足市场需求。

（3）促进生态文明建设。牧区是生态系统的重要组成部分，完善牧区发展政策有利于保护生态环境，促进生态文明建设。

（4）促进畜牧业转型升级。完善牧区发展政策可以引导牧民采用现代畜牧业技术和管理方法，提高畜牧业生产效率和质量。同时，政策扶持还可以促进畜牧业向规模化、标准化、产业化方向发展，实现畜牧业转型升级。

（5）改善牧民生活水平。牧区发展政策的完善，可以通过加大对牧民的扶持力度、提高牧民收入水平实现。例如，通过提供养殖技术培训、建设畜牧产品加工基地等措施，帮助牧民增加收入来源，改善生活条件。

（6）推动区域协调发展。牧区发展政策的完善有助于推动区域协调发展。通过优化资源配置、加强区域合作等措施，促进牧区与其他地区的优势互补和协同发展，实现区域经济的共同繁荣。

（二）完善牧区发展政策的策略

1.加强政策扶持力度

政策扶持是牧区发展的重要保障。首先，应加大财政对牧区的投入，提高牧区基础设施建设水平，改善牧民生产生活条件。同时，应优化畜牧业补贴政策，确保补贴资金真正惠及牧民，提高牧民的生产积极性。此外，还应完善畜牧业保险制度，降低畜牧业生产风险，保障牧民的利益。

相关部门在加强政策扶持的同时，还应注重政策的协调性和连贯性。各级政府应加强沟通协作，形成政策合力，确保政策的有效实施。同时，应根据牧区实际情况，制定差异化的扶持政策，满足不同地区的发展需求。

2.推广先进的管理模式

先进的管理模式是提高牧区畜牧业发展水平的关键。首先，应推广现代畜牧业技术，提高畜牧业生产效率。通过引进先进的养殖技术、疫病防控技术等，提高畜牧业的产品质量。同时，还应加强畜牧业科技创新，推动畜牧业向高端、高效、高质方向发展。

在推广先进管理模式的过程中，我们应注重培养牧民的技术和管理能力。通过组织培训班、现场指导等方式，提高牧民的技术水平和管理能力。同时，还应鼓励牧民参与畜牧业合作社、家庭农场等组织形式，实现资源共享、优势互补，提高畜牧业整体发展水平。

3. 完善的市场体系

完善的市场体系是牧区畜牧业发展的重要支撑。首先，应加强畜产品流通体系建设，畅通畜产品流通渠道。通过建设畜产品批发市场、冷链物流等基础设施，提高畜产品流通效率和质量。同时，还应加强畜产品品牌建设，提高畜产品附加值和市场竞争力。

在完善市场体系的过程中，还应注重加强市场监管和执法力度。通过建立健全畜产品质量安全监管体系、加强畜产品检验检疫等措施，保障畜产品质量安全和市场秩序。同时，还应加强畜牧业法律法规建设，为畜牧业发展提供法律保障。

（三）具体措施

1. 制定牧区发展规划

制定科学合理的牧区发展规划，是完善牧区发展政策的首要任务。规划应综合考虑牧区的自然资源、生态环境、经济发展状况以及社会文化特色，明确发展目标、战略定位和重点任务。具体而言，规划应包括以下几个方面：

（1）生态保护与修复。坚持生态优先、绿色发展的原则，加强草原生态保护与修复，提高草原植被覆盖率和生物多样性，构建稳定的草原生态系统。

（2）畜牧业转型升级。推动畜牧业由传统放牧向集约化、规模化、标准化、品牌化转变，提高畜牧业生产效率和产品质量。

（3）加强基础设施建设。加强牧区道路、水利、电力、通信等基础设施建设，提高牧区生产生活条件，促进牧区经济社会发展。

（4）人才培养与科技支撑。加强牧区人才引进和培养，提高牧民素质和生产技能；加强科技创新和成果转化，为牧区发展提供科技支撑。

2. 加强政策宣传和落实

政策宣传和落实是完善牧区发展政策的关键环节。只有让牧民深入了解政策内容，才能更好地发挥政策的引导作用；只有将政策落到实处，才能确保政策目标的实现。

（1）加强政策宣传。通过广播、电视、报纸、网络等多种渠道，广泛宣传牧区发展政策，让牧民了解政策内容、目标和意义。同时，开展政策宣讲活动，解答牧民疑问，提高牧民对政策的认同感和支持度。

（2）落实政策责任。明确各级政府和相关部门在政策落实中的责任和任务，建立健全政策落实机制。加强政策执行情况的监督和检查，确保政策落到实处。对于政策执行不力或存在问题的单位和个人，要依法依规进行问责和追责。

（3）激发牧民参与热情。通过政策扶持和激励措施，鼓励牧民积极参与牧区发展建设。支持牧民发展家庭牧场、合作组织等新型经营主体，提高牧民收入水平和生活质量。同时，加强牧民权益保护，确保牧民在牧区发展中的合法权益得到保障。

二、转变畜牧业发展方式

（一）转变畜牧业发展方式的必要性

转变畜牧业发展方式，是实现畜牧业绿色、可持续发展的关键。通过转变发展方式，可以降低畜牧业对环境的负面影响，提高资源利用效率，保障动物福利和食品安全。同时，转变发展方式还可以促进畜牧业与农业、林业、渔业等其他产业的融合发展，推动农村经济的多元化发展。

（二）转变畜牧业发展方式的途径

1. 科技创新引领畜牧业转型升级

科技创新是推动畜牧业转型升级的关键动力。通过引进先进的养殖技术、繁育技术和疾病防控技术，可以大幅提高畜牧业的生产效率和产品质量。同时，利用现代信息技术，如物联网、大数据、人工智能等，可以实现畜牧业的精准化管理，降低生产成本。此外，生物技术的快速发展也为畜牧业的绿色发展提供了可能，如利用基因编辑技术培育抗病、高产的畜禽品种，利用微生物技术处理畜禽粪便等废弃物，实现资源的循环利用。

2. 绿色养殖推动畜牧业可持续发展

绿色养殖是畜牧业可持续发展的重要途径。通过推广生态养殖模式，如林下养殖、循环农业等，可以减少对环境的污染和破坏，同时提高畜禽产品的品质和安全性。此外，加强对畜禽粪便等废弃物的资源化利用，如生产有机肥、生物天然气等，不仅可以减少环境污染，还可以为畜牧业提供新的经济增长点。同时，加强畜禽养殖场的环保设施建设，如建设沼气池、污水处理设施等，也是实现绿色养殖的重要措施。

3. 优化产业结构，促进畜牧业协调发展

优化产业结构是实现畜牧业协调发展的关键。首先，要根据市场需求和资源条件，合理确定畜牧业的发展规模和布局，避免盲目扩张和重复建设。其次，要加强畜牧业与其他产业的融合发展，如与种植业、加工业、旅游业等产业的深度融合，形成产业链和产业集群，提高畜牧业的附加值和竞争力。此外，还要加强畜牧业的品牌建设和市场营销，提高畜禽产品的知名度和美誉度，增强消费者的信任度和忠诚度。

4. 加强疫病防控，保障畜产品安全

疫病是畜牧业发展的重大威胁之一。要加强疫病防控体系建设，提高疫病防控能力。通过加强疫病监测和预警、推广科学防疫技术、加强检疫监管等措施，有效控制疫病的传播和流行。同时，加强畜产品安全监管体系建设，完善畜产品质量追溯体系，保障畜产品的安全和质量。

5. 加强品牌建设，提升畜牧业市场竞争力

品牌建设是提升畜牧业市场竞争力的重要手段。通过加强品牌宣传、推广优质产品、提高产品质量等方式，树立畜牧业品牌形象，提高消费者对畜牧产品的信任度和认可度。同时，加强畜产品加工和物流体系建设，提高畜产品的附加值和市场竞争力。例如，开发具有地方特色的畜产品品牌，通过电商平台等渠道拓展销售渠道，扩大市场份额。

6. 培养高素质人才，为畜牧业发展提供智力支持

高素质人才是畜牧业发展的核心动力。应加强畜牧业人才的培养和引

进工作，培养一批具有创新精神和实践能力的畜牧业专业人才。同时，加强畜牧业从业人员的培训和教育工作，提高其专业素养和技能水平。此外，还应加强与国际先进畜牧业国家的交流与合作，引进先进的畜牧业技术和管理经验。

7. 完善政策体系，保障畜牧业健康发展

政策体系是保障畜牧业健康发展的基础。政府应加大对畜牧业的扶持力度，制定更加优惠的财政、税收、金融等政策，降低畜牧业的生产成本和经营风险。同时，要加强畜牧业法律法规的制定和完善，规范畜牧业的生产经营行为，保障畜禽产品的质量和安全。此外，还要加强畜牧业的监管和执法力度，打击违法违规行为，维护畜牧业的公平竞争秩序。

8. 加强国际合作，提升畜牧业国际竞争力

国际合作是提升畜牧业国际竞争力的重要途径。通过加强与国际先进畜牧业国家和地区的交流与合作，可以引进先进的养殖技术和管理经验，提高我国畜牧业的整体水平和竞争力。同时，还可以拓展国际市场，增加畜禽产品的出口量和出口额，提高畜牧业的经济效益和社会效益。

总之，转变畜牧业发展方式是一个系统工程，需要政府、企业、科研机构和社会各界的共同努力。

第十一章　畜牧业发展下养殖技术的推广

第一节　科学高效开展畜牧养殖技术推广工作的建议

大力推广普及现代化畜牧养殖技术，对于推动农村地区畜牧业持续稳健发展意义重大，近年来我国科技发展水平持续提升，为畜牧业的发展带来了充足的技术支撑。基于此，新时期下我们必须认识到畜牧养殖技术在农村推广的重要意义，帮助养殖户进一步控制养殖成本，确保养殖质量，促进其经济效益提升。

一、畜牧养殖技术推广的重要性

(一) 促进畜牧养殖行业发展

近年来，人民生活水平的提升让越来越多消费者的饮食观念发生了非常大的改变，更多消费者逐渐倾向于购买食用绿色安全的畜禽产品，也更加强调食物的营养价值。消费市场的转变和需求的提升从某种程度上推动了畜牧业的发展，以尽可能满足消费者需求和促进畜牧业经济效益提升为目标，开展好现代化畜牧养殖技术推广工作，推进落实规范化、标准化、科学化养殖，能够让最终得到的畜禽产品满足当前市场需求，促进养殖户经济效益提升，从而带动其他产品消费，构成完整的产业链。现代畜牧养殖技术推广能够为农村畜牧业持续稳健发展带来充分的技术保障。

(二) 保障畜牧养殖行业产品安全

在过去的畜牧养殖过程中往往采取较为粗放的养殖管理模式，并未灵活运用现代养殖管理技术，养殖人员的专业水平不高，缺乏专业人员进行有效指导，造成养殖户一味地追求经济效益而忽略了安全健康养殖。甚至还有少数养殖户为追求快速盈利在畜禽饲料内违法添加催化剂，导致畜禽健康受到很大程度的影响。在这一情况下积极推广普及现代化畜牧养殖技术，尽快转变养殖户的思想认识，让其掌握专业养殖技术，不但能转变过去那种粗放的养殖管理模式，还能确保畜禽产品的安全健康，避免出现注射激素等问题，有效保障畜禽养殖行业产品安全。

（三）有效保护生态环境

现代化畜牧养殖技术对于农村生态环境保护工作也能带来很大助力。在过去那种粗放式的养殖管理过程中，一些养殖户为降低成本，肆意破坏环境进行饲养，对附近生态环境带来了非常严重的影响，也破坏了生态平衡。现代畜牧养殖技术的推广普及能够有效处理好上述问题，如避免养殖户使用化学药剂，在确保畜禽健康生长的基础上也能避免对附近环境带来的破坏。现代畜牧养殖技术更加强调对养殖场废弃资源的科学处理和二次利用，很多能够再次利用的资源充分发挥自身价值，推动畜禽养殖朝着绿色、健康以及环保的方向迈进，协调好农村畜牧养殖和生态环境保护之间的关系。

（四）提高新技术转化率

从当前的实际情况来看，农村畜牧养殖整体技术水平有待提升，养殖过程中表现出很多不规范的现象。传统养殖行业虽然处于持续发展状态，但不能将现代科技成果有效转化为生产力。因此，现代畜牧养殖技术的推广普及有助于促进科学技术转化效率提升，充分激发养殖户的积极性，确保畜禽养殖效益提高。

二、畜牧养殖技术推广的对策建议

（一）提升重视程度

一是借助促进现有养殖户的收入来吸引更多农村群众积极应用畜牧养殖技术，进一步拓展其受众群体，让越来越多的农民加入其中。

二是要尽快转变个体养殖户的思想观念，同时引导更多年轻人投入规模畜牧养殖行业，扩宽畜牧养殖技术的受众范围，促进农村畜牧养殖的规模化、标准化发展。

三是地方农业工作站和农技推广人员必须高度重视，不断创新畜牧养殖技术的推广模式，转变养殖户的传统思想观念，为畜牧养殖技术的推广工作带来充足的人力、物力、财力支持。

四是农村规模化畜牧养殖企业必须主动承担现代畜牧养殖技术的推广责任，开展好现代养殖技术的宣传推广，为大面积推广新技术带来更多助力。

（二）加大资金支持

畜牧养殖技术推广工作必须依靠充足的资金予以支持，这是新技术推广普及的重要基础。

第一，在现代畜牧养殖技术逐渐更新的基础上，建议地方政府主管部门可以适当划拨一定的专项资金来支持畜牧技术推广工作，同时设置技术研发基金。

第二，在有效开展畜牧养殖技术宣传工作和培训教育活动的基础上，农业主管部门可以把部分资金放在对基层农技推广人员的培训中，进一步完善基础设施，促进农技推广队伍整体素质能力的提升。

第三，应当投入资金建设一批规范化、标准化的畜牧养殖技术孵化基地，为当地群众和技术人员带来更好的学习研究场所，为畜牧养殖技术推广普及提供良好条件。

（三）创新推广方式

为确保更多养殖户可以积极主动地接受并应用现代畜牧养殖技术，农业技术推广人员必须大力创新推广工作方式，构建更加完善的技术推广体系。具体来说，应当开展好以下三方面的工作。

首先，是结合地方具体情况来制定更具针对性的畜牧养殖技术推广方案。结合地方经济发展和畜牧业发展实际，根据地方养殖户的文化程度来制定合理的推广办法。在开展技术推广工作时借助有效的激励对策来激发农户参与的积极性，同时还需要对当地畜牧养殖技术推广应用的实际情况展开全面调研，提升推广工作的实效性。

其次，应当采取现代化的推广办法，结合调研得到的信息，依托现代信息技术实施推广宣传，如可以利用微信公众号、APP 软件、农村广播、手机短信、宣传标语等各种渠道进行宣传，把农业工作人员的联系方式加入其中，养殖户在技术实际运用过程中遇到问题能够第一时间联系并解决。

最后，应当把现代畜牧养殖技术在农村广播、当地电视台中进行发布，以通俗易懂的形式进行宣传，让更多农户能够了解其中的技术内容。

(四) 推进队伍建设

农村技术推广工作人员队伍整体素质能力在很大程度上影响畜牧养殖技术推广的实效性，所以必须重视队伍建设工作。首先，要合理提升准入门槛，尽可能招聘专业对口的技术人员或是拥有畜牧养殖经验的工作者；其次，政府主管部门可以设置专门的畜牧养殖技术培训学校，定期开展培训活动，让在岗农技推广人员积极参与，向其传输先进的理念和技术，不断更新与完善农技推广人员的知识库；最后，应当建立健全农技推广人员薪酬福利机制，针对一部分业务能力强且专业水平高的畜牧养殖技术推广人员给予更多物质奖励，有效调动其工作积极性，针对一部分工作态度消极且不愿意积极学习的工作人员进行批评惩罚，不断优化农技推广人员队伍结构。

(五) 做好技术引进及宣传培训

一方面，农业主管部门和地方基层农业站应当充分注重优秀人才的引入，积极与当地规模化养殖企业以及学校进行交流沟通，开展人才培养和引进工作，设置专门的畜牧养殖示范区。另外，还应当推进现代畜牧养殖技术创新，把最新技术推广到养殖户，促进其养殖管理水平不断提升；另一方面，应当始终遵循以人为本的基本原则，选择当地养殖户愿意接受的方式，把抽象复杂的现代畜牧养殖技术转变为更加简单易懂的内容，通过多元化的形式对养殖户实施培训教育，真正做到一听就懂、一看就会，调动广大养殖户的参与积极性，让他们把掌握的现代化养殖技术应用于实践中，推动农村畜牧养殖业的持续发展。

另外，还需要推进畜牧产品的深度加工，增加畜牧养殖产品附加值，助力地方规模化养殖场建设，支持基层农户、个体养殖户主动加入畜牧养殖合作社。同时建立完善的绿色畜牧养殖技术服务体系，改进过去的经营服务模式，让养殖户及时获得帮助咨询。

总而言之，现代畜牧养殖技术在具体运用过程中表现出非常突出的优势，在开展技术推广工作的过程中必须充分认识到它对于农村畜禽养殖产业发展的重要意义。农业工作者必须主动学习充电，提高自身专业素质能力，政府部门应当提高资金投入，建立健全畜牧养殖技术推广机制，促进广大养殖户经济效益提升，为推动农村畜牧业的持续发展做出更多贡献。

第二节　生态养殖技术在畜牧业的推广应用探讨

科学信息技术的推动，使我国畜牧业的发展越来越好，也更科学化。在此背景下，就要重视相关科学技术的应用，生态养殖技术是近年来发展起来的新型养殖技术，在现代畜牧业中发展劲头日盛，该项技术在畜牧业养殖中，无论是散养，还是集约化养殖，都能加强其养殖的规范性，在确保养殖对象健康生长的同时，为其质量提供保障，且在整个养殖过程中，还能起到保护环境的作用，以此来促进生态环境的建设。探讨生态养殖技术在畜牧业的推广应用属于新兴研究议题，此类研究能够有效促进我国农业现代化发展，使畜牧业实现创新发展，进而体现科学性、技术性等特点。研究从多角度、全方位考虑出发，从而才能够在实际工作开展中体现生态养殖技术在畜牧业中推广及应用的意义与价值。此次研究将通过简要概述生态养殖技术的概念，以此为依据探究其在畜牧业中推广应用的原因，具体了解生态养殖技术在畜牧业中推广应用的作用及现状，以此提出更具针对性的生态养殖技术推广应用对策。

一、生态养殖技术概念分析

生态养殖技术是科学技术快速发展的时代产物之一，以生态环境建设理念为主导，以传统型养殖技术及方式为基础。该项技术可消除化学有毒物质对生物生长发育造成的不利影响，从而增加消费者对生物终末端产品的信任度。同时，还改变了病虫害的防治方式，使之对生态环境不会造成化学污染，并且各个环节的养殖效果很明显。

二、生态养殖技术应用的优势

(一) 系统化养殖，最大产品效益化

生态养殖技术要建立的是一个养殖生态，不再是单一的产品养殖，它能够最大程度地发挥养殖牲畜的价值，包括皮毛、粪便等，特别是在粪便清理方面，我国畜牧业养殖的牲畜，绝大部分时间处在散养、自由活动的状态下，它们随时随地都有可能排出粪便，从而对周围人们的生活造成影响。在现代生态养殖中，一定要及时清理所饲养动物的粪便，以减少对环境的污染，同时减少疫病的危害。对于被清理的粪便，可以用来制造沼气以供生活所需或是投入田间来肥沃土地。尽可能地利用各种资源，形成产业链，使产品不再单一，达到多方受益，形成收益的最大化。

(二) 系统化设施，便于科学管理，防疫防治

设施完善，对于管理人员来说是极大的利好，而且生态养殖技术本身投入的劳动力会大大减少，极大地减少人力资源的浪费。另一方面，完善的设施也方便检疫与防治，降低养殖动物感染病毒的可能[1]。

(三) 生产绿色无公害的食品，减少环境污染

随着人们环保、绿色的意识不断地加强，如何减少环境污染，生产让人们能够放心食用的食品，越来越被人们所重视。而生态养殖技术可以很好地解决这个问题，生态养殖技术坚决减少对催肥剂、饲料添加剂的使用，坚持用绿色无公害的饲料来养殖牲畜，以此来保证生产产品的绿色无公害；对各类资源加大利用，减少资源的浪费和对环境的污染。

综合上述研究，我国畜牧业要想实现创新发展，做到与时俱进，就要注重生态养殖技术等新型科学技术的推广应用，该项技术在畜牧业中的推广应用与发展还处于初步探索阶段，各项技术的应用及研究还有很多问题与不

---

[1] 张保德，祁维寿. 浅谈生态养殖技术在畜牧业的推广应用 [J]. 中国畜禽种业，2020，16 (9)：65.

足，需进一步进行改善。当下，乡村振兴及城乡经济建设等政策，将会大力推动我国畜牧业实现生态化、现代化发展，有关部门在"十四五"期间就明确指出，大力推广与应用生态养殖技术将是促进我国畜牧业经济发展的重要支柱。在满足人们对肉蛋类制品需求的同时，也能使畜牧业中的养殖产业进一步降低对生态环境的污染，以此来为我国生态环境建设及发展助力。

三、新形势下畜牧养殖技术推广工作的优化策略

（一）设立专门推广机构，建立健全推广机制

在进行畜牧养殖技术的推广过程中，推广工作难以落实的根本原因在于推广机制不健全，要想从根本上改善当前推广现状，设立专门的推广机构进行推广工作，是现阶段有关部门进一步发展的重要基础和根本前提。就目前来看，国家有关部门需根据当前我国技术的推广现状和推广目标，对工作人员的工作职责进行系统化划分，并通过深入研究级及以上等级机构的项目确定、推广及优良品种培养等内容，设立独立的推广机构，做好日常技术推广工作。除此之外，为确保技术推广的有效性、科学性和合理性，基层产业结构还需改善以往的推广方式，通过建立实验基地和示范园区，给予技术应用的养殖户一定补贴或设立咨询点等，来帮助养殖户更快更好地掌握畜牧现代化养殖技术，为养殖目标的实现奠定良好基础。

（二）提高推广人员选拔标准，加大推广人员培训力度

推广人员作为现代畜牧养殖技术推广的执行者，其自身的专业能力和综合素养水平在一定程度上对推广工作质量和工作效率具有直接影响。因此，要想从根本上改善当前技术推广现状，提升畜牧养殖业的技术推广水平，一方面国家基层产业结构和相关主管部门需提高技术推广人员的选拔标准，确保聘用推广人员自身的职业素养满足推广工作对人员的基本要求；另一方面政府有关部门还需建立专业系统的推广人员培训机构和培训体系[①]，定期或不定期对他们进行技能培训，在不断提高其专业素养的同时，为后期

① 景莉，徐海华，李雯雯．我国畜牧业发展现状及对策研究 [J]．甘肃畜牧兽医，2017，12(13)：222-223．

技术推广工作的顺利开展奠定良好基础。

简而言之，畜牧业作为基层产业的重要组成部分，将现代畜牧养殖技术应用到养殖过程中，不仅能有效改善当前养殖现状，还为国民经济的进一步发展奠定了良好基础，但由于此项技术推广十分复杂且漫长，为此，基层产业结构和相关主管部门需切实保证如上工作落到实处，为我国畜牧养殖可持续发展目标的实现创造良好条件。

第三节　绿色畜牧养殖技术的推广分析

经济的快速发展带来的是产业繁荣和普遍社会群体生活质量的不断提高，食品安全的重要性日渐明显，对于食品安全方面还会与环境保护等部分呈现高度关联性，绿色食品和保护环境的理念开始走入广泛社会群体的日常生活。畜牧养殖方面也随之而来面临着更多的考验和挑战，需要尽可能满足产业发展需求和市场的广泛需求，以促进产业发展，因此，绿色畜牧养殖技术的应用就具备一定重要性，一方面可以为市场提供绿色的畜牧养殖产品，另一方面也可以保障该产业的可持续发展，为畜牧业的综合性发展和精细化发展提供支持。在可利用的资源范围内，选择各类技术在进一步促进产业发展的基础上也可以更好地强化绿色食品供应，节约在畜牧养殖过程中的能源消耗，改善环境污染等问题。

一、绿色畜牧养殖技术的推广特点

（一）促进产业生态发展

产业的生态发展是目前畜牧养殖过程中最为重要的一个环节，也是其自身发展的关键性取向之一，在不断发展的过程中，畜牧养殖的压力在不断加大，势必会带来生态环境污染等各类问题，因此，绿色养殖技术要围绕这一特点积极解决问题，促进其综合性的提高。技术不断优化和推广之后可以为其产业的发展提供一定程度上的支持，有助于更好地改善现有基础条件，在保障人与自然和谐共处的基础上，也可以促进畜牧养殖产品质量的提高。

通过推广相关技术之后，能够更好地迎合时代发展需求和市场发展需求，为生态环境带来积极促进作用，做好保护工作，维持其产业的可持续发展。这样的方法和措施具备一定的重要性，通过相关技术有助于控制各类粪便污染等问题，尽可能减少二氧化碳和氨气的排放，为其绿色可持续发展提供支持，并为产业的转型升级提供支持，从宏观角度来看，也为生态的平衡提供了较好的产业发展策略。由此可见，相关技术的推广一方面要考虑产业发展和市场需求，另一方面还需要考虑人与自然和谐共处为主的生态环境需求，以此来满足社会效益、经济效益和生态效益等多方面的发展需求，才能够取得更加满意的发展成效，为其技术推广提供支持并促进产业的综合发展。

(二) 发展绿色产品供销

食品安全和产业发展之间呈现出的高度关联性，一直是广大社会群体所关注的要点之一，伴随健康意识的不断提高和绿色发展的理念的不断深入，现阶段推广相应的绿色养殖技术，本质意义上就需要围绕着普遍养殖的特点进行原生态等方向的发展。目前阶段在养殖方面已经满足了量的需求，因此，现阶段的绿色发展需要向品质方向发展，尤其要注重绿色产品自身的健康情况以及养殖的相关情况，遵循自然规律和生产周期，保障其畜牧养殖的各类产品和作物都能够满足健康的需求，同时也可以满足消费者对于绿色产品的特异性需求，才能够取得更加满意的发展效果。

广大社会群体对这类产品的关注度相对较高，而且需求量相对较大，那么在这样的情况下，绿色养殖技术是其源源不断地发展，并促使产业提高自身品质的关键性渠道之一，也是保护环境和开拓市场的关键性手段，有助于更好地拓宽市场需求，创造更大的经济效益，为养殖户自身经济效益的发展和绿色品牌的创立提供支持。这两大特点是其自身技术推广的关键性特点，也为其综合性发展提供了最为核心的知识。为了更好地优化最终效果，尤其要注重其推广方向方面的发展，以便让现有的绿色养殖技术可以根据实际需求广泛地应用于畜牧业的生产和发展的过程中，为其生态治理和自身的综合性发展提供双重保障和多方面的支持。只有通过这样的方法，才可以更好地提升最终的发展质量，为其绿色产品的供应提供支持，满足市场的广泛需求。

二、绿色畜牧养殖技术的推广切入点

(一) 养殖体系

产业发展离不开养殖体系的支持，这与养殖户个体和具体的市场及基层畜牧业等方面呈现着高度关联性，在不断发展的过程中，此产业的发展速度在不断加快，为其自身的发展提供了较为明确的支持，因此，目前为了推广其绿色养殖技术，首先需要建立一个相应的养殖技术体系。这一体系的建立，本质意义上是为了更好地服务于养殖户和市场，但具体建立的过程中还需要完善现有的技术条件，向规模化和标准化方向发展，着重进行宣教和普及，促使技术理念和相应的技术方法深入普通大众群体的内心，通过这一方法能够驱动总体的技术普及和技术应用，解决各个领域之间的矛盾，保障养殖安全和养殖的最终经济效益。

养殖体系的构建，本质上需要多个部门的协作与配合，彼此之间密切联系，才可以构建起一个生态绿色的养殖体系，在强调创新发展的基础上，进一步选择合适的方法，着重进行技术的普及和技术的科普，把握各个地区具体养殖情况，并根据这一情况发展其工作的细节，将各类常见问题防患于未然。

通过这样一系列方法和措施之后，最终的效果才可以得到提高与优化，完整的体系才可以得到构建。目前在具体进行推广的过程中，就可以通过开展各个养殖管理部门的下乡工作，来提高养殖户和群众的参与程度及参与力度。通过科学的宣讲，让养殖户普遍掌握养殖技术，贯彻绿色养殖技术的理念，为产业的发展提供基层方面的支持，避免出现应用的不足或者是绿色技术应用的盲目性。

(二) 疾病预防与饲料安全

绿色养殖技术现阶段在具体应用时尤其要注重其规模性发展，在疾病预防和绿色饲料方面做好全面的工作，注重饲料方面的科学配比，促进饲料方面的科学发展，以此来满足畜牧养殖方面的需求，并保证食品的健康性。

既往的相应理念，更加关注的是饲料营养吸收对动物生长的影响，但是对其自身健康方面的影响却有着一定的负面效应，比如，广泛应用抗生素之后很容易导致各类多重耐药菌的出现，而且虽然短期内消除了各类疾病的风险，但是长期发展下去势必带来不同程度的抗生素残留以及动物肝肾功能减退的问题。那么在疾病预防和饲料安全方面，一方面需要进行有效的监管，以此来保障其饲料应用的科学性和喂养的科学性，避免各类疾病和流行性问题的出现；另一方面还需要从绿色发展角度出发，尽可能减少对环境方面的污染，以及对于畜牧业产品肉质本身的污染。通过科学的喂养，可以让其自身的发展与动物的生长都得到一定程度上的优化。这样一来其技术推广也就可以具备较强的可行性，要尤其注重以此为切入点减少动物疾病的出现，满足养殖户在养殖方面的经济效益需求，同时也可以尽可能地降低养殖全过程所带来的经济损失风险。在这样的情况下，具体进行推广时需要选择合适的方法，以促进相关技术在基层养殖户群体之中的落实。

三、绿色畜牧养殖技术的推广策略

(一) 加大技术投入力度

首先，加大在绿色金融投保方面的投入力度，明确相应技术所产生的经济效益和社会效益，从实际角度出发，满足市场群体对产品的需求以及养殖户对于养殖经济效益不断提高的需求，以此来推广相应技术。

其次，在不断发展过程中还需要选择合适的方法及措施，按照每个地区的差异，针对性地提出方法及策略，从食品安全和生产安全两方面出发，获得基层广大群体的配合，并按照其具体特点创建一个适合当地具体情况的工作模式。

最后，可以按照具体实际需求落实技术的推广。可以按照其现有特点和养殖的品种建立一个绿色的养殖示范基地，加大资金方面的投入，解决各类基础设施问题和技术引进的问题，建立一个常态化养殖户培养和技术人员培养的机制。在各项条件都能满足实际需求的情况下，尽可能因地而宜地促进当地产业发展和产业繁荣，还需要调动企业和市场的活力给予一定的技术和政策支持。这样一来，产品的安全和技术的落实都可以得到一定的保障，为养殖户提供更大的经济效益，为其自身的经济发展和绿色发展提供一定的支持，让新技术的运用更加具备实际性。只有通过这样一系列方法和措施，最终的技术推广效果才可以得到优化。

(二) 多渠道技术宣传

技术宣传的多样性和多渠道化是目前促进新技术落实并提高广泛养殖户自身对于技术认知的关键性手段之一，那么目前阶段在具体进行宣教的过程中，就需要让相应技术的重要性得到凸显，明确相应技术所带来的影响，然后积极开展后续工作[①]。

这部分内容十分关键，在具体开展工作时，可以通过网络渠道或传统媒介等渠道，通过独立的公众号、广电节目等，让普通养殖户得到相关知识和相关信息，掌握养殖技术实施的关键节点，落实绿色技术，以此合理优化养殖环境和养殖方式。通过这一系列方法之后，最终的效果才可以得到提高，也可以促进养殖户经济效益等方面的提升。通过多渠道的技术宣传，本质上夯实了养殖户应用相关技术的认知基础，也可以更好地通过线上线下相结合的方式，调动养殖户在参与相关活动之中的积极性。

(三) 强化市场调查分析

市场需求和市场发展直接影响普遍养殖户的经济效益，对养殖户应用相关技术的主动性和积极性都产生了一定的影响作用，那么为了更好地提升最终技术应用效果，就要明确从市场角度出发分析相关技术应用，对养殖户所带来的经济效益[②]。只有通过这样的方法，养殖户最终的接收能力才可以得到提高，因此，目前阶段要尤其注重针对性的分析，以此来满足最终的发展成效，对市场发展效果进行动态化的监控，在极大程度上保障经济效益的同时，也能够让最终市场得到发展，促进其良性循环。经济发展是促使技术推广的核心性影响因素，因此，技术人员要做好各类市场调研，以此来促使其更好地面对实际养殖的各类问题，让养殖活动的开展更加顺畅。

① 高俊国，张鑫，张巧娥.绿色畜牧养殖技术的推广应用 [J].吉林畜牧兽医，2020，41(4)：2.
② 朱杰，杨建生，阮丽莎，等.绿色畜牧养殖技术的有效推广研究 [J].吉林畜牧兽医，2021，42(5)：3.

(四) 加大技术人员培养力度

技术的快速发展以及普及离不开技术人员的知识，目前还需要有源源不断的技术人员提供技术普及方面的支持，才能够取得较好的效果，因此，要尤其注重对相关人员的培训，组织起专业化的工作队伍[①]。只有通过这样的方法和措施，相应的技术才能够在基层得到有效的推广，尤其要重视绿色技术对于疾病防治和科学喂养等方面的针对性培训，以此来满足基层广泛群体的实际需求，才能取得较为满意的效果。人才发展是技术发展和技术落实的关键性渠道之一，是在长期工作实践中进行创新的核心性要点之一，因此，尤其要注重技术人员的发展，才能够取得更加满意的效果，避免出现技术方面的问题。让技术的应用更加具备顺畅性和系统性，避免出现技术应用的单调性不足。

现阶段，在畜牧养殖不断发展过程中，还需对其绿色养殖的要点充分认识，进一步从实际角度出发，正确认识相关技术发展与普及的特点，并找到一个切入点，提出针对性的推广策略，才能够取得更加满意的效果。

---

① 王丽霞. 现代化绿色畜牧养殖技术推广存在问题及对策 [J]. 畜牧兽医科学: 电子版, 2021(16)：2.

第十二章　农业技术与畜牧业的协同发展

第一节　农业技术与畜牧业发展的内在联系

农业与畜牧业作为人类社会两大基础产业，自古以来就有着紧密的内在联系。随着科技的进步和时代的发展，农业技术日新月异，为畜牧业的发展提供了强大的动力和支持，同时畜牧业的发展也反过来推动了农业技术的创新和应用。本节将探讨农业技术与畜牧业发展之间的内在联系。

一、农业技术为畜牧业提供重要支持

农业技术发展日新月异，这为畜牧业的发展提供了强有力的支持。其中，饲料生产技术和遗传育种技术作为两大关键技术，为畜牧业的持续健康发展注入了新的活力。

(一) 饲料生产技术的提升

饲料是畜牧业发展的基础，饲料生产技术的提升直接关系到畜牧业的生产效益和动物的健康。近年来，随着农业技术的不断创新，饲料生产技术也得到了显著提升。

首先，智能化与自动化技术的应用大大提高了饲料生产的效率。智能饲料配方系统能够根据动物的营养需求和生长阶段，自动调整饲料配方，实现精准喂养。同时，自动化生产线减少了人工干预，提高了饲料的生产效率。

其次，环保与可持续性也成为饲料生产的重要发展方向。新型饲料设备整合了废弃物处理系统，将畜禽粪便和废弃饲料转化为有机肥料，实现了对废弃物的资源化利用，降低了环境污染。同时，饲料设备采用节能技术，减少能源消耗，降低碳排放，符合绿色环保标准。

此外，饲料生产过程中的监控与数据分析也为提高生产效益提供了有力支持。实时监测系统和大数据分析能够确保生产质量，为养殖者提供决策支持，帮助优化饲料配方、提高生产效率和预测市场需求。

(二) 遗传育种技术的进步

遗传育种技术的进步为畜牧业的品种改良和生产效益提升提供了重要保障，可以实现畜禽的优异性状改良，包括蛋产量、体重、子代成活率、疾病抵抗力等，从而提高畜禽的生产效益。

首先，选择育种和杂交育种作为传统的遗传改良方式，在畜牧业中发挥着重要作用。通过挑选具有良好特性的个体进行繁殖，或者将两个不同的品系进行交配，培育出具有优秀基因的后代，可以提高畜禽品种纯度和改良品质。然而，这两种方式存在选育进程长、成本高、效果有限等弊端。

其次，基因编辑作为一种新兴的遗传改良技术，为畜牧业的发展带来了革命性的变化。基因编辑技术能够精确修改细胞内的基因信息，实现畜禽的优异性状改良。通过基因编辑技术，可以培育出具有抗病、耐逆、高产等优良性状的畜禽品种，从而显著提高畜牧业的生产效益。

总之，饲料生产技术的提升和遗传育种技术的进步不仅提高了畜牧业的生产效益和动物健康水平，也为畜牧业的可持续发展注入了新的动力。

二、畜牧业发展推动农业技术创新

畜牧业在农业领域一直扮演着举足轻重的角色。随着畜牧业的不断发展，其对农业技术创新产生了深远的影响。其中，有机肥料的需求和畜牧业产品加工技术的创新是两个尤为突出的方面，它们共同推动了农业废弃物资源化利用和农产品深加工的发展。

(一) 有机肥料的需求推动农业废弃物资源化利用

随着人们环保意识的增强和可持续发展理念的普及，有机肥料作为一种环保、高效的肥料资源，受到了广泛的关注。畜牧业的发展，特别是规模化养殖的兴起，为有机肥料的生产提供了丰富的原料来源。畜禽粪便、秸秆等农业废弃物，经过科学的处理和转化，可以变废为宝，成为优质的有机肥料。

　　农业废弃物资源化利用技术的创新起到了关键作用。传统的农业废弃物处理方式多为直接还田或焚烧，这种方式不仅效率低下，而且容易造成环境污染。现代农业废弃物资源化利用技术，如厌氧发酵、堆肥等，则可以有效地将农业废弃物转化为有机肥料。这种技术创新的推动，不仅满足了畜牧业对有机肥料的需求，也促进了农业废弃物的减量化、资源化和无害化。

（二）畜牧业产品加工技术的创新促进农产品深加工发展

　　畜牧业产品加工技术的创新，为农产品深加工的发展提供了新的动力。人们对畜产品的需求不再局限于初级产品，而是更加追求多样化、高品质的产品。畜牧业产品加工技术的创新不仅可以提高畜产品的附加值，还可以满足市场的多样化需求。

　　在畜牧业产品加工领域，一系列的创新技术得到了广泛应用。例如，在肉制品加工中，人们采用低温蒸煮、真空包装等技术，可以保持肉制品的营养成分和口感；在乳制品加工中，通过膜分离、超滤等技术，可以提取出高附加值的成分，如乳清蛋白、乳糖等。这些技术的应用不仅提高了畜产品的品质和附加值，也促进了农产品深加工的发展。

（三）畜牧业产品加工技术的创新还带动了相关产业的发展

　　例如，肉制品加工需要大量的包装材料，这就促进了包装材料产业的发展；乳制品加工需要高质量的奶源，这就促进了奶牛养殖业的发展。这种产业链的延伸和拓展，不仅提高了农业的整体效益，也为农村经济的发展注入了新的活力。

　　畜牧业的发展对农业技术创新产生了深远的影响。通过推动农业废弃物资源化利用和农产品深加工的发展，畜牧业不仅提高了农业资源的利用效率，也促进了农业产业的转型升级。未来，随着畜牧业技术的不断创新和进步，其在推动农业技术创新和农业产业发展中的作用将更加凸显。

　　总之，农业技术与畜牧业发展之间存在紧密的联系。通过加强农业技术创新和畜牧业发展之间的协同合作，人们可以实现农业与畜牧业的共同发展，为人类社会的可持续发展做出更大的贡献。

第二节　农业技术与畜牧业发展的协同策略

一、农业技术与畜牧业协同发展的意义

随着科技的进步和经济的发展，农业技术与畜牧业的发展越来越紧密地联系在一起。农业技术为畜牧业提供了重要的物质基础，而畜牧业的发展又反过来对农业技术提出了更高的要求。农业技术与畜牧业协同发展具有重要的意义。

首先，农业技术与畜牧业协同发展有助于提高农业生产效率。农业技术的发展，如新型肥料、高效农药、智能灌溉等，可以提高土地的利用率和农作物的产量，为畜牧业提供更多的优质饲料。同时，畜牧业的发展也需要更多的饲料来源，这又促进了农业技术的发展。两者相互促进，共同提高农业生产效率。

其次，农业技术与畜牧业协同发展有助于促进农业产业升级。人们对农产品的质量和安全要求越来越高，农业技术的进步可以提高农产品的品质和安全性，为消费者提供更加健康、安全、优质的农产品。畜牧业的发展则可以为农业产业提供更加广阔的市场空间，推动农业产业的升级和转型。

再次，农业技术与畜牧业协同发展有助于促进农村经济发展。农业技术和畜牧业的发展可以为农村地区带来更多的就业机会和经济效益。一方面，农业技术的发展需要大量的科技人才和技术工人，这些人才可以为农村地区带来更多的就业机会；另一方面，畜牧业的发展需要更多的饲料、兽药、疫苗等农资产品，这些产品可以带动相关产业的发展，促进农村经济的发展。

最后，农业技术与畜牧业协同发展有助于提高生态环境保护水平。农业技术的发展可以提高土地、水资源等资源的利用效率，减少环境污染和生态破坏。畜牧业的发展也需要更多的土地和水资源，这可以促进农业技术的进步、提高生态环境保护水平。

二、农业技术与畜牧业协同发展的影响因素

(一) 土地

随着全球人口的增长和食品需求的不断提高，农业与畜牧业的协同发展显得尤为重要。其中，土地作为两大产业的共同基础资源，对二者协同发展产生了至关重要的影响。本小节将深入探讨农业技术与畜牧业在协同发展过程中，土地因素所起到的关键角色及其影响因素。

1. 土地资源的供需平衡

土地资源的供需平衡是农业技术与畜牧业协同发展的基础。一方面，农业需要足够的土地来种植作物，为畜牧业提供饲料；另一方面，畜牧业也需要土地来建设养殖场、放牧等。土地资源的合理利用和配置对于农业技术与畜牧业的协同发展至关重要。

2. 土地质量与土壤健康

土地质量和土壤健康是影响农业技术与畜牧业协同发展的重要因素。优质的土地和健康的土壤能够为农作物提供良好的生长环境。同时，土壤中的微生物、有机物质等也为畜牧业提供了丰富的饲料资源。保护土地质量、维护土壤健康对于农业技术与畜牧业的协同发展具有重要意义。

3. 土地规划与布局

土地规划与布局是影响农业技术与畜牧业协同发展的重要因素之一。合理的土地规划和布局能够优化资源配置，提高土地利用效率。例如，人们在农业种植区周边建设养殖场，可以方便地将农作物秸秆等废弃物转化为饲料，降低畜牧业成本；同时，养殖场的畜禽粪便等也可以作为有机肥料返田。此外，合理的土地规划和布局还能够减少环境污染和生态破坏，促进农业与畜牧业的可持续发展。

4. 土地政策与法规

土地政策与法规是影响农业技术与畜牧业协同发展的重要因素之一。政策和法规的制定和执行对于规范土地利用、保护土地资源、促进农业与畜牧业的协同发展具有重要意义。例如，通过制定严格的土地使用政策，限制非农用地的扩张，保护农业用地；通过制定环保政策，规范养殖场的排污行

为，减少环境污染；通过制定支持农业与畜牧业协同发展的政策，鼓励农民采用先进的农业技术和养殖技术，提高生产效率和产品质量。

（二）劳动力

在全球化与现代化的背景下，农业与畜牧业的协同发展已成为推动农村经济增长和提升农业生产效率的重要途径。其中，劳动力作为重要的生产要素，对农业技术与畜牧业的协同发展具有决定性影响。本小节将从劳动力的角度，探讨其对农业技术与畜牧业协同发展的影响。

1. 劳动力转移对畜牧业生产的影响

随着城市化进程的加速，大量农村劳动力向城市转移，这在一定程度上影响了畜牧业的生产。一方面，劳动力的减少导致畜牧业在人力投入上受到制约，进而影响了畜牧业的规模化发展。另一方面，劳动力转移也带来了消费市场的变化，城市对畜牧产品的需求增加，推动了畜牧业向规模化、标准化和现代化方向发展。

然而，劳动力的缺乏并非全然是负面影响。一方面，劳动力转移促进了畜牧业的技术创新。随着劳动力成本的上升，畜牧业不得不寻求技术替代，通过引进先进的养殖设备、提高养殖效率等方式来弥补劳动力不足的问题。这在一定程度上推动了畜牧业的技术进步。另一方面，劳动力转移也促进了畜牧业的市场化运作。随着畜牧产品需求的增加，畜牧业逐渐形成了市场化、产业化的经营模式，通过品牌建设、市场营销等手段提高产品附加值和竞争力。

2. 劳动力素质对农业技术与畜牧业协同发展的影响

劳动力的素质是影响农业技术与畜牧业协同发展的重要因素。随着现代农业技术的不断发展，对劳动力的素质要求也越来越高。一方面，高素质劳动力能够更好地掌握和应用现代农业技术，提高农业生产的科技含量和效率。另一方面，高素质劳动力也更容易接受新的养殖理念和管理模式，推动畜牧业的转型升级。

然而，当前农村劳动力的整体素质仍然偏低，这在一定程度上制约了农业技术与畜牧业的协同发展。提高农村劳动力的素质成为推动农业技术与畜牧业协同发展的关键。政府可以通过加强农村教育培训、推广现代农业技术、引导农民参加职业技能培训等方式来提高农村劳动力的素质。同时，企业也可以通过引进优秀人才、开展技术创新等方式来提高员工的素质和能力。

3. 劳动力政策对农业技术与畜牧业协同发展的影响

劳动力政策是影响农业技术与畜牧业协同发展的又一重要因素。政府制定的劳动力政策直接影响着农村劳动力的流动和配置。一方面，合理的劳动力政策可以引导农村劳动力向农业和畜牧业领域流动，为农业技术与畜牧业的协同发展提供充足的人力资源。另一方面，劳动力政策还可以促进劳动力的合理流动和配置，优化农村产业结构，推动农业技术与畜牧业的深度融合。政府应制定更加科学合理的劳动力政策，鼓励农村劳动力向农业和畜牧业领域流动。同时，政府还应加大对农业技术和畜牧业的扶持力度，提高农业和畜牧业的吸引力，引导更多的人才投身农业和畜牧业的发展。

（三）资本

1. 资本投入对农业技术与畜牧业协同发展的影响

资本投入是农业技术与畜牧业协同发展的重要支撑。首先，资本投入能够直接推动农业技术的升级和畜牧业的现代化。例如，通过引入先进的农业机械设备、高效的养殖技术和科学的饲养管理方法，可以提高农作物的产量和品质，同时优化畜牧业的生产效率和经济效益。其次，资本投入还能够促进农业产业链的优化，推动农业与畜牧业的深度融合。这包括建设农产品初加工厂、发展冷链物流等，以实现农产品的增值和畜牧产品的多样化开发，进一步提升农业与畜牧业的综合竞争力。

2. 资本市场对农业技术与畜牧业协同发展的影响

资本市场作为资源配置的重要平台，对农业技术与畜牧业的协同发展具有重要影响。首先，资本市场能够为农业技术与畜牧业的协同发展提供多样化的融资渠道。通过发行股票、债券等方式，农业企业可以吸引社会资本的参与，以解决融资难题，为技术创新和产业升级提供资金支持。其次，资本市场还能够优化资源配置，推动农业与畜牧业的集约化、规模化发展。资本市场通过公开透明的交易和信息披露机制，为投资者提供了充分的信息和决策依据，有助于实现资源的高效配置和合理利用。

3.资本运营对农业技术与畜牧业协同发展的影响

资本运营是农业技术与畜牧业协同发展的重要手段。首先，通过资本运作，农业企业可以实现资源的有效整合和优化配置。例如，通过并购重组、股权投资等方式，农业企业可以扩大规模、提高市场份额，增强自身的竞争力和影响力。同时，资本运作还可以促进农业产业链的延伸和拓展，推动农业与畜牧业的深度融合和协同发展。其次，资本运营能够推动农业技术的创新和应用。通过引入风险投资、创新基金等资本力量，农业企业可以加强技术研发和创新能力建设，推动农业技术的不断进步和应用推广。

（四）技术

在农业与畜牧业的广阔天地中，技术的推动力量不可忽视。农业技术与畜牧业的协同发展已成为推动农业现代化和畜牧业高效化的重要途径。本小节将探讨技术如何影响农业技术与畜牧业的协同发展，并深入分析其关键因素。

1.技术创新推动农业技术与畜牧业协同发展

技术创新是推动农业技术与畜牧业协同发展的关键因素。首先，农业技术的创新能够提升农作物的产量和品质，为畜牧业提供更多的优质饲料资源。例如，通过基因编辑技术改良作物品种，可以提高作物的抗逆性和产量，为畜牧业提供更加稳定、优质的饲料来源。

其次，畜牧业技术的创新能提高养殖效率、提升产品质量。例如，智能化养殖系统可以通过精准控制饲养环境、饲料投喂和疫病防治等关键环节，实现养殖过程的自动化和智能化，提高养殖效率。同时，利用生物技术培育优良畜禽品种，也能提升产品的品质和竞争力。

2.技术融合促进农业技术与畜牧业协同发展

农业技术与畜牧业的协同发展需要技术的融合与集成。

首先，农业技术与畜牧业技术可以相互借鉴和融合，形成互补优势。例如，将农业技术中的节水灌溉、精准施肥等技术应用到畜牧业中，可以提高畜牧业的资源利用效率。同时，畜牧业中的生物安全、疫病防控等技术也可以为农业发展提供借鉴和参考。

其次，农业技术与畜牧业的协同发展还需要技术的集成和创新。通过整合不同领域的技术资源，形成具有地方特色的农业与畜牧业技术体系，可以推动农业与畜牧业的协同发展。例如，在农区畜牧业中，可以将种植业与畜牧业相结合，形成"粮草畜"一体化的生态农业模式，实现资源的循环利用和产业的可持续发展。

3. 技术普及推动农业技术与畜牧业协同发展

技术普及是推动农业技术与畜牧业协同发展的重要手段。

首先，加强技术培训和推广，提高农牧民的技术水平和应用能力，可以推动农业技术与畜牧业的协同发展。例如，通过举办技术培训班、开展现场指导等方式，相关人员向农牧民传授先进的农业技术和畜牧技术，帮助他们掌握新的生产方法和技能。

其次，加强技术服务的建设也是推动技术普及的重要手段。通过建立农业科技服务体系、畜牧技术服务站等机构，相关人员为农牧民提供全方位的技术支持和服务，可以帮助他们更好地应用新技术、提高生产效率。同时，还可以通过开展技术示范、建立示范基地等方式，展示新技术的优势和效果，激发农牧民的积极性。

三、农业技术与畜牧业协同发展应遵循的基本原则

农业技术与畜牧业的协同发展已成为现代农业发展的重要趋势。遵循一定的基本原则，对于确保农业与畜牧业的和谐共生、持续健康发展具有重要意义。

(一) 生态优先原则

生态优先原则是农业技术与畜牧业协同发展的首要原则。在发展过程中，必须充分考虑生态系统的稳定性和可持续性，坚持生态优先、绿色发展。通过科学合理的农业技术，保护生态环境，提高土地、水资源利用效率，减少污染和生态破坏。同时，畜牧业发展也应以生态畜牧业为中心，实现生产发展与生态保护并重，降低对生态环境的破坏程度，确保畜牧业与生态环境的和谐共生。

(二) 科技支撑原则

科技支撑原则是农业技术与畜牧业协同发展的关键原则。在发展过程中应充分发挥科技在农业与畜牧业发展中的引领作用，鼓励科技创新，推广先进适用技术。通过引进、消化、吸收和再创新，推动农业与畜牧业的技术升级和产业升级。同时，加强科技培训，提高农民的科技素质，使农民能够掌握和应用先进的农业技术和畜牧技术。

(三) 市场导向原则

市场导向原则是农业技术与畜牧业协同发展的基本原则。在发展过程中应坚持以市场需求为导向，根据市场需求调整农业和畜牧业的产业结构、产品结构和生产规模。通过加强市场调研、预测和分析，准确把握市场需求变化，为农业与畜牧业的协同发展提供有力支持，同时，增强市场竞争力。

(四) 产业融合原则

产业融合原则是农业技术与畜牧业协同发展的重要原则。在发展过程中应打破传统农业与畜牧业的界限，实现产业间的相互融合和协同发展。通过农业与畜牧业的产业融合，实现资源共享、优势互补、互利共赢。同时，加强农业与畜牧业的产业链整合，推动农业与畜牧业的产业链向高端延伸，提高产品附加值和市场竞争力。

(五) 可持续发展原则

可持续发展是农业与畜牧业协同发展的根本要求。我们应坚持可持续发展原则，注重资源的节约和高效利用，推动农业与畜牧业的循环经济发展。要推广节水灌溉、精准施肥、秸秆还田等技术，提高资源利用效率。在畜牧业发展中，要优化畜禽养殖结构，推广高效、节能的养殖方式，降低能耗和排放。

四、农业技术与畜牧业协同发展的路径

(一) 优化资源配置，实现互补发展

农业技术与畜牧业的协同发展，首先要从优化资源配置入手，实现二者的互补发展。具体来说，可以从以下几个方面进行。

1. 土地资源优化配置

土地资源是农业生产的基础。在农业技术与畜牧业的协同发展中，应充分利用土地资源，实现种植业与畜牧业的有机结合。例如，可以在农田周边建设畜禽养殖场，利用农田的秸秆和畜禽粪便进行有机堆肥，提高土地肥力和养分利用率。同时，畜禽养殖场也可以为农田提供有效的有机肥料，提升作物的产量和质量。

2. 水资源高效利用

水资源是农业生产中不可或缺的资源。在农业技术与畜牧业的协同发展中应加强水资源的统一管理，优化灌溉制度，实现节水灌溉。此外，还可以引进节水灌溉技术和设备，如滴灌、喷灌等。同时，畜禽养殖场的废水也可以经过处理后用于农田灌溉，实现水资源的循环利用。

3. 技术资源互补

农业技术与畜牧业在技术上也具有很强的互补性。通过引进和推广先进的农业技术和畜牧技术，可以提高农业生产和畜牧业的效率和效益。例如，可以利用生物技术培育高产、优质、抗病虫害的农作物品种和畜禽品种；利用信息技术实现农业生产和畜牧业的智能化管理；利用环保技术减少农业生产和畜牧业对环境的污染等。

(二) 构建循环模式，实现生态发展

在优化资源配置的基础上，构建循环模式是实现农业技术与畜牧业协同发展的重要途径。

1. 农牧结合循环模式

农牧结合循环模式是一种将种植业与畜牧业紧密结合的循环农业模式。通过这种模式，可以实现种植业与畜牧业的资源共享和循环利用。例如，可

以将农作物的秸秆作为畜禽养殖场的饲料来源；将畜禽养殖场的粪便和废水经过处理后用于农田灌溉和肥料补充；将畜禽养殖场的沼气用于发电、供热等。这种循环模式不仅可以减少废弃物的排放和资源浪费，还可以提高资源的利用效率，促进农业生态系统的良性循环。

2. 生态养殖模式

生态养殖模式是一种注重生态平衡和环境保护的养殖方式。在畜牧业中，可以通过建立生态养殖场、采用生态养殖技术等手段，实现畜禽养殖与生态环境的和谐共生。例如，可以利用林下空间进行家禽养殖；利用沼气工程将畜禽粪便转化为清洁能源；利用生物技术对畜禽粪便进行无害化处理等。这种生态养殖模式不仅可以提高畜禽养殖的效益和品质，还可以减少养殖过程中对环境的污染和破坏。

3. 生态农业模式

生态农业模式是一种注重生态平衡和可持续发展的农业生产方式。在种植业中，可以通过采用生态农业技术、推广生态农业模式等手段，实现农业生产与生态环境的和谐共生。例如，可以利用生物防治技术减少农药的使用；利用有机肥料替代化肥；利用节水灌溉技术减少水资源的浪费等。这种生态农业模式不仅可以提高农产品的品质和安全性，还可以促进农业生态系统的良性循环和可持续发展。

（三）强化政策支持，推动协同发展

1. 制定协同发展战略规划

政府应制定明确的农业技术与畜牧业协同发展战略规划，明确发展目标、重点任务和保障措施。通过规划引领，促进农业技术和畜牧业的深度融合，实现资源共享、优势互补。

2. 加强政策引导与扶持

政府应加大对农业技术和畜牧业协同发展的政策扶持力度，通过财政补贴、税收优惠、贷款支持等措施，鼓励企业、农户和社会资本投入农业技术和畜牧业的协同发展。同时，加强政策宣传和培训，提高广大农民对农业技术与畜牧业协同发展重要性的认识。

3.完善科技创新体系

建立健全农业技术与畜牧业科技创新体系，加强科研机构和高校的合作，推动农业技术和畜牧业的科技创新。加大对农业技术和畜牧业科技成果的转化力度，推动新技术、新品种和新模式的推广应用。

4.加强基础设施建设

加强农业技术和畜牧业基础设施建设，提高农业生产和畜牧业养殖的现代化水平。加大对农田水利、农业机械、养殖设施等方面的投入，提高农业生产效率和畜产品质量安全水平。

（四）加强国际合作，共享发展成果

1.拓展国际合作渠道

积极拓展国际合作渠道，加强与国际组织、外国政府和企业的交流与合作。通过引进国外先进的农业技术和畜牧业管理经验，提高我国农业技术和畜牧业的整体水平。

2.加强技术交流与合作

加强与国际先进农业技术和畜牧业企业的技术交流与合作，共同研发新技术、新品种和新模式。通过技术合作，推动农业技术和畜牧业的创新发展，提高我国农业技术和畜牧业的国际竞争力。

3.共享发展成果

在国际合作中，积极分享我国农业技术和畜牧业的发展成果和经验。通过举办国际研讨会、展览会和培训班等活动，向国际社会展示我国农业技术和畜牧业的最新成果和进展。同时，积极引进国外先进的农业技术和畜牧业管理经验，推动我国农业技术和畜牧业的持续发展。

五、农业技术与畜牧业协同发展的保障措施

（一）均衡分配土地资源

1.均衡分配土地资源的必要性

土地是农业和畜牧业发展的基础，土地资源的合理分配对于两大产业的协同发展至关重要。过去，由于土地资源分配不均、利用不合理等问题，导致部分地区农业和畜牧业发展不平衡，甚至出现了过度开发和资源浪费的现象。为了促进农业技术与畜牧业的协同发展，必须采取有效措施，实现土地资源的均衡分配。

2. 保障措施

（1）制定科学合理的土地利用规划

制定科学合理的土地利用规划是实现土地资源均衡分配的基础。规划应该考虑到农业生产的需要、畜牧业的布局、生态环境的保护等因素，确保土地资源的合理利用。同时，规划应该具有前瞻性，为未来的发展留有足够的空间。

（2）推动土地流转和规模化经营

土地流转和规模化经营是实现土地资源均衡分配的有效途径。通过土地流转，可以将分散的土地集中起来，实现规模化经营。同时，规模化经营也有利于农业技术和畜牧业的协同发展。

3. 具体实施方案

（1）加强土地利用监管，确保土地资源的合理分配

各级政府应该加强对土地利用的监管，确保土地资源的合理分配。对于违规占用土地、过度开发土地等行为，应该依法惩处，保护土地资源。

（2）引导农民和畜牧业主转变生产方式

各级政府应该通过政策扶持、技术指导等方式，引导农民和畜牧业主转变生产方式，推动规模化经营和标准化生产。同时，鼓励农民和畜牧业主将闲置的土地流转出来，为规模化经营提供条件。

（二）合理优化劳动力结构

1. 明确职业培训重点

农业技术与畜牧业的发展需要一批具有专业知识和技能的劳动力来支撑。应将职业培训的重点放在农业技术、畜牧业管理、环境保护等方面，以提高劳动力的综合素质和技能水平。同时，针对不同年龄段的劳动力，应制订不同的培训计划，以满足不同群体的需求。

2. 推广新型农业技术

新型农业技术的推广和应用是农业技术与畜牧业协同发展的关键。政府应加大对新型农业技术的投入力度，组织专家进行技术培训和指导，帮助

农民和畜牧养殖户掌握相关技术。同时，可以设立农业技术示范基地，以点带面，推动新型农业技术在农村地区的普及和应用。

3. 提高劳动力收入水平

劳动力收入水平是影响劳动力结构的重要因素。应通过提高农业和畜牧业的产值和效益，增加劳动力的收入水平。同时，可以采取多种方式，如提供就业补贴、设立奖励机制等，鼓励农民和畜牧养殖户积极学习新技术、新方法，提高劳动生产率。

4. 加强政策支持

政府应出台相关政策为农业技术与畜牧业协同发展提供支持。例如，可以制定优惠的税收政策、土地政策等，以吸引更多的劳动力从事农业和畜牧业相关工作。同时，政府还可以加强与其他行业的合作，促进产业间的协同发展，为劳动力提供更多的就业机会和岗位。

5. 引导产业结构调整

产业结构调整是优化劳动力结构的重要手段。政府应引导农业生产结构向高效、环保、可持续的方向发展，鼓励农民和畜牧养殖户采用新型农业技术和环保措施，提高生产效益和环境质量。同时，应鼓励农民和畜牧养殖户向第二、三产业转移，拓宽就业渠道和领域。

6. 加强社会保障体系建设

社会保障体系建设是保障劳动力权益的重要手段。政府应加大对农村社会保障的投入力度，完善农村医疗保险、养老保险等社会保障制度，提高农村社会保障水平。同时，应加强对农村劳动力的权益保护，维护他们的合法权益。

(三) 积极调配资本资源

1. 优化资本投入结构

为了实现农业技术与畜牧业协同发展，我们需要优化资本投入结构，确保资金流向最需要的地方。首先，政府应加大对农业科技研发的投入，鼓励科研机构和企业开展农业技术创新研究。其次，政府应加大对畜牧业基础设施建设的投入，包括建设畜禽养殖场、饲料加工厂、屠宰加工厂等，提高畜牧业生产能力。此外，金融机构应加大对农业和畜牧业的信贷支持，降低企业融资成本，帮助农民和养殖户解决资金问题。

2.加强政策引导

政策是推动农业技术与畜牧业协同发展的重要手段。政府应制定相关政策，引导资本流向农业和畜牧业领域。例如，可以出台税收优惠政策，鼓励企业投资农业和畜牧业；可以设立专项资金，支持农业科技创新和畜牧业基础设施建设；也可以出台土地政策，鼓励农民和养殖户采用先进的农业技术和养殖技术。

3.完善金融支持体系

金融支持是农业技术与畜牧业协同发展的重要保障。为了完善金融支持体系，我们可以采取以下措施：

（1）建立健全农业科技信贷担保体系，为农业科技创新和畜牧业转型升级提供有效的风险担保。

（2）推动农业保险与畜牧业保险的融合发展，提高农业和畜牧业的抗风险能力。

（3）引导金融机构开发适应农业技术和畜牧业转型升级需求的金融产品和服务，如供应链金融、互联网金融等。

4.加强监管与评估

为了确保资本资源得到合理利用，政府应加强对农业和畜牧业的监管与评估。建立完善的监管体系，确保资金流向合法合规；加强对农业科技研发、推广、应用等环节的监管力度；定期对农业和畜牧业发展情况进行评估，发现问题并及时采取措施解决。

（四）充分发挥技术作用

1.政策支持

（1）政策制定。政府应制定有利于农业技术与畜牧业协同发展的政策，包括税收优惠、财政补贴、技术支持等，以提高农民和企业的积极性。

（2）资金投入。政府应加大对农业技术研发和推广的资金投入，为农业企业和畜牧业企业提供资金支持，促进技术创新和科技成果转化。

（3）产业规划。政府应制定农业和畜牧业发展规划，明确发展方向和目标，引导产业协同发展。

2. 科技研发

（1）技术创新。加强农业技术和畜牧业技术的研发，提高科技成果转化率，为农业生产和畜牧业发展提供技术支撑。

（2）推广应用。推广先进的农业技术和畜牧业技术，提高农民和畜牧饲养者的技能水平，促进科技成果的普及和应用。

（3）国际合作。加强国际技术交流与合作，引进国外先进技术和经验，提升我国农业和畜牧业的科技水平。

3. 人才培养

（1）学历教育。加强农业院校和畜牧兽医专业教育体系建设，培养适应现代农业和畜牧业发展需要的专业人才。

（2）在职培训。加强对农民和畜牧饲养者的职业技能培训，提高其技术应用能力和管理水平。

（3）人才引进。吸引国内外优秀人才投身农业和畜牧业领域，为产业协同发展提供人才保障。

4. 监管体系

（1）质量监管。加强农产品和畜牧产品的质量安全监管，确保食品安全和产品质量。

（2）环境监测。加强农业生产和畜牧业发展过程中的环境监测，促进可持续发展。

（3）政策执行。加强政策执行力度，确保各项政策措施落到实处，提高政策效果。

充分发挥技术的作用是保障农业技术与畜牧业协同发展的关键。政府应从政策支持、科技研发、人才培养、监管体系等方面入手，加强协同发展措施的落实和监管，推动农业与畜牧业的可持续发展。同时，农民和企业也应积极适应市场需求，提高自身素质和技术水平，实现产业协同发展和农民增收的目标。

总之，农业技术与畜牧业的协同发展需要多方面的保障措施。通过均衡分配土地资源、合理优化劳动力结构、积极调配资本资源和充分发挥技术作用等措施的实施，可以推动农业与畜牧业的深度融合和协同发展，为农村经济的转型升级和可持续发展提供有力支撑。

结束语

在农业技术和畜牧业发展道路上，人类一直在追求更高的效率和更优质的产品。本书旨在探讨农业技术研究与畜牧业发展的关系，并强调了两者之间的紧密联系。

农业技术是畜牧业发展的基石，而畜牧业的发展又反过来推动了农业技术的进步。人类科技的进步不仅带来了更好的养殖环境，也带来了更高效、更安全的饲料生产技术。这种相互作用推动了整个农业和畜牧业产业的发展，使人类的食物供应系统得以改善。

未来，相关研究人员需要进一步推动农业技术的研发，特别是在环保、可持续性和智能化方面，同时也需要更深入地研究畜牧业的发展，包括如何更有效地利用资源、如何应对气候变化等。

这个过程需要全社会的参与和支持，需要政策制定者、科研人员、企业家、农民和消费者共同参与，共同推动农业技术和畜牧业的发展。笔者期待看到一个更加绿色、更加可持续的农业和畜牧业体系，为人类提供更多、更好、更安全的食物。

总的来说，农业技术研究与畜牧业发展是相互促进、相互依赖的。我们需要共同努力，以科技为驱动，推动农业和畜牧业的发展，为我们的社会和环境创造更大的价值。让我们一起期待这个美好的未来，一起努力实现它。

参考文献

[1] 李双双，刘卫柏，蒋健.农业机械化可以解决农业劳动力短缺吗？[J].中国农机化学报，2024，45(7)：316-322+336.

[2] 梁伟岸，王平.农业强国视域下中国畜牧业循环发展路径探究[J].饲料研究，2024(12)：193-196.

[3] 李辰煊.大数据在智慧畜牧业中的应用探究[J].河北农业，2024(6)：30-32.

[4] 崔丽.农业机械化深松技术的应用及推广[J].现代农村科技，2024(7)：92-93.

[5] 李超.农业机械化在粮食增产和减损中的作用[J].南方农机，2024，55(12)：72-74+87.

[6] 陈志强.新形势下农业机械新技术推广应用概述[J].南方农机，2024，55(12)：192-194.

[7] 张瑞，田风霞.中国农业机械化水平对农业生产效率的影响研究[J].南方农机，2024，55(12)：11-15.

[8] 陈欣宇，孙艺伟，贵淑婷，等.农业领域技术分类体系自动构建研究[J].情报探索，2024(6)：72-78.

[9] 蒋永健，蒋永清.畜牧业新质生产力培育途径及对策建议[J].浙江畜牧兽医，2024，49(3)：20-22.

[10] 赵博.农业智能化技术在农业生产中的推广与应用探讨[J].种子科技，2024，42(11)：158-160.

[11] 宋杰.现阶段基层农业技术推广存在的问题及其对策[J].新农民，2024(16)：57-59.

[12] 胡琼.智能制造技术对农业机械生产的影响[J].农机使用与维修，2024(6)：107-109.

[13] 李秋生，傅青，刘小春 . 劳动力转移、农业机械权属与农户生产效率 [J]. 中国农机化学报，2024，45(6)：294-302.

[14] 孟祥玲 . 农业技术推广对农业经济增长的贡献分析 [J]. 中国集体经济，2024(16)：21-24.

[15] 吴星瞳，文玉婷，徐欣鹏 . 数字技术赋能农业发展：机遇、挑战与对策 [J]. 南方农机，2024，55(11)：36-39+52.

[16] 曹亚如 . 数字技术促进农业韧性的路径研究 [J]. 当代农村财经，2024(6)：40-43.

[17] 吕春霞，孙贤一，陈学东，等 . 植保技术在现代农业生产中的应用分析 [J]. 种子科技，2024，42(10)：140-142.

[18] 吴云霞 . 农业机械导航路径跟踪控制方法分析 [J]. 世界热带农业信息，2024(5)：68-70.

[19] 王泽花 . 农业技术推广对种植业的作用及应用策略 [J]. 农业开发与装备，2024(5)：220-222.

[20] 杨帆 . 浅谈农业技术培训中的问题及对策 [J]. 农业开发与装备，2024(5)：232-234.

[21] 王新芳，王帅，张培增 . 关于推进农业机械智能化的探索实践与思考 [J]. 农机科技推广，2024(5)：42-43+46.

[22] 冯影 . 农业技术在现代农业经济发展中的应用研究 [J]. 投资与合作，2024(5)：82-84.

[23] 滕维环 . 农业机械对农业生产的积极作用与推广策略 [J]. 当代农机，2024(5)：18+20.

[24] 黄天芸 . 信息管理技术在农业机械管理中的应用研究 [J]. 南方农机，2024，55(10)：187-191.

[25] 常宝平，常文峰 . 现代农业技术推广中的信息传播策略——以数字技术为例 [J]. 南方农机，2024，55(10)：81-84.

[26] 冉小丽 . 农业技术措施的综合应用及效果 [J]. 南方农机，2024，55(10)：77-80.

[27] 吴瑞萍 . 新型农业经营主体在农业经济发展中的作用探析 [J]. 农机市场，2024(5)：90-91.

[28] 高见.中国畜牧业现代化发展空间集聚特征及影响因素研究[J].饲料研究,2024,47(9):183-188.

[29] 刘斐.精准农业技术在农业种植中的应用与效果评估[J].种子科技,2024,42(9):158-160.

[30] 郑军,武翠萍.农业保险、农业规模化经营与农业绿色生产[J].贵州大学学报(社会科学版),2024,42(3):51-65.

[31] 王毅,廖道琴.数字农业技术在农业高质量发展中的应用[J].新农民,2024(14):19-21.

[32] 邓爱菊.现代农业中的生物技术应用与农产品质量提升[J].农村实用技术,2024(5):85-86+89.

[33] 宋小娜.推进农业现代化发展路径研究[J].农村实用技术,2024(5):20-21.

[34] 孙连庆.浅析现代农业技术对农业经济发展的重要性[J].新农民,2024(13):14-16.

[35] 周海鹏.浅谈物联网技术在农业土地资源管理中的运用[J].农村科学实验,2024(9):25-27.

[36] 王宗艳.农业技术推广存在的问题及对策探究[J].农村科学实验,2024(9):85-87.

[37] 温永亮.畜牧业绿色转型对农业经济绿色发展的推动作用研究[J].中国集体经济,2024(13):21-24.

[38] 程瑞.生态养殖技术在畜牧业中的应用[J].中国畜牧业,2024(8):79-80.

[39] 潘方卉,刘昱彤.畜牧业绿色发展实现路径研究[J].乳品与人类,2024(2):3-9.

[40] 陈洁,原英,乔光华.我国传统牧区转变畜牧业发展方式问题研究[M].上海:上海远东出版社,2018.

[41] 科学技术部农村与社会发展司.畜牧业发展战略与科技对策[M].北京:中国农业出版社,2005.

[42] 张立中.中国草原畜牧业发展模式研究[M].北京:中国农业出版社,2004.

[43] 姜法竹，仪秀琴 . 畜牧业发展调控机制研究——基于猪肉价格波动关联效应的视角 [M]. 上海：上海交通大学出版社，2012.

[44] 王晓平，李晓燕，胡影 . 现代畜牧业生态化循环发展研究 [M]. 咸阳：西北农林科学技术大学出版社，2020.

[45] 王茂森，薄玉琨，李林，等 . 畜牧业产业化经营基本理论与创新发展 [M]. 银川：宁夏人民出版社，2020.

[46] 甘肃省畜牧技术推广总站 . 畜牧业发展实用技术指南 [M]. 兰州：甘肃科学技术出版社，2023.

[47] 魏航，陈玲，梁文娟 . 农业栽培技术与畜牧业发展 [M]. 长春：吉林科学技术出版社，2022.

[48] 唐豪，何元萍，周静 . 畜牧业的发展与创新研究 [M]. 长春：吉林科学技术出版社，2023.

[49] 李金祥 . 中国畜牧业发展与科技创新 [M]. 北京：中国农业科学技术出版社，2019.

[50] 刘桂阳，王娜，李龙威，等 . 虚拟农业技术应用 [M]. 哈尔滨：哈尔滨工程大学出版社，2021.

[51] 李文华，闵庆文，张壬午 . 生态农业的技术与模式 [M]. 北京：化学工业出版社，2005.

[52] 吴南生，朱述斌，游金明 . 农业生产技术 [M]. 南昌：江西科学技术出版社，2020.

[53] 张礼招，兰莉，刘冬梅 . 现代绿色农业综合实用技术 [M]. 赤峰：内蒙古科学技术出版社，2022.

[54] 俞成乾 . 农业机械实用技术问答 [M]. 兰州：甘肃科学技术出版社，2019.

[55] 戈双启 . 农业机械设备使用与维护 [M]. 长春：吉林人民出版社，2022.

[56] 俞成乾 . 农业机械实用技术问答 [M]. 兰州：甘肃科学技术出版社，2020.